"十二五"职业教育国家规划教材

经全国职业教育教材审定委员会审定

猪生产技术

王燕丽 李 军 主编

楼平儿 主审

第三版

ZHUSHENGCHAN JISHU

·北京·

内 容 简 介

《猪生产技术》是"十二五"职业教育国家规划教材，经全国职业教育教材审定委员会审定。

《猪生产技术》（第三版）依据猪生产课程项目化教学改革的思路和实践，按照规模猪场阶段式饲养管理的特点，将全书内容分为八个项目，并将项目内容根据教学需要分为预备知识、工作内容、项目自测和实践活动4部分，各工作内容按照生产的实际流程和技术需要进行编排，并提供有知识目标、技能目标，便于学生明确学习重点。各项目设计的实践活动贴近生产，可有效实现培养学生养猪生产技能的教学目标。本书配有电子课件，可从 www.cipedu.com.cn 下载参考，对于疑难知识点，可通过扫描二维码观看视频、微课等进行直观学习，加深理解。

本书可作为高职高专畜牧兽医专业的教学用书，还可作为畜牧兽医行业技术人员和养殖户的培训参考书。

图书在版编目（CIP）数据

猪生产技术/王燕丽，李军主编. —3版. —北京：
化学工业出版社，2020.9（2022.8重印）
"十二五"职业教育国家规划教材
ISBN 978-7-122-37256-7

Ⅰ.①猪… Ⅱ.①王…②李… Ⅲ.①养猪学-高等职业教育-教材 Ⅳ.①S828

中国版本图书馆CIP数据核字（2020）第103342号

责任编辑：迟　蕾　梁静丽　李植峰　　文字编辑：张春娥
责任校对：张雨彤　　　　　　　　　　　装帧设计：史利平

出版发行：化学工业出版社（北京市东城区青年湖南街13号　邮政编码100011）
印　　装：天津盛通数码科技有限公司
787mm×1092mm　1/16　印张16　字数396千字　2022年8月北京第3版第3次印刷

购书咨询：010-64518888　　　　　　　　售后服务：010-64518899
网　　址：http://www.cip.com.cn
凡购买本书，如有缺损质量问题，本社销售中心负责调换。

定　　价：49.80元　　　　　　　　　　　　　　　　　　版权所有　违者必究

《猪生产技术》（第三版）编审人员

主　　编　　王燕丽　李　军

副 主 编　　吕丹娜　徐公义　邓灶福　季慕寅

编写人员　　（按照姓名汉语拼音排列）

　　　　　　陈金雄　（福建农业职业技术学院）

　　　　　　程万莲　（信阳农林学院）

　　　　　　邓灶福　（湖南生物机电职业技术学院）

　　　　　　鄂禄祥　（辽宁农业职业技术学院）

　　　　　　丰艳平　（湖南环境生物职业技术学院）

　　　　　　郭永胜　（保定职业技术学院）

　　　　　　季慕寅　（芜湖职业技术学院）

　　　　　　李　军　（海南广播电视大学）

　　　　　　李君荣　（金华职业技术学院）

　　　　　　刘　强　（辽宁职业学院）

　　　　　　吕丹娜　（辽宁农业职业技术学院）

　　　　　　陶　勇　（江苏农牧科技职业学院）

　　　　　　王燕丽　（金华职业技术学院）

　　　　　　徐公义　（聊城职业技术学院）

　　　　　　周芝佳　（黑龙江职业学院）

主　　审　　楼平儿　（浙江省美保龙种猪育种有限公司）

前言

因养猪业的飞速发展和疫病防控的需要，养猪生产的工作重心和技术手段有了很大的改变，新观念、新设备、新工艺、新技术层出不穷，因此教材的修订与更新十分重要。本教材以教育部颁布的《高等职业学校专业教学标准》为依据，以培养面向生产、建设、服务和管理第一线的高素质技术技能人才为原则，对2016年出版的"十二五"职业教育国家规划教材《猪生产技术》（第二版）在内容和结构上进行了修订，使教材内容更符合当前的生产实际，更适应信息技术在教学中的应用。

教材继续采用项目化模式，针对规模猪场繁殖生产的过程和工作内容，将现代养猪的知识体系和技能体系转化为八个学习项目：猪场建造、公猪及空怀母猪舍猪的饲养管理、怀孕母猪舍猪的饲养管理、分娩舍猪的饲养管理、保育舍猪的饲养管理、育成及肥育舍猪的饲养管理、猪场生物安全管理、猪场经营管理等，每个学习项目明确知识目标、技能目标、预备知识、工作目标、工作内容、项目自测和实践活动等。

本版教材在前两版的基础上经过反复修改、提炼，形成了如下新的特色。

1. 内容重视生物安全体系建设，突出新技术、新设备的应用，提倡向数据要效益的科学、健康养殖新理念，进一步缩短课堂与生产的距离，职业教育特色明显。

2. 突出介绍猪生产过程中容易出现的异常情况及不同的处理方法，培养学生发现问题、分析问题和解决问题的能力。

3. 重点和难点部分都设计了相应的立体化教学资源，可以扫描二维码获取规模猪场实操的视频、图片或者教师讲解，方便理解和掌握。

4. 每个项目的自我检测也可扫描二维码获取答案，方便读者自我评估对所学内容的掌握程度，及时调整学习计划。

5. 教材融入了素质教育内容，培养读者安全、规范、环保的职业意识，以及不怕脏、不怕臭、不怕苦的职业精神和爱护动物、保护动物的职业素养。

6. 与教材配套的网络开放课程《猪生产》在爱课程即中国大学慕课平台上线开放，该网络开放课程提供学习指导、教学资源、测评资源，融教、学、测、评、服务于一体，便于碎片化、模块化学习。数字资源可扫描二维码学习，电子课件可从 www.cipedu.com.cn 下载参考。

限于编者水平，且涉及的内容变化发展较快，书中难免有疏漏及不当之处，敬请读者批评指正。

编者

2020 年 6 月

第一版前言

中国养猪业经过 20 世纪 90 年代两次明显的涨落后得到了快速发展。目前猪的存栏数已超过世界总存栏数的一半以上，猪肉产量接近世界猪肉总产量的一半。虽然中国养猪业的发展势头很乐观，但面临的形势还是比较严峻的，如多数地区规模猪场的设备老化，结构不合理，无法提供现代猪生产所需的良好环境，更无法发挥其生长潜能；猪场对养猪实用技术的应用还比较欠缺，对先进技术的应用也只停留在少数大规模猪场；多数猪场经营管理不善，缺少严密规范的防疫体系，导致受到疫病威胁的影响日趋加大。因此猪生产科学技术的推广、高级实用型人才的培养任重道远。

本教材的编写是根据《教育部关于全面提高高等职业教育教学质量的若干意见》（教高〔2006〕16 号）的有关精神，以培养面向生产、建设、服务和管理第一线需要的高素质技能型人才为目标，确保教材内容与生产实践相结合。教材以职业能力培养为中心选取内容，结合《猪生产》课程的教学改革实践与经验，以项目化的形式组合内容，项目的编排以猪生产的过程为主线。

本教材共分 7 个项目，包括猪场建设、猪的行为特性及其利用、种猪的生产、仔猪的生产、肉猪的生产、猪场管理和猪病预防。每个项目都有知识目标、技能目标和思考题，便于学生在学习中抓住重点，巩固所学知识。书后的"实践活动"贴近生产实际，可供各院校根据实践条件自由选择。本书可作为高职高专畜牧兽医专业的教学用书，还可以作为畜牧兽医行业技术人员、猪场工作人员以及广大养殖户的参考用书。

本书的编者来自全国 14 所高职高专院校，编写分工如下：项目一、项目二、实践活动一（简称活动一）和活动二由郭永胜、陶勇、张兆琴编写，项目三、活动三、活动四和活动五由邓灶福、程万莲、董娜、陈金雄、刘强编写，项目四、项目五、活动六和活动七由丰艳平、李军编写，项目六、项目七、活动八～活动十由王燕丽、徐公义、肖卫苹、鄂禄祥编写。

由于时间和编者的水平有限，书中难免存在疏漏之处，敬请读者批评指正。

编者
2008 年 12 月

第二版前言

近年来,由于国家高度重视生猪产业发展,我国的养猪业与世界养猪业一样发展非常迅速,新观念、新设备、新工艺、新技术层出不穷,因此教材的及时更新尤为重要。本次教材依据《高等职业学校专业教学标准(试行)》(2012版)编写,以培养面向生产、建设、服务和管理第一线的技术技能型人才为原则,结合《教育部关于"十二五"职业教育教材建设的若干意见》文件精神及国家规划教材的编写要求,我们对2009年化学工业出版社出版的《猪生产》一书在内容和结构上进行了一些修订,使教材内容与生产实践更好地结合。

第二版教材采用任务驱动的模式,即根据规模猪场阶段式饲养管理的特点,将课程内容分为:猪场建造、公猪及空怀母猪舍猪的饲养管理、怀孕母猪舍猪的饲养管理、分娩舍猪的饲养管理、保育舍猪的饲养管理、育成及肥育舍猪的饲养管理、猪场生物安全管理、猪场经营管理8个项目,每个项目又细分成若干个工作内容。每个学习项目均明确知识目标、技能目标、预备知识、工作目标、思考练习和实践活动。每个项目设计的实践活动贴近生产,可有效指导学生实践。

第二版教材的主要修改工作及内容特色如下。

1. 本教材从我国规模猪场分阶段饲养的生产实际出发设计教学项目,根据猪场不同岗位的工作过程设计各工作任务,并融入现代化的养猪生产理念、管理软件,与养猪企业规模化养殖要求保持同步,进一步缩短课堂与生产一线的距离,具有明显的职业教育特色。

2. 本教材在每个学习项目中在明确知识目标、技能目标和预备知识的同时,都有新工艺或新技术链接,促进教师将国内外最新的养猪技术链接到课堂,使学生的学习内容与行业前沿相衔接,保证了教材内容的先进性、实践性。

3. 本教材在每个环节上都提供了规模猪场的生产实例和大量图片加以辅助说明,方便学生对所学内容的理解和掌握。

4. 本教材在内容选择过程中,突出对猪生产过程中容易出现的异常情况的处理,培养学生发现问题、分析问题和解决问题的能力,同时为兼顾高职毕业生就业后岗位提升与发展的需要,教材涉及了少量猪育种的相关内容。

5. 第二版教材配套了课程网站 http://jpkc1.jhc.cn/w/zsc/,以适应现代化数字资源教学的改革趋势,主要包括配套课件、参考教案、项目实施计划、工作学习单、行业技术标准、在线测试题等,为提高学生的实践能力和教学效果,相关内容均由行业企业人员参与开发。

限于编者水平,本书知识涉及范围广,相关内容发展变化较快,书中难免有疏漏及不当之处,恳请读者批评指正!

编者

2015年10月

目录

项目一　猪场建造……………… 001
【预备知识】………………………… 001
　一、我国养猪业概况………………… 001
　二、集约化、工厂化养猪概述……… 003
　三、影响猪生产的环境因素………… 004
【工作内容】………………………… 006
工作内容一　选择猪场场址………… 006
工作内容二　设计与定位猪场规模… 007
工作内容三　猪场规划布局………… 016
工作内容四　选择设备……………… 018
工作内容五　确定生产工艺流程…… 027
工作内容六　控制猪舍内环境……… 033
【项目一自测】……………………… 037
【实践活动】………………………… 039
参观现代化规模养猪场并规划设计猪场…… 039

项目二　公猪及空怀母猪舍猪的饲养管理……… 040
【预备知识】………………………… 040
　一、猪的品种………………………… 040
　二、猪的性行为特点………………… 044
　三、公猪的生理特点和营养需求…… 045
　四、空怀母猪的生理特点和营养需求… 046
　五、热应激对种猪的影响…………… 047
　六、猪的杂种优势…………………… 047
　七、母猪生产力评价………………… 048
【工作内容】………………………… 049
工作内容一　识别猪的品种………… 049
工作内容二　选留后备种猪………… 055
工作内容三　制订配种计划………… 061
工作内容四　配制种公猪及空怀母猪的饲料…… 066
工作内容五　后备母猪饲养管理…… 068

工作内容六　空怀母猪饲养管理…… 070
工作内容七　促进空怀母猪发情…… 072
工作内容八　种公猪饲养管理……… 076
工作内容九　猪的配种……………… 078
工作内容十　人工授精技术………… 080
【项目二自测】……………………… 094
【实践活动】………………………… 096
　一、识别猪的品种…………………… 096
　二、测定公猪性能…………………… 097
　三、母猪发情鉴定及配种时间确定… 097
　四、猪人工授精技术现场操作……… 098

项目三　怀孕母猪舍猪的饲养管理…… 100
【预备知识】………………………… 100
　一、怀孕母猪的行为生理特点……… 100
　二、怀孕母猪的营养需求特点……… 101
【工作内容】………………………… 102
工作内容一　早期妊娠诊断………… 102
工作内容二　配制怀孕母猪的饲料… 105
工作内容三　饲养及管理怀孕前期母猪…… 107
工作内容四　饲养及管理妊娠中期母猪…… 109
工作内容五　饲养及管理妊娠后期母猪…… 110
【项目三自测】……………………… 111
【实践活动】………………………… 112
母猪早期妊娠测定…………………… 112

项目四　分娩舍猪的饲养管理…… 114
【预备知识】………………………… 114
　一、哺乳母猪的生理特点…………… 114
　二、哺乳仔猪的生理特点…………… 116
　三、哺乳母猪的营养需要…………… 117
　四、哺乳仔猪的营养需要…………… 118
　五、哺乳母猪和哺乳仔猪适合的产房环境…… 122

【工作内容】 …………………… 122
工作内容一 产前准备 ………… 122
工作内容二 接产、助产 ……… 124
工作内容三 配制哺乳母猪的饲料 … 128
工作内容四 饲养及管理哺乳母猪 … 128
工作内容五 饲养及管理哺乳仔猪 … 129
工作内容六 仔猪断奶 ………… 136
【项目四自测】 ………………… 137
【实践活动】 …………………… 139
一、接产、助产及初生仔猪护理现场操作 ………………………… 139
二、仔猪断奶现场操作 ……… 141

项目五 保育舍猪的饲养管理 …… 143
【预备知识】 …………………… 143
一、保育猪的行为及生理特点 … 143
二、猪的异常行为形成原因及预防 … 146
三、保育猪的营养需求 ……… 146
【工作内容】 …………………… 147
工作内容一 配制保育猪的日粮 … 147
工作内容二 饲养及管理保育猪 … 150
工作内容三 僵猪的预防和解僵 … 154
【项目五自测】 ………………… 155
【实践活动】 …………………… 156
观看猪行为特性 ……………… 156

项目六 育成及肥育舍猪的饲养管理 ………………………… 157
【预备知识】 …………………… 157
一、生长肥育猪机体组织的生长和组织沉积变化 ……………… 157
二、育成猪的营养需求 ……… 158
三、影响肉猪生产力的因素 … 160
【工作内容】 …………………… 161
工作内容一 建立猪群 ………… 161
工作内容二 配制育成期猪及肥育猪的饲料 ……………………… 162

工作内容三 饲养及管理育成期猪 … 169
工作内容四 种猪测定及选留后备猪 … 173
【项目六自测】 ………………… 176
【实践活动】 …………………… 178
猪的活体测膘 ………………… 178

项目七 猪场生物安全管理 …… 179
【预备知识】 …………………… 179
一、猪场的生物安全 ………… 179
二、影响免疫效果的因素 …… 180
三、猪应激及应激原 ………… 183
【工作内容】 …………………… 185
工作内容一 预防猪应激 ……… 185
工作内容二 消毒猪场 ………… 188
工作内容三 猪群免疫接种 …… 195
工作内容四 控制与净化猪场寄生虫病 … 199
工作内容五 处理猪场废弃物 … 202
【项目七自测】 ………………… 212
【实践活动】 …………………… 213
一、猪场环境消毒 …………… 213
二、猪场免疫接种、驱虫操作 … 214

项目八 猪场经营管理 ………… 215
【预备知识】 …………………… 215
一、猪场的数字化管理 ……… 215
二、常用猪场管理软件 ……… 216
【工作内容】 …………………… 218
工作内容一 管理猪场数据 …… 218
工作内容二 制订猪场管理技术岗位工作规范 ……………………… 235
工作内容三 分析及控制猪场的生产成本 ……………………… 241
【项目八自测】 ………………… 246
【实践活动】 …………………… 246
猪场管理软件操作与演示 …… 246

参考文献 ……………………… 248

自测参考答案

项目一　猪场建造

 知识目标

1. 理解猪场选址、设计与规划的基本原则。
2. 了解各种猪舍类型的优缺点。
3. 掌握猪舍环境控制及废弃物处理的基本原理与方法。

 技能目标

1. 能实地选择猪场场址，并根据场址实地进行规划布局。
2. 能根据猪场规模及生产工艺确定各类猪舍的数量和布局。

 预备知识

一、我国养猪业概况

我国是个农业大国，有着七八千年之久的养猪历史。养猪业在我国农业生产中是优势产业，在农业和农村经济中占有重要地位，不仅满足了人民的消费需求，而且为农民增收、农村劳动力就业、粮食转化、推动相关产业的发展作出了重大贡献。自20世纪80年代以来，我国养猪业获得了高速、持续的发展，取得了举世瞩目的巨大成就，猪的年存栏数和年出栏头数及年产肉量基本呈逐年增长趋势，多年来生猪出栏量保持在6亿头以上，市场规模在5000亿元以上，猪肉产量占世界一半。

1. 我国养猪业的发展特点

(1) 种猪繁育体系初步建成，良种猪覆盖率显著提高　全球猪品种3000多个，中国有地方猪品种76个、培育猪品种18个、引入猪品种6个（参见《中国畜禽遗传资源志·猪志》）。这些猪是优良基因的结合体，更是生产优质猪肉的极佳原始素材。其中，从国外引入的品种主要有大约克夏猪、长白猪、杜洛克猪、汉普夏猪、皮特兰猪；引入的配套系有PIC配套系、迪卡配套系、托佩克配套系和斯格配套系等。我国培养的品种/品系主要有：20世纪70~90年代培育的28个新品种（如浙江中白猪、上海白猪和北京黑猪等），从地方品种中培育成的新品系（如金华猪Ⅰ系、Ⅱ系和Ⅲ系），及已经通过国家畜禽品种审定委员会审定的8个猪配套系（光明猪配套系、渝荣1号猪配套系等，参见《彭中镇文集——30年来我国猪育种工作进展与展望》）。

为了整合和提高种质资源的开发利用，我国已在逐步建立育种良繁体系。经过几十年的努力，我国已初步形成了以国家育种中心、原种猪场、品种改良站（人工授精站）、国家测定中心为框架的种猪繁育体系，并且还在不断地完善布局、扩大规模、加强猪种质性能测定，加快育种步伐，不断扩大良种覆盖率。

(2) 规模化程度不断提高，区域化养猪生产加速形成 市场经济的快速发展，大大推进了我国生猪养殖的规模化水平。2015 年我国生猪养殖规模在 500 头以下的中小散养户减少约 500 万户，而规模化程度进一步增加，至 2018 年，我国前 20 名养猪企业共出栏生猪 6850 万头，占市场总份额的 9.87%。基于饲料资源、劳动力资源以及消费市场的导向，我国生猪养殖主要集中于沿江沿海地区，分布在长江沿线、华北沿海以及部分粮食主产区，其中四川、河南、湖南、山东、湖北、广东、河北、云南、广西、江西为排名前十的生猪产区。

辽宁、吉林、黑龙江三省为我国粮食主产区，饲料资源丰富，可以就地转化，饲料成本所占比重比其他省要相对较低，近年来饲养量逐年上升，商品猪出栏率增幅明显提高，正在成为我国养猪产业的优势新区。

(3) 生猪产业化经营快速发展，组织化程度不断提高 随着规模化生产的发展，养猪生产区域化的形成，促进了养猪龙头企业的发展，并与具有一定实力的肉类加工企业、饲料加工企业、动物保健品企业、专业合作中介组织等联合发展，组成为养猪生产基地、专业户和市场之间的桥梁和纽带，出现产、供、销一条龙的成熟产业化模式，如"公司＋基地＋农户""公司＋农户市场带动型"、"公司＋园区带农户"等模式。

(4) 猪肉市场向安全化、多样化、特色化方向发展 我国城乡居民年人均消费猪肉的差距比较大，人们的生活正在从温饱型向小康型过渡，随着生活水平的提高，不仅要求吃瘦肉（脂肪适度），还需要无农药、抗生素、激素、重金属残留的放心肉、安全肉。

目前，市场上提供的瘦肉型猪、多元杂交猪的猪肉具有色红、肉嫩、肌纤维细、油脂少、保水力好、瘦肉率适中的特点，在我国猪肉消费市场上占有很大的比重。含有我国地方猪血统的优质猪肉更受人们青睐，中式肉制品（烧烤、腌肉、酱肉）消费量上升。所以，猪肉市场已经向优质和多元化的方向转变。

(5) 猪肉加工体系正在形成，加工能力与水平不断提高 20 世纪 90 年代以来，我国先后从国外引进 100 多条生猪屠宰加工生产线、700 多条高温火腿肠生产线和一批低温猪肉制品生产关键设施，加工能力、技术水平不断提高；全国有 5 万多个屠宰场，年屠宰能力 10 万～50 万头的有 1500 多家，年屠宰量 100 万头以上的有 300 多家，涌现出一批大型肉类加工企业（如双汇、金锣等），通过 GMP、HACCP 等质量认证体系，逐步建立了食品安全保障体系。

2. 我国养猪业面临的危机

虽然我国是世界公认的生猪生产大国，但并不是生猪生产强国，和美国、丹麦等养猪强国相比，还有较大的差距；疫病、药残、环境污染等因素也制约着我国养猪业的持续健康发展。目前，我国养猪业主要面临以下几个危机。

(1) 人才及管理危机 受多种因素影响，养猪企业的人才引进及管理问题非常突出。年轻人趋向城市生活，导致一线养殖人员短缺成了突出问题，而目前能够接受一线养猪工作的以中老年人居多，这部分群体普遍学历不高，接受新知识、新技能的能力相对弱一些，采取规范管理生猪养殖较困难。又因养猪场封闭式管理的特殊性，相关专业的大、中专毕业生能安心猪场工作的相对也少，员工流失率高成了养猪企业面临的共性问题。

(2) 猪场抗风险能力不强 大规模猪场抗风险的能力较差，特别是内地规模猪场，由于对市场开拓不够，产品质量不高，其经济效益也因此受到影响。同时规模猪场面临着农村养猪户和国外现代化养猪场的双重夹击，竞争也将趋向白热化。

(3) 疫病的威胁日趋加大 原来已有的疾病出现变异或更隐性,随着种猪引进的一些"洋病",疫病形式更加错综复杂;混合感染、代谢病、新的遗传病、非典型、亚临床病症增多;传染病的危害越来越大,无科学、系统、严密规范的防疫体系,也使猪场(群)间感染(传染)的机会加大,控制环境愈来愈无力;对传染病更是无法从气候、区域等大的方面来控制,所需安全半径与实际星罗棋布的养猪格局形成对峙局面。这几年国内养猪业和养禽业受到灾难性打击是最好的例证。

(4) 养猪技术相对落后 全国除发达地区和后来兴建的一些猪场设施较好以外,很多规模猪场的设备老化,结构不合理,无法提供现代猪所需的良好环境,更无法发挥其生长潜能。一些养猪企业对养猪实用技术的应用也比较欠缺。农村养猪户对技术欠缺和渴求更显突出。养猪生产科技推广之路任重道远。

3. 我国养猪业的发展趋势

① 国家经济持续健康发展,也促进了养猪业的迅速发展。

② 大规模猪场(万头以上)和农村散养户(小规模 50~500 头)将同时并存,这种情况可能会持续很长一段时间。国内市场空间和潜力很大,农村市场将随经济的发展发生质的飞跃。

③ 将出现一定程度的社会化分工。小而全的猪场将逐渐减少,规模化猪场和农村养猪户将根据自身情况、市场和地区优势选择饲养适合的猪,比如,是选择培育种猪还是商品猪等。

④ 饲料加工、饲养、肉食品加工的产业链将得到完善。通过完整的产业链,一方面提高抗市场风险能力;另一方面,饲养技术、资金等各种资源得到更有效的整合,大大提高了资源的利用率。

⑤ 增加技术含量,提高产品质量,提高生产效率,扩大出口配额。只有将产品档次提升到一定层面,才能赢得国内和国际市场,从而推进养猪业的发展。

⑥ 养猪业将与饲料业结合更紧密,以前存在着各奔一头、各忙各的现象,现在随着饲料工业的迅猛发展,将给养猪业注入新鲜血液,而养猪业也给饲料业提供了市场,既分工合作,又互利互惠。

⑦ 要饲养适合市场的品种。随着人们生活水平的提高,对猪肉食品的消费也将发生变化,饲养瘦肉率高、风味好、有地方特色的品种,将更有利于消费市场的完善。

⑧ 经营管理不善、生物安全体系不健全的猪场倒闭(破产)将加剧,在一定范围内猪场间的合作和兼并时有发生。

二、集约化、工厂化养猪概述

工厂化养猪是从猪出生至出栏上市进行集约式的、按工厂化的流水线方式的生产作业,采用全进全出的工艺进行生产。工厂化养猪中每头母猪从配种、妊娠、分娩哺乳、保育到育成猪出栏上市,都依照一定顺序,按照计划、定量、定时地由一道工序转移到下一道工序,每一道工序内猪只的数量或由若干头猪组成的基本单元数是始终维持相对稳定的,这就形成了工厂化养猪生产的工艺流程及各道工序相对均衡的猪群数量,并按节率(通常以周制,即 7 的倍数)流转,形成有节奏的流转式生产工艺。

1. 工厂化养猪生产特点

(1) 集约化饲养 工厂化养猪容纳了环境工程、饲料营养、品种繁育、兽医技术、农业工程、农业经济、现代管理等多学科科技成果，形成了猪群密集、技术综合的生产体系，是技术密集型的集约化生产。集约的涵义也就是猪群集中且高密度，例如一条万头猪的生产线其总建筑面积仅为 6200m²，母猪采用单栏限位饲养，公猪无专门的运动场且饲养场兼作配种用，生长育成猪采用高密度大群饲养。

(2) 流水式均衡生产 工厂化猪场的管理从配种→妊娠→分娩哺育→保育→生长育成→出栏上市，形成一条流水式的生产线，各生产阶段有计划、有节奏地运行，每期都有同等数量的母猪受孕、分娩，同时也有同窝数的仔猪断奶和育成猪出场，实现了全年均衡生产。

(3) 全进全出 猪只在各类猪舍的饲养期一般以周划分，在一类猪舍的一个单元内的猪只全进全出，这样易于实现精确饲养，便于每单元的维修、清洗、消毒和有效管理，尤其对疫病的防范更有利。

(4) 饲养标准化 由于采用流水式生产工艺，猪群较少接触泥土和照射阳光，运动量小，因此，要求选用生产性能优异、整齐、规格化较高的猪种并饲喂全价配合饲料，即采用标准化的饲养才能保证生产流程的正常运转。

(5) 早期断奶，高效管理 为提高母猪的生产力，工厂化猪场多采用早期断奶（3~4周龄断奶），使母猪年产 2.2 胎以上，同时分阶段专群饲养有效地解决了传统大群养猪生产中难于实现精确管理的问题，从而能充分发挥猪的生产潜力。此外，由于采用自动饮水、虹吸式高压自动清粪及机械化的饲料运送和饲喂系统等机械设备，大大提高了劳动生产率，降低了饲养成本。

2. 工厂化养猪的优越性

(1) 能大量提供商品猪肉 工厂化猪场规模大，科技水平高，肥猪出栏快、肉量多。以广东省佛山市坪岗畜牧场为例，目前年生产瘦肉型猪已达 3 万头，按佛山市城区 50 万人口计，5 个 3 万头猪场即可为每人每年供应 24kg 猪肉。年产 15 万头肉猪则每天可上市 411 头，按头均重 100kg 计算，产肉量按 80％ 计算，每天可上市猪肉 3 万千克。

(2) 提高定额，节省劳力，降低劳动强度 人力养猪时，1 个人最多只能饲养 250~300 头肉猪或 20~30 头母猪，而且工作量大，劳动繁重。从美国引进三德畜牧设备公司生产的万头养猪生产线，存栏母猪 500 头，公猪 20 头，肉猪 4500~4700 头，只要 3 人管理，1 个人 1 年可以生产肉猪 1300 头。

工厂化猪场由于供水、供料、冲洗猪栏均用机械操作，工人的职责主要为观察猪的采食、发情、配种和接产，检查健康，栏内辅助清扫，控制及检查机器和调整猪群、称重记录等，若以 1 人 1 年养 1000 头猪计，1 人 1 年的劳动量为 2920h，即 3h 就可以养大 1 头猪。

(3) 产品成本低，利润高 合格的工厂化猪场，猪群生长肥育迅速，一般从出生至出售不满 6 个月，因此出栏周转快，增重耗料少，房舍利用率高，节省人工，可以实现优质高产，降低成本，获得高额利润。

三、影响猪生产的环境因素

影响猪生产的环境因素有物理性、化学性和生物性因素，概括起来主要有以下几方面。

1. 温度

猪是恒温动物，适宜的环境温度是保证猪正常生长发育的先决条件。不同品种、类型和年龄的猪所需的适宜温度各不相同，随着日龄和体重的增长，所需环境温度逐渐下降。猪所需适宜的环境温度可利用公式 $T(℃)=26-0.06W$ 估算，式中，W 为猪的体重，kg。该公式不适于哺乳和断奶阶段的仔猪。

实践中从猪的增重速度、饲料转换率、抗病力和繁殖力等多方面综合考虑，断奶后的猪的适宜温度应保持在 15～23℃，哺乳仔猪为 25～35℃。要保持猪舍内温度相对恒定，全天温度变化不要超过 2℃。不同生产阶段猪的具体适宜温度详见表 1-0-1。

表 1-0-1 不同生产阶段猪的最佳生活温度

生产阶段	体重/kg	适宜温度范围/℃	生产阶段	体重/kg	适宜温度范围/℃
出生仔猪	—	29～33	育成猪	60～100	14～21
断奶仔猪	4～7	25～32	妊娠母猪	—	15～24
	7～25	21～27	哺乳母猪	—	16～18
生长猪	25～60	15～24	公猪	—	15～20

2. 湿度

猪舍内空气的湿度对猪的健康和生产性能也会产生影响。生产中常用相对湿度来衡量空气的潮湿程度，一般高湿的影响较大，而且猪舍内也较少出现低湿的情况。因此，应尽量保持猪舍的相对干燥。猪舍的适宜湿度为 50%～75%。

3. 通风

通风与温度、湿度共同作用于猪体，主要是影响猪的体热散失。适当的通风还可排除猪舍内的污浊气体和多余水汽。正常温度下，猪舍内通风的气流速度以 0.1～0.2m/s 为宜，最高不要超过 0.25m/s。通风时切忌贼风侵袭。每年冬季都是规模化猪场猪病尤其是呼吸系统疾病的多发季节，实践证明，冬季在采用热风炉或暖气等供暖措施提高猪舍温度的基础上适当增加通风，可有效降低猪群的发病率。

4. 光照

光照按光源分为自然光照和人工光照，对猪的生长发育以及工作人员的操作均有影响。一般情况下，生长肥育猪群的光照强度为 30～50lx，光照时间为 8～12h，其他猪群相应为 50～100lx 和 14～18h。

5. 有害气体

猪舍内的有害气体主要有氨气（NH_3）、硫化氢（H_2S）、二氧化碳（CO_2）和一氧化碳（CO）等。有害气体在猪舍内的产生和积累浓度，取决于猪舍的密封程度、通风条件、饲养密度和排泄物处理等因素。

一般猪舍内有害气体的浓度应控制在下列范围：氨气（NH_3）在产房及哺乳母猪舍不超过 15mg/m³，其他猪舍不超过 20mg/m³；硫化氢（H_2S）在所有猪舍都不能超过 10mg/m³；二氧化碳（CO_2）含量不超过 0.2%；一氧化碳（CO）在妊娠及带仔母猪舍、哺乳及断奶仔猪舍不超过 5mg/m³，种公猪舍、空怀母猪舍及育成猪舍不超过 15mg/m³，肥育猪舍不超过 20mg/m³。

6. 噪声

噪声一般是由外界传入猪舍或者是舍内机械运转产生或猪自身产生。目前我国还没有制定养猪场噪声控制标准，一般认为，10 周龄以内的仔猪舍噪声不得超过 65dB，其他猪舍不超过 80～85dB。

7. 有害生物

猪舍内的有害生物主要有各种病原微生物、媒介生物和老鼠等。媒介生物是指传播疾病的节肢动物。应采取有效措施予以杀灭有害生物。

工作目标

根据当地实际以及猪场规模、猪场性质选择猪场场址，然后根据场址特点进行猪场规划，让场地发挥最大效益；根据猪场性质和条件确定合适的养殖规模和生产工艺流程，设计并采用科学的猪舍环境控制及废弃物处理利用方法，在对环境污染降到最低的基础上，使猪场生产节约治污成本。

工作内容

工作内容一 选择猪场场址

养猪场场址选择的正确与否，与猪群的健康状况、生产性能以及生产效率等密切相关。因此，场址选择应根据猪场的性质、规模和生产任务，对供选场地的地形地势、水文地质、气候、饲料与能源供应、交通运输、产品销售、与周围环境（工厂、居民点及其他畜牧场）的距离、当地农业生产布局、猪场粪尿污水处理和防疫灭病等自然和社会条件进行全面调查，综合分析后再作决定。

一、选择土地

猪场用地既要求符合土地利用发展规划和村镇建设发展规划，又要满足建设工程需要的水文和工程地质条件，做到节约用地，不占或少占耕地，在丘陵山地建场时应尽量选择阳坡，坡度不超过20°。

二、考虑地势条件

猪场地势应高燥、平坦，土壤要求透气性好、易渗水、热容量大，以沙壤土为宜。土壤一旦被污染则多年具有危害性，所以选择场址时应避免在旧猪场或其他畜牧场场地上重建或改扩建。

三、考虑水源、电力及交通条件

猪场水源要求水量充足、水质良好、便于取用和进行卫生防护，并易于净化和消毒。水源的建设还要给猪场今后的生产发展留有余地，同时要远离人饮用水源、避免污染人饮用水源。一个万头猪场日用水量达150～250t，猪只参考需水量见表1-1-1。

机械化猪场有成套的机电设备，包括供水、保温、通风、饲料加工、饲料运输、饲料输送、清洁、消毒、冲洗等设备，用电量较大，加上生活用电，一个万头猪场的用电负荷（除饲料加工外）达70～100kW。当电网供电不稳定时，猪场应自备小型发电机组，以应付临时停电。

养猪场的饲料、产品、粪污、废弃物等运输量很大，为了减少运输成本，在防疫条件允许的情况下，场址应保证便利的交通条件，并保证饲料的就近供应、产品的就近销售及粪污和废弃物的就地利用和处理等，以降低生产成本和防止污染周围环境。

表 1-1-1　猪只所需水量和流速

阶段	日消耗水量/L	流速/(mL/min)	
		最小	最大
哺乳阶段	适量以保证满足补饲量		
断奶仔猪(5~10kg)	1.3~2.5	750	1000
生长猪(10~35kg)	2.5~3.8	750	1000
育肥猪(35~100kg)	3.8~7.5	750	2000
断奶母猪	13~17	—	—
哺乳母猪及后备母猪	18~23	1000	2000

四、考虑卫生防疫条件

为了保持良好的卫生防疫和安静的环境，猪场应远离居民区、兽医机构、屠宰场、公路、铁路干线（1000m以上），并根据当地常年主导风向，使猪场位于居民点的下风向和地势较低处。猪场与其他养殖场也应保持足够的距离，一般距离中小型牧场不少于150~300m，距大型牧场不少于1000~1500m。另外猪场会产生大量的粪便及污水，如果能把养猪与养鱼、种植蔬菜和水果或其他农作物结合起来，则会变废为宝，综合利用，保持生态平衡，避免或减少环境污染。

五、考虑土地面积

猪场生产区面积一般可按存栏繁殖母猪45~50m²/头或年出栏商品育肥猪3~4m²/头规划，并根据猪场发展规划留有发展余地。猪场生活区、行政管理区、隔离区另行考虑，一般可按生产区土地面积的1‰~10‰考虑。一个万头猪场占地面积约需30000m²。

工作内容二　设计与定位猪场规模

在市场调查与预测的基础上，根据养殖者自身的经济实力、资源优势等情况，确定养猪场的经营类型与生产规模。

一、选择猪场专业类型

规模化养猪场类型的划分因采用的标准不同而异。根据养猪场年出栏商品肉猪的生产规模，规模化猪场可分为三种基本类型：年出栏10000头以上商品肉猪的为大型猪场；年出栏3000~10000头商品肉猪的为中型猪场；年出栏3000头以下的为小型猪场。根据猪场的生产任务和经营性质的不同，又可分为种猪场、商品肉猪场、自繁自养场、公猪站。确定养猪场的经营类型，应以提高养猪场的经济效益为出发点和落脚点，应充分发挥本地区的资源优势，根据市场需求和本场的实际来确定。

1. 选择种猪场

有条件的可以选择建设种猪场。种猪场根据级别不同一般可分为：县级种猪场、省级种猪场和国家级种猪场；根据种质不同又可分为曾祖代场、祖代场和父母代场。种猪场必须有对应政府部门颁发的经营许可证方可经营。种猪场的主要任务是生产良种为其他猪场提供后备种猪。

种猪场的技术、设备要求都较高。饲养的种猪在繁殖力、产肉力及肉的品质等各方面均具有较高的品质。

2. 选择商品肉猪场

条件相对不足的可以选择建设商品肉猪场。商品肉猪场专门从事肉猪肥育，是以生产肉猪为目的。目前，我国商品肉猪场包括两种形式，也是代表两种技术水平，反映了商品肉猪专业场的发展过程。

一种是以专业户为代表的数量扩张型，此类型是规模化养殖的初级类型，在广大农村普遍存在。这种类型仅仅是养猪数量的增加，而无真正具有规模经营的实质内涵。从本质上讲，饲养管理技术与传统养猪无多大差别，饲养的仍然是含地方猪种血缘的杂种一代肉猪，生产水平低，市场竞争力薄弱，经济较脆弱，生产者仅凭个人经验经营，只有朴素的市场观念和盈利思想，当市场行情好时，农户纷纷饲养，一旦价格回落，又纷纷停产，稳定性极差。

另一种类型是拥有较大规模的资金、较先进技术和设备的养猪经营形式，是规模化的形式，这种形式有的称为现代化密集型，它改变了传统的饲养方式，饲养的是优质瘦肉型猪，采用的是先进的饲养管理技术，具备现代营销手段，并能根据市场变化规律合理组织生产；猪场生产不仅规模扩大，而且产品质量也明显提高，并采用了一定的机械设备，生产水平和生产效率高，生产稳定，竞争力强。

3. 选择自繁自养场

自繁自养场即母猪和肉猪在同一个猪场集约饲养，自己解决仔猪来源，以生产商品猪为主，在一个生产区培育仔猪，在另一个生产区进行肥育，我国大型、中型规模化商品猪场大多采取这种经营方式。种猪应是繁殖性能优良、符合杂交方案要求的纯种或杂种，如培育品种（系）或外种猪及其杂种，来源于经过严格选育的种猪繁殖场；杂交用的种公猪，最好来源于育种场核心群或者种猪性能测定中心经测定的优秀个体。仔猪来源于本场种猪，不受仔猪市场的影响，稳定性好；在严格的疾病控制和标准化饲养条件下，仔猪不易发病，规格整齐，为实现"全进全出"的生产管理提供了有效保证，且产品规范。

4. 选择公猪站

公猪站专门从事种公猪的饲养，目的在于为养猪生产提供量多质优的精液。公猪饲养场往往与人工授精站联系在一起，人工授精技术的推广与应用，进一步扩大了种公猪的利用率。种公猪精液质量的好坏，直接关系到养猪生产的水平，为此种公猪必须性能优良，必须来源于种猪性能测定站经性能测定的优秀个体或育种场核心群（没有种猪性能测定站的地区）优秀个体。饲养的种公猪包括长白猪、大约克夏猪、杜洛克猪等主要引进品种和培育品种（系），饲养数量取决于当地繁殖母猪的数量，如繁殖母猪数量为50000头，按每头公猪年承担300头母猪的配种任务，则需种公猪167头；公猪年淘汰更新率如为30%，还需饲养后备公猪50头，因此该地区公猪的饲养规模为217头。如人工授精技术水平高，母猪的配种分娩率高，则可斟酌减少公猪数。建场数量既要考虑方便配种，又要避免种公猪过多而导致浪费。

二、确定养猪规模

1. 量本利分析法

确定养猪规模的方法有很多,现在介绍最常用的一种方法:量、本、利分析法。此法又称为盈亏平衡分析法,是通过分析养猪生产中的产量、成本、利润等因素之间的数量关系,来寻求达到预期经营目的的经营规模的一种方法。

量、本、利分析法,把养猪生产的成本划分为固定成本和变动成本两部分。其中,数额相对固定、不随生产量的变动而变动的成本(如猪舍圈栏及附属建筑、设备设施等的折旧费等)是固定成本;数额不固定、要随生产量变动而变动的(如饲料费、医药费、人工工资等)是变动成本。利用量、本、利分析法可求得养猪场为达到目标盈利 R 时的经营规模和处于不亏不盈时的经营规模。

设养猪场的年固定成本为 A,单位产品的变动成本为 B,单位产品的售价为 P,则养猪场处于不亏不盈时的经营规模(年生产数量) N_0 为:

$$N_0 = A/(P-B)$$

达到目标盈利 R 时的经营规模(年生产数量) N_R 为:

$$N_R = (A+R)/(P-B)$$

例:某猪场修建猪舍圈栏及附属建筑设施、设备等的投入为 800 万元,按 10 年折旧;每千克肉猪增重的变动成本为 4.20 元;购入仔猪的平均体重为 20kg,购入成本及所有杂费平均每头为 160 元,准备喂养到 100kg 体重时出栏销售,售价为每千克 6.20 元,求养猪场处于不亏不盈时的经营规模(年出栏头数)和达到目标盈利 20 万元时的经营规模(年出栏头数)。

根据以上资料,$A = 8000000 \div 10 = 800000$;$B = 4.20 \times (100-20) + 160 = 496$;$P = 6.20 \times 100 = 620$;$R = 200000$,则养猪场处于不亏不盈时的经营规模(年出栏头数) N_0 为:

$$N_0 = A/(P-B) = 800000 \div (620-496) = 6452(头)$$

达到目标盈利 200000 元时的经营规模(年出栏头数) N_R 为:

$$N_R = (A+R)/(P-B) = (800000+200000) \div (620-496) = 8065(头)$$

计算结果表明,该养猪场出栏 100kg 体重肉猪 6452 头时不亏不盈;若要达到年盈利 20 万元,需年出栏 100kg 体重肉猪 8065 头。

量、本、利分析法的优点是分析过程直观,计算简单,容易理解和运用;缺点是在一个具体的生产单位中,有时很难完全把变动成本和固定成本划分开,也就难以进一步分析计算;同时,计算公式对数量关系的描述都是作直线处理,也与实际情况不完全相符,因而计算结果只能是一定范围内的近似值。

2. 线性规划法

线性规划法就是把需要解决的问题转化为线性问题,然后求出最佳解,并能得出结论。

假设有可利用的起动资金 50 万元,现有猪舍面积 800m²,根据猪的生物学特性要求,一般每头肥育猪需要 0.8m² 栏舍、每头种猪需要 4m² 栏舍,配种采用自然交配的方式,所以公母比为 1:(25~30)。在一定的市场行情下,假设一头肥猪所需的饲养成本约 1000 元、一头种猪所需的资金约 6000 元,成本主要包括饲料、药费、水电费、人工费等,每头肉猪可获利约 200 元、种猪可获利约 4000 元,具体可参见表 1-2-1。

表 1-2-1　资金、面积、收益表

项目	资金消耗/元	占用猪舍面积	每头猪收益/元
肉猪	1000	0.8 m²/头	200
种猪	6000	4 m²/头	4000
最大资源	500000	800m²	

因公猪不直接产生效益，为计算方便，把公猪的成本、场地和效益平均分摊到母猪身上。取公母比为 1：25，因此，每头母猪所需资金为：$6000+(6000×1/25)=6240$ 元，同理每头母猪占舍面积为 $4+(4×1/25)=4.16m^2$。

假设：每批肥猪饲养量为 x 头，一年养两批；母猪饲养量为 y 头，z 为一年所得收益，那么可以得到目标函数为：

$$z=2×200x+4000y$$

可得到约束方程有：$0.8x+4.16y≤800$

$$1000x+6240y≤500000$$
$$x≥0 \quad y≥0$$

要解以上方程组，可先建立直角坐标系，并把以上各方程在坐标系中画出（图 1-2-1）：

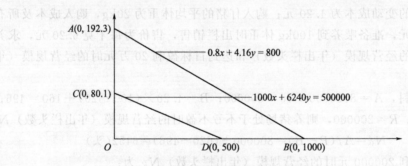

图 1-2-1　资金、场地坐标系

因为 x、y 都大于等于 0，所以图像只能在坐标系的第一象限。

当 $0.8x+4.16y=800$ 时为直线 AB；

当 $1000x+6240y=500000$ 时为直线 CD。

由上面的坐标图可得，取三角形 CDO 内的任何一点的 x 值和 y 值，场地和资金都是足够的；取四边形 $ABDC$ 内任意一点的 x 值和 y 值，场地足够但资金不足；取直线 AB 上方平面的任意一点，那么资金和场地都不足。

那么取三角形 CDO 内的哪一点好呢？根据利益最大化原则，应该取最大的那一点（这里可设为 Z 点），经计算 $Z_{(0,80.1)}=320400$，$Z_{(500,0)}=200000$，显然当 $x=0$，$y=80.1$，即猪场仅养 80 头种猪时猪场收益最大。按照公母比为 1：25 计，80 头母猪应配 3 头公猪。即在现有的场地、资金和市场行情条件下，养 80 头母猪、3 头公猪时猪场收益最大。

这种方法计算的结果只提供大致范围，而非决定性的结果，事实上养什么品种、是否做杂交、几元杂交等因素都会不同程度影响猪场的收益，从而影响计算结果。

三、我国主要猪舍类型及优缺点分析

1. 猪舍的主要形式

我国养猪历史悠久，在长期的生产实践中，根据不同的自然环境条件和社会经济条件，形成了多种多样的猪舍种类和建筑形式。不同猪场应综合考虑各自的具体条件，选择适用的猪舍类型和建筑形式。

根据不同的分类方法，猪舍有很多种类型。习惯上可根据屋顶的结构形式、墙壁结构及窗户有无、猪栏排列形式和用途等进行选择。

(1) 根据猪舍屋顶结构形式进行选择 按猪舍屋顶的结构可分为单坡式、双坡式、联合式、平顶式、拱顶式、钟楼式、半钟楼式等类型（图1-2-2）。

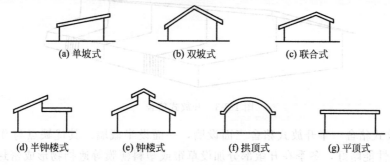

图1-2-2 不同形式的猪舍屋顶

① 单坡式 单坡式猪舍的屋顶只有一个坡向，跨度较小，结构简单，用材较少，可就地取材，施工简单，造价低廉，因前面敞开无坡，采光充分，舍内阳光充足、干燥、通风良好；缺点是保温隔热性能差，土地及建筑面积利用率低，舍内净高低，不便于舍内操作。此类型适合于跨度较小的单列式猪舍和小规模养猪场。

② 双坡式 双坡式猪舍的屋顶有前后两个近乎等长的坡，是最基本的猪舍屋顶形式之一，目前在我国使用最为广泛，可用于各种跨度的猪舍。双坡式猪舍易于修建，造价较低，舍内通风、保温良好，若设吊顶（天棚）则保温隔热性能更好，可节约土地和建筑面积；缺点是对建筑材料的要求较高，投资也略大。此类型适用于跨度较大的双列或多列式猪舍和规模较大的养猪场。

③ 联合式 联合式猪舍的屋顶有前后两个不等长的坡，一般前坡短、后坡长，因此又称为不对称坡式。与单坡式猪舍相比，前坡可遮风挡雨雪，采光略差，但保温性能大大提高，特点介于单坡式和双坡式猪舍之间，适合于跨度较小的猪舍和较小规模的养猪场。

④ 平顶式 平顶式猪舍的屋顶近乎水平，多为预制板或现浇钢筋混凝土屋面板，随着建材工业的发展，平顶式的使用逐渐增多。其优点是可充分利用屋顶平台，节省木材，不需重设天棚，只要做好屋顶的保温和防水，则保温隔热性能良好，使用年限长，使用效果好；但也存在着造价较高、屋面防水问题较难解决的缺点。

⑤ 拱顶式 拱顶式猪舍的屋顶呈圆拱形，也称圆顶坡式。其优点是节省木料，造价较低，坚固耐用，吊设顶棚后保温隔热性能较好；缺点是屋顶本身的保温隔热较差，不便于安装天窗，对施工技术要求较高等。

⑥ 钟楼式和半钟楼式 钟楼式和半钟楼式猪舍的屋顶是在双坡式猪舍屋顶上安装天窗，

如只在阳面安装天窗即为半钟楼式，在两面或多面安装天窗称为钟楼式。其优点是天窗通风、换气好，有利于采光，夏季凉爽、防暑效果好；缺点是不利于保温和防寒，屋架结构复杂，用木料较多，投资较大。此种屋顶适用于炎热地区和跨度较大的猪舍，一般猪舍建筑中较少采用。

(2) 根据墙壁结构和窗户有无进行选择 按猪舍墙壁的结构可分为开放式、半开放式和密闭式猪舍。其中密闭式猪舍按窗户有无又可分为有窗式和无窗式密闭猪舍。

① 开放式猪舍 开放式猪舍三面设墙、一面无墙，通常是在南面不设墙。开放式猪舍结构简单，造价低廉，通风采光均好，但是受外界环境影响大，尤其是冬季的防寒难于解决。开放式猪舍适用于农村小型养猪场和专业户，如在冬季加设塑料薄膜可改善保温效果（图1-2-3）。

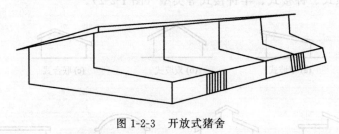

图1-2-3 开放式猪舍

② 半开放式猪舍 半开放式猪舍三面设墙，一面设半截墙。其优缺点与开放式猪舍接近，只是保温性能略好，冬季在开敞部分加设草帘或塑料薄膜等遮挡物形成密封状态，能明显提高保温性能。

③ 有窗密闭式猪舍 猪舍四面设墙，多在纵墙上设窗，窗的大小、数量和结构可依当地气候条件来定。寒冷地区可适当少设窗户，而且南窗宜大、北窗宜小，以利保温。夏季炎热地区可在两纵墙上设地窗，屋顶设通风管或天窗。这种猪舍的优点是猪舍与外界环境隔绝程度较高，保温隔热性能较好，不同季节可根据环境温度启闭窗户以调节通风量和保温，使用效果较好，特别是防寒效果较好；缺点是造价较高。该类型猪舍特别适合于北方地区采用，尤其是分娩舍、保育舍和幼猪舍（图1-2-4）。

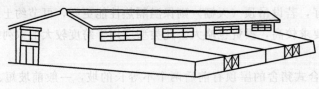

图1-2-4 密闭式猪舍

④ 无窗密闭式猪舍 猪舍四面设墙，与有窗猪舍不同的是墙上只设应急窗，仅供停电时急用，不作采光和通风之用。该种猪舍与外界自然环境隔绝程度较高，舍内的通风、光照、采暖等全靠人工设备调控，能给猪只提供适宜的环境条件，有利于猪的生长发育，能够充分发挥猪的生长潜力，提高猪的生产性能和劳动生产率。其缺点是猪舍建筑、设备等投资大，能耗和设备维修费用高。因而在我国主要用于对环境条件要求较高的猪，如产房、仔猪培育舍等。

(3) 根据猪栏排列方式进行选择 按猪栏的排列方式又可分为单列式、双列式和多列式猪舍（图1-2-5）。

① 单列式猪舍 单列式猪舍的跨度较小，猪栏排成一列，一般靠北墙设饲喂走道，舍

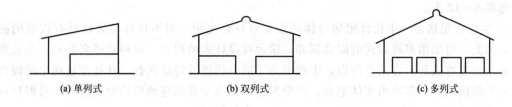

图 1-2-5　单列式、双列式及多列式猪舍示意图

外可设或不设运动场。其优点是结构简单，对建筑材料要求较低，通风采光良好，空气清新；缺点是土地及建筑面积利用率低，冬季保温能力差。这种猪舍适合于专业户养猪和饲养种猪。

② 双列式猪舍　双列式猪舍的猪栏排成两列，中间设一走道，有的还在两边再各设一条清粪通道，优点是保温性能好，土地及建筑面积利用率较高，管理方便，便于机械化作业，但是北侧猪栏自然采光差，圈舍易潮湿，建造比较复杂，投资较大。该种猪舍适用于规模化养猪场和饲养肥育猪。

③ 多列式猪舍　多列式猪舍的跨度较大，一般在 10m 以上，猪栏排列成三列、四列或更多列。多列式猪舍的猪栏集中，管理方便，土地及建筑面积利用率高，保温性能好；缺点是构造复杂，采光通风差，圈舍阴暗潮湿，空气差，容易传染疾病，一般应辅以机械强制通风，投资和运行费用较高。该种猪舍主要用于大群饲养肥育猪。

(4) 根据猪舍的用途进行选择　不同年龄、不同性别和不同生理阶段的猪对环境条件的要求各不相同，因此，根据猪的生理特点和生物学特性，设计建造了不同用途的猪舍，大体可有五种选择，即公猪舍、空怀与妊娠母猪舍、泌乳母猪舍（分娩舍、产房）、仔猪保育舍和生长育肥猪舍。不同猪舍的结构、样式、大小以及保温隔热性能等都有所不同。

① 公猪舍　公猪必须单圈饲养，采用带运动场的单列式为多。公猪隔栏高度为 1.2～1.4m，每栏面积为 7～9m²。公猪舍应配置运动场，以保证公猪有充足的运动，防止公猪过肥，保证健康，从而提高精液品质，延长利用年限。

② 空怀及妊娠母猪舍　空怀和妊娠母猪舍可设计成单列式、双列式或多列式，一般小规模猪场可采用带运动场的单列式，现代化猪场则多采用双列式或多列式。空怀和妊娠母猪可采用群养，也可单养。群养时，通常每圈饲养空怀母猪 4～5 头或妊娠母猪 2～4 头。群养可提高猪舍的利用率，使空怀母猪之间相互诱导发情，但母猪发情不容易检查，妊娠母猪还会因争食、咬架而导致死胎、流产等。单养（单体限位栏饲养，每个限位栏长 2.1～2.3m、内空宽 0.65～0.68m）便于发情鉴定、配种和定量饲喂，但母猪的运动量小，受胎率有下降的趋向，难产和肢蹄病增多，降低母猪的利用年限。妊娠母猪亦可采用隔栏定位采食，采食时猪只进入小隔栏，平时则在大栏内自由活动，这样可以增加活动量，减少肢蹄病和难产，延长母猪利用年限。

③ 泌乳母猪舍　泌乳母猪舍（也称产房）供母猪分娩、哺育仔猪用，其设计既要满足母猪需要，也要兼顾仔猪的要求。常采用三走道双列式的有窗密闭猪舍，舍内配置分娩栏，分设母猪限位区和仔猪活动区两部分。

④ 仔猪保育舍　仔猪保育舍也称仔猪培育舍，常采用密闭式猪舍。仔猪断奶后原窝转入仔猪保育舍。仔猪因身体功能发育不完全，怕冷，抵抗力、免疫力差，易感染疾病，因此，保育舍要提供温暖、清洁的环境，配备专门的供暖设备。仔猪培育常采用地面或网上群

养，每群8~12头。

⑤ 生长育肥猪舍　生长育肥猪身体功能发育日趋完善，对不良环境条件具有较强的抵抗力，因此，可采用多种形式的圈舍饲养，猪舍可设计成单列式、双列式或多列式。生长育肥猪可划分为育成和肥育两个阶段，生产中为了减少猪群的转群次数，往往把这两个阶段合并成一个阶段饲养，多采用实体地面、部分漏缝地板或全部漏缝地板的地面群养，每群10~20头，每头猪占地（栏底）面积0.8~1.0m²，采食宽度35~40cm。

2. 猪舍的基本结构

猪舍的基本结构包括地基与基础、地面、墙壁、屋顶、门窗等，其中地面、墙壁、屋顶、门窗等又统称为猪舍的外围护结构。猪舍的小气候状况在很大程度上取决于猪舍基本结构尤其是外围护结构的性能（图1-2-6）。

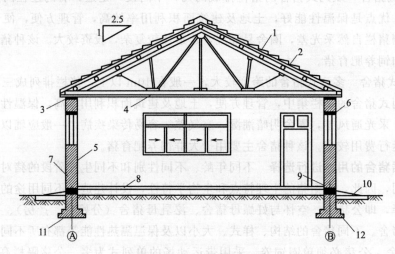

图1-2-6　畜舍的主要结构
1—屋架；2—屋面；3—圈梁；4—吊顶；5—墙裙；6—钢筋砖过梁；
7—勒脚；8—地面；9—踢脚；10—散水；11—地基；12—基础

(1) 地基与基础　猪舍的坚固性、耐久性和安全性与地基和基础有很大的关系，因此要求地基与基础必须具备足够大的强度和稳定性，以防止猪舍因沉降（下沉）过大或产生不均匀沉降而引起裂缝和倾斜，导致猪舍的整体结构受到影响。

① 地基　支持整个建筑物的土层叫地基，可分为天然地基和人工地基。一般猪舍多直接建筑于天然地基上。天然地基的土层要求结实、土质一致、有足够的厚度、压缩性小、地下水位在2m以下。通常以一定厚度的沙壤土层或碎石土层较好。黏土、黄土、沙土以及富含有机质和水分及膨胀性大的土层不宜用作地基。

② 基础　基础是指猪舍墙壁埋入地下的部分。它直接承受猪舍的各种荷载并将荷载传给地基。墙壁和整个猪舍的坚固与稳定状况都取决于基础，因此基础应具备坚固、耐久、适当抗机械作用能力及防潮、抗震和抗冻能力。基础一般比墙宽10~20cm，并成梯形或阶梯形，以减少建筑物对地基的压力。基础埋深一般为50~70cm，要求埋置在土层最大冻结深度之下，同时还要加强基础的防潮和防水能力。实践证明，加强基础的防潮和保温，对改善舍内小气候具有重要意义。

(2) 地面　地面是猪只活动、采食、休息和排泄的主要场所，与猪及猪舍内小气候和卫生状况的关系十分密切。因此，要求地面坚实、致密、平整、不滑、不硬、有弹性、不透水、便于清扫和清洗消毒，导热性小、具有较高的保温性能，同时地面一般应保持一定坡度（3%~4%），以利于地面干燥。土质地面、三合土地面和砖地面保温性能好，但不坚固、易渗水，不便于清洗和消毒。水泥地面坚固耐用、平整，易于清洗消毒，但保温性能差。目前大多数猪舍地面为水泥地面，为增加保温，可在地面下层铺设孔隙较大的材料如炉灰渣、空心砖等；如经济条件允许，可以铺地暖设施（水暖或电暖）。为防止雨水倒灌入舍内，一般舍内地面高出舍外30cm左右。

(3) **墙壁** 墙是基础以上露出地面的、将猪舍与外界隔开的外围护结构，是猪舍的主要结构，可分为内墙与外墙、承重墙与隔断墙、纵墙与山墙等。猪舍墙壁要求具备坚固、耐久、抗震、耐水、防火、抗冻、结构简单、便于清扫消毒，同时还要具有良好的保温隔热性能。墙壁的保温隔热能力取决于建材的特性、墙体厚度以及墙壁的防潮防水措施。

(4) **屋顶与天棚**

① 屋顶 屋顶是猪舍顶部的承重构件和外围护结构，主要作用是承重、保温隔热、遮风挡雨和防太阳辐射。屋顶是猪舍冬季散热最多的部位，也是夏季吸收太阳能最多的部位，所以要求其坚固、耐久、结构简单，有一定的承重能力和良好的保温隔热性能，光滑、有一定的坡度、不漏水、不透风，并能满足消防安全要求。

② 天棚 天棚又称顶棚或天花板，是将猪舍与屋顶下空间隔开的结构。其主要作用是使天棚与屋顶下的空间形成一个不流动的空气缓冲层，对猪舍的保温隔热具有重要作用，同时也有利于猪舍的通风换气。天棚应具备保温、隔热、不透水、不透风、坚固、耐久、防潮、防火、光滑、结构简单轻便等特点。生产中关于天棚的保温隔热性能常有两个问题被忽视，一是天棚本身的导热性；二是天棚的严密性，前者是天棚能否起到保温隔热作用的关键，后者是天棚保温隔热的重要保证。

(5) **门窗**

① 门 猪舍的门属非承重的建筑配件，主要作用是方便交通和分割房间，有时兼具通风和采光作用。门可分为内门和外门。舍内分间的门和附属建筑通向舍内的门称为内门，猪舍通向舍外的门称为外门。内门可根据需要设置，但外门一般每栋猪舍在两山墙或纵墙两端各设一门，若在纵墙上设外门，应设在向阳背风的一侧。门应坚固、结实、易于出入、向外开。门的宽度一般为1.0~1.5m，高度2.0~2.4m。在寒冷地区，为加强门的保温，防止冷空气直接侵袭，通常增设门斗，其深度不应小于2.0m，宽度比门应大1.0~1.2m。

② 窗 窗户的主要作用是保证猪舍的自然采光和通风，同时还具有围护作用。窗户一般开在封闭式猪舍的两纵墙上，有的在屋顶上开天窗。窗户与猪舍的保温隔热、采光通风有着密切的关系。因此，窗户的大小（面积）、数量、形状、位置等应根据当地气候条件和不同生理阶段猪的需求进行合理设计，尤其是寒冷地区，必须兼顾采光、通风和保温。一般原则是在满足采光和夏季通风的基础上，尽量少设窗户。窗户的大小以有效采光面积对舍内地面面积之比即采光系数来计算，一般种猪舍为（1:10）~（1:12），肥猪舍为（1:12）~（1:15）。窗底距地面1.1~1.3m，窗顶距屋檐0.2~0.5m为宜。炎热地区南北窗的面积之比应保持在（1:1）~（2:1），寒冷地区则保持在（2:1）~（4:1）。

3. 猪舍类型的选择

猪舍的作用是为猪只提供一个适宜的环境。不同类型的猪舍，一方面影响舍内小气候，如温度、湿度、通风、光照等；另一方面影响猪舍环境改善的程度和控制能力，如开放式猪舍的小环境条件受到舍外自然环境条件的影响很大，不利于采用环境控制设施和手段。因此，根据猪的需求和当地的气候条件，同时考虑场内外其他因素，来确定适宜的猪舍类型。

猪舍的类型按不同的分类方法可划分为许多种，如果从猪舍环境控制和改善的角度，根据人工对猪舍环境的调控程度分类，可将猪舍分为开放式和密闭式两种类型。猪舍类型的选择可参考表1-2-2。

表1-2-2 中国畜舍建筑气候分区

气候区域	1月份平均气温/℃	7月份平均气温/℃	平均湿度/%	建筑要求	应选择的畜舍类型
Ⅰ区	-30~-10	5~26	—	防寒、保温、供暖	密闭式
Ⅱ区	-10~-5	17~29	50~70	冬季保温、夏季通风	半开放式或密闭式
Ⅲ区	-2~11	27~30	70~87	夏季降温、通风防潮	开放式、半开放式或有窗式
Ⅳ区	10以上	27以上	75~80	夏季降温、通风、遮阳隔热	开放式、半开放式或有窗式
Ⅴ区	5以上	18~28	70~80	冬暖夏凉	开放式、半开放式或有窗式
Ⅵ区	-20~-5	6~18	60	防寒	密闭式
Ⅶ区	-29~-6	6~26	30~55	防寒	密闭式

工作内容三 猪场规划布局

养猪场科学合理的规划布局，可以减少建场投资、方便生产管理、利于卫生防疫、降低生产运行成本。

一、猪场布局规划的基本原则

① 场内总体布局应体现建场方针、任务，在满足生产要求的前提下，做到节约用地。

② 大型猪场应根据各区域的功能进行区域划分，分别规划。

③ 按全年主导风向由上到下的顺序依次排列种公猪舍、空怀母猪舍、妊娠母猪舍、分娩哺乳舍（产房）、断奶仔猪舍、生长（后备）猪舍、肥育猪舍等。

④ 场内清洁（净）道和污道必须严格分开，不得交叉。

⑤ 猪舍朝向和间距必须满足日照、通风、防火、防疫和排污的要求，猪舍朝向以南向或南向偏东30°以内为宜；同一列相邻两猪舍纵墙间距控制在8~12m、同一排相邻两猪舍端墙间距以不少于15m为宜。

⑥ 建筑布局要紧凑，在满足当前生产的同时，适当考虑将来的技术提高和改扩建的可能性。

二、规划猪场场地

猪场场地规划要考虑的因素较多，主要应有利于卫生防疫和饲养管理。猪场场地主要包括生产区、生产管理区、隔离区、生活区、绿化区、场内道路及排水等。为便于防疫和安全生产，应根据当地全年主风向和场址地势，有序安排以下各区。

1. 生活区

生活区包括文化娱乐室、职工宿舍、食堂等。此区应设在猪场大门外面。生活区设在上风向或偏风向和地势较高的地方，同时其位置应便于与外界联系。

2. 生产管理区

生产管理区又叫生产辅助区，包括行政和生产技术办公室、接待室、饲料加工调配车间（如采购饲料，则不用设）、饲料贮存库、水电供应设施、车库、杂品库、消毒池、更衣消毒和洗澡间等。该区与日常饲养工作关系密切，距生产区不宜太远。

3. 生产区

生产区包括各类猪舍和生产设施（各种生产猪舍、隔离舍、消毒室、兽医室、药房、值班室、饲料间），也是猪场的最主要区域，严禁外来车辆进入生产区，也禁止生产区车辆随意外出。

生产区应独立、封闭和隔离，与生活区和管理区应保持一定距离（最好超过100m），并用围墙或铁丝网封闭起来，围墙外最好用鱼塘、水沟或果林绿化带与其他区隔离。为了严禁来往人员、车辆、物料等未经消毒、净化就进入生产区，应注意以下几点：

① 生产区最好只设一个大门，并设车辆消毒室、人员清洗消毒室和值班室等。

② 出猪台和集粪池应设置在围墙边，外来运猪车、运粪车等不必进入生产区即可操作。

③ 若饲料厂不在生产区，可在生产区围墙边设饲料间，外来饲料车在生产区外将饲料卸到饲料间，再由生产区自用饲料车送至各栋猪舍。饲料厂与生产区相连，则只允许饲料厂的成品仓库一端与生产区相通，以便于区内自用饲料车运料。

4. 隔离区

隔离区内包括兽医室和隔离猪舍、尸体剖检和处理设施、粪污处理及贮存设施等。该区应尽量远离生产猪舍，设在整个猪场的下风或偏风方向、地势较低处，以避免疫病传播和环境污染，该区是卫生防疫和环境保护的重点。

5. 场内道路和排水

场内道路应分设净道、污道，且互不交叉。净道专用于运送饲料、猪及饲养员行走等，污道则专运粪污、病猪、死猪等。生产区不宜设直通场外的道路，以利于卫生防疫，而生产管理区和隔离区应分别设置通向场外的道路。

猪场内排水应设置明道与暗道，注意把雨水和污水严格分开，尽量减少污水处理量，保持污水处理工序正常运转。如果有足够面积，应充分考虑高效利用雨水和污水的净化利用。

6. 场区绿化

绿化可以美化环境、吸尘灭菌、降低噪声、净化空气、防疫隔离、防暑防寒。但也有争议，因树木也会把鸟吸引过来，而不利于疾病的防疫。

三、场区布局

猪场建筑物布局时需考虑各建筑物间的功能关系、卫生防疫、通风、采光、防火、节约占地等。

生活区和生产管理区与场外联系密切，为保障猪群防疫，宜设在猪场大门附近，门口分别设置行人和车辆消毒池，两侧设值班室和更衣室。生产区各猪舍的位置需考虑配种、转群等联系方便，并注意卫生防疫，种猪舍、仔猪舍应置于上风向和地势较高处。繁殖猪舍、分娩舍应设置在位置较好的地方，分娩舍既要靠近繁殖猪舍，又要接近仔猪培育舍，育成猪舍靠近育肥猪舍，育肥猪舍设在下风向。商品猪置于离场门或围墙靠近处，围墙内侧设装猪台，运输车辆停在墙外装车。

病猪隔离舍和粪污处理区应置于全场最下风向和地势最低处，距生产区应保持至少50m的距离。

炎热地区，应根据当地夏季主风向安排猪舍朝向，以加强通风效果，避免太阳辐射。寒冷地区，应根据当地冬季主导风向确定朝向，减少冷风渗透量，增加热辐射，一般以冬季或夏季主风向与猪舍长轴有30°～60°夹角为宜，应避免主风方向与猪舍长轴垂直或平行。

工作内容四　选择设备

养猪场的设备延伸了人类的管理能力，是合理提高饲养密度、调控舍内环境、搞好卫生防疫和防止环境污染的重要保证。合理配置养猪设备，可以提高劳动生产率、改善猪只福利、提高生产性能和产品的质量，从而直接影响养猪场的效益。

养猪场的主要设备包括各种限位饲养栏，漏缝地板，供水系统，饲料加工、贮存、运送及饲养设备，供暖通风设备，粪尿处理设备，卫生防疫、检测器具和运输工具等。

一、设计猪栏

猪栏是限制猪的活动范围和防护的设施（备），为猪只的活动、生长发育提供场所，也便于管理。猪栏一般分为公猪栏、配种栏、妊娠栏、分娩栏、保育栏、生长育肥栏等。猪栏的基本结构和基本参数应符合GB/T 17824.3的规定。

1. 公猪栏

公猪栏面积一般为7～$9m^2$，栏高1.2～1.4m，每栏饲养1头公猪，栅栏可以是金属结构，也可以是混凝土结构，栏门均采用金属结构。最低要求是足够牢固、易于人的离开。

2. 配种栏

配种栏有两种：一种是采用公猪栏，将公、母猪驱赶到栏中进行配种；另一种是由4个饲养空怀待配母猪的单体限位栏与1个公猪栏组成的一个配种单元，公猪饲养在空怀母猪后面的栏中。这种配种栏公、母猪饲养在一起，具有利用公猪诱导空怀母猪提前发情、缩短空怀期、便于配种、不必另设配种栏的优点。

3. 母猪栏

集约化和工厂化养猪多采用母猪单体限位栏，一般用镀锌管焊接而成，由两侧栏架和前门、后门组成，前门处安装食槽和饮水器，栏长2.1m、宽0.6m、高0.96m。饲养空怀及妊娠母猪，与群养相比，其优点是便于观察发情，及时配种，避免母猪采食争斗，易掌握饲喂量、控制膘情、预防流产；缺点是限制母猪运动，容易出现四肢软弱或肢蹄病，繁殖性能有降低的趋势。母猪单体限位栏见图1-4-1。

4. 分娩栏

分娩栏是一种单体栏，是母猪分娩、哺乳和仔猪活动的场所。分娩栏的中间为母猪限位架，母猪限位架一般采用圆钢管和铝合金管制成，长2.0～2.1m、宽0.55～0.65m、高1.0m；两侧是仔猪围栏，用于隔离仔猪，仔猪在围栏内采食、饮水和活动。分娩栏一般长2.0～2.1m，宽1.65～2.0m。

图1-4-1 普通型母猪单体限位栏

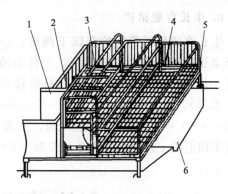

图1-4-2 高床分娩栏

1—保温箱；2—仔猪围栏；3—分娩栏；
4—钢筋编织板网；5—支腿；6—粪沟

高床分娩栏是将金属编织漏缝地板铺设在粪沟的上面，再在金属地板网上安装母猪限位架、仔猪围栏、仔猪保温箱等（图1-4-2）。

5. 仔猪保育栏

现代化猪场多采用高床网上保育栏，主要由金属编织漏缝地板网、围栏、自动食槽、连接卡、支腿等部分组成，相邻两栏在间隔处设有一个双面自动食槽，供两栏仔猪自由采食。根据每栏仔猪的头数，合理安排饮水器的数量（10头/个饮水器），而且要有高低限度（见图1-4-3和表1-4-1）。常用仔猪保育栏长2m、宽1.7m、高0.7m，离地面高度0.25～0.30m，可饲养10～25kg体重的仔猪10～12头（图1-4-4）。

表1-4-1 安装乳头式饮水器的建议高度

生长阶段	体重/kg	高度（与墙成45°角）/cm	高度（与墙成90°角）/cm
保育期	5	30	25
保育期	7	35	30
生长期	15	45	35
生长期	20	50	40
生长期	25	55	45
生长期	30	65	55

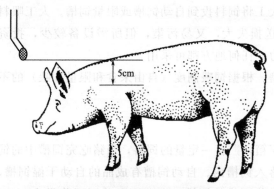

图1-4-3 饮水器的合理高度

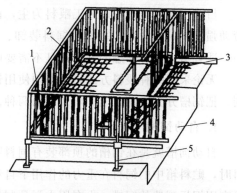

图1-4-4 仔猪保育栏

1—连接杆；2—钢筋编织地板；3—自动食槽；4—粪沟；5—支腿

6. 生长育肥猪栏

生长育肥猪栏常用的有以下两种：一种是采用全金属栅栏加水泥漏缝地板条，也就是全金属栅栏架安装在钢筋混凝土板条地面上，相邻两栏在间隔栏处设有一个双面自动饲槽，供两栏内的猪自由采食，根据每栏猪的头数，合理安排饮水器的数量（8~10头/个饮水器），也要有高有低；另一种是采用实体隔墙加金属栏门，地面为水泥地面，后部设有0.8~1.0m宽的水泥漏缝地板，下面为粪尿沟。实体隔墙可采用水泥抹面的砖砌结构，也可采用混凝土预制件，高度一般为1.0~1.2m。几种猪栏（栏栅式）的主要技术参数见表1-4-2。

表1-4-2 几种猪栏（栏栅式）的主要技术参数

猪栏类别	长/mm	宽/mm	高/mm	隔条间距/mm	备注
公猪栏	3000	2400	1200	100~110	—
后备母猪栏	3000	2400	1000	100	—
培育栏	1800~2000	1600~1700	700	≤70	饲养1窝猪
培育栏	2500~3000	2400~3500	700	≤70	饲养20~30头猪
生长栏	2700~3000	1900~2100	800	≤100	饲养1窝猪
生长栏	3200~4800	3000~3500	800	≤100	饲养20~30头猪
肥育栏	3000~3200	2400~2500	900	100	饲养1窝猪

注：在采用小群饲养的情况下，空怀母猪、妊娠母猪栏的结构与尺寸和后备母猪栏相同。

二、设计饲喂设备

猪场喂料方式可分为机械喂料和人工喂料两种。机械喂料是将加工好的全价配合饲料，用饲料散装运输车直接送到猪场的饲料贮存塔中，然后用输送带送到猪舍内的自动饲槽或限量饲槽内进行饲喂。这种饲喂方法，饲料新鲜，不受污染，减少包装、装卸和散漏损失，还实现了机械化、自动化，节省劳力，提高了劳动生产率。但设备造价高，成本大，对电力的依赖性大。因此，只在现代化的规模猪场采用较多。

目前，大多数猪场以人工喂料为主，由人工将饲料投到自动饲槽或限量饲槽。人工喂料劳动强度大，劳动生产率低，饲料装卸、运送损失大，又易污染，但所需设备较少，投资小，适宜运送各种形态的饲料；且不需要电力，任何地方都可采用。

无论采用哪种喂料方式，都必须使用饲槽。根据饲喂制度（自由采食和限量饲喂）的不同，把饲槽分为自动食槽和限量饲槽两种。

1. 自动饲槽

自动饲槽就是在饲槽的顶部装有饲料贮存箱，贮存一定量的饲料，当猪吃完饲槽中的饲料时，贮料箱中的饲料在重力的作用下自动落入饲槽内。自动饲槽有成品的自动干湿饲槽，也有用钢板制造的饲槽，也有用水泥预制件拼装而成的饲槽（有双面和单面两种形式）。双面自动饲槽供两个猪栏共用，单面自动饲槽供一个猪栏用（图1-4-5）。自动饲槽适用于培育、生长和肥育阶段的猪。猪各类自动饲槽的主要结构参数见表1-4-3。

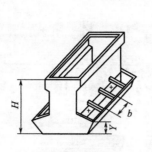
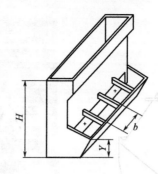

(a) 双面自动饲槽　　　　(b) 单面自动饲槽

图 1-4-5　自动饲槽

表 1-4-3　猪各类自动饲槽的主要结构参数

猪的类别	高度(H)/mm	前缘高度(Y)/mm	最大宽度/mm	采食间隙(b)/mm
仔猪	400	100	400	140
幼猪	600	120	600	180
生长猪	800	160	650	230
肥育猪	900	180	800	330

2. 限量饲槽

限量饲槽（图 1-4-6）用于公猪、母猪等需要限量饲喂的猪群，一般用水泥制成，其造价低廉，坚固耐用，也可用钢板或其他材料制成。每头猪所需要的饲槽长度大约等于猪肩部的宽度。每头猪采食所需饲槽长度见表 1-4-4。

表 1-4-4　每头猪采食所需要的饲槽长度

猪的类别	体重/kg	每头猪采食所需要的饲槽长度/mm	猪的类别	体重/kg	每头猪采食所需要的饲槽长度/mm
仔猪	≤15	180	肥育猪	≤75	280
幼猪	≤30	200	肥育猪	≤100	330
生长猪	≤40	230	繁殖猪	≤100	330
肥育猪	≤60	270	繁殖猪	≥100	500

3. 母猪自动饲养管理系统

母猪智能化精确饲喂系统（图 1-4-7）是由计算机软件系统作为控制中心，有一台或者多台饲喂器作为控制终端，有众多的读取感应传感器为计算机提供数据，同时根据母猪饲喂的科学运算公式，由计算机软件系统对数据进行运算处理，处理后指令饲喂器的机电部分来进行工作，来达到对母猪的数据管理及精确饲喂管理，这套系统又称为母猪智能化饲喂系统，主要包括母猪智能化精确饲喂系统、母猪智能化分离系统、母猪智能化发情鉴定系统。

（1）母猪智能化精确饲喂系统的技术原理　猪只佩戴电子耳标，由耳标读取设备进行读取，来判断猪只的身份，传输给计算机，同时由称重传感器传输给计算机该猪的体重，管理者设定该猪的怀孕日期及其他的基本信息，系统根据终端获取的数据（耳标号、体重）和计算机管理者设定的数据（怀孕日期）运算出该猪当天需要的进食量，然后把这个进食量分量分时间传输给饲喂设备为该猪下料。母猪智能化饲喂系统有下列基本功能：

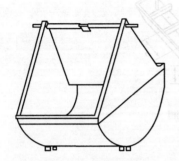

图1-4-6 限量饲槽

图1-4-7 母猪智能化精确饲喂系统

① 实现饲喂和数据统计运算的全自动功能。
② 耳标识别系统对进食的猪只进行自动识别。
③ 系统可根据每次进食猪只耳标标号，设定进食时刻、进食用时，并根据体重及怀孕天数自动计算出当天的进食量。
④ 自动测量猪只的日体重，并计算出日增重。
⑤ 系统对控制设备的运行状态、测定状况、猪只异常情况进行全面的检测及系统报警。
⑥ 系统实现实时数据备份功能，显示当前进食猪的状态。

(2) 母猪智能化精确饲喂系统的优点

① 实现了整个生产过程的高度自动化控制

a. 自动供料　整个系统采用贮料塔＋自动下料＋自动识别的自动饲喂装置，实现了完全的自动供料。

b. 自动管理　通过中心控制计算机系统的设定，实现了发情鉴定以及舍内温度、湿度、通风、采光、卷帘等的全自动管理。

c. 数据自动传输　所有生产数据都可以实时传输显示在农场主的个人手机上。

d. 自动报警　场内配备由计算机控制的自动报警系统，出现任何问题计算机都会自动报警。

② 生产效率高

a. 管理人员的工作效率高　对于一个母猪群体规模为750头的种母猪场，只需要2个人就可以实现对猪场的管理。

b. 管理人员的工作强度小　管理人员平均每天进场时间不超过1h，进场后的工作主要是进行配种、转群、观察、处理等必须由人工来完成的操作。

c. 母猪的繁殖生产效率高　通过运用母猪智能化精确饲喂系统，可以使群体获得优秀的繁殖生产成绩。在采用26～28天断奶的生产模式下，使用该系统的母猪场内平均年产胎次可以增加到2.40胎，平均胎产活仔猪数可以达到12.32头，母猪的平均年产断奶仔猪数（母猪年生产力）可以达到26.83头，全群平均返情率仅为7.40%，母猪利用年限平均提高1.5年。也就是说，对母猪实施自动化管理可以大幅度提高母猪群体的繁殖生产效率。使用母猪自动饲喂系统后，我国母猪生产力在最优化的情况下可从现在的16头提高到26头。以商品猪场为例，我国一个万头猪场的基础母猪数大约为650头，使用自动母猪饲喂系统以后，只需养 400 头母猪就能满足年产万头商品猪的生产目标，即母猪存栏数可减少 41%。这无疑大大降低了全群暴发疾病的风险，当然也因减少存栏数而节约了饲养成本。

d. 养殖的整体经济效益高　通过高度的自动化管理，实现了对群养母猪的个体化管理，避免了人为因素对养猪生产造成的影响，使得养殖的整体经济效益大幅提高。根据欧洲的平均生产水平计算，使用 HHIS 母猪智能化精确饲喂系统的猪场内平均每头商品猪可以实现 50～120 欧元的盈利。

③ 饲养过程充分考虑了动物福利的要求

a. 扩大了每头母猪的活动面积　按照动物福利的要求，全面放弃定位栏，采用大群养殖的模式，让母猪随意运动，每头母猪的活动面积扩大到 2.5m²。

b. 自由分群，随意组合，个性化采食时间　通过自动饲喂系统的使用，实现了在大群饲养条件下的个体精确控制。群体内的母猪可以自由分群，随意组合，并且自由选择采食时间。

c. 自动（非人工干扰）实现特殊个体的识别和隔离　在自动饲养管理系统中，通过对特定行为学特征的自动监控，配合特殊的个体识别系统，可以实现对特殊个体（例如发情母猪、返情母猪等）的自动隔离，从而减少了人为观察的工作量和主观性误差的产生。

d. 为猪提供了宽松的生活环境　在一系列减少应激措施的基础上，各猪场还通过播放轻松音乐等方式来为猪只提供宽松的生活环境。

上述措施除了可以满足动物福利的要求外，还有利于减少饲养过程中对母猪产生的应激，从而确保了生产效率的提高。

④ 实现了生产数据管理的高度智能化

a. 系统可以自动完成对每一头母猪体重的监控并通过制图的形式加以反映，为管理者提供最精确的数据。

b. 对于群体每一个阶段的生产数据，系统还可以通过中心控制计算机进行辅助分析并制作各种生产报表，为管理者提供群体数据。

c. 对于和市场相关的各种供销信息，由养猪协会统一协调管理。

⑤ 降低防疫的风险　从防疫角度看，可以减少饲料在运输和饲喂过程中的污染问题，而且可以减少人员进入猪舍的次数，减少人员与猪的接触机会；可以减少饲养人员的劳动量，减少饲养人员，降低饲养成本；可以有效地控制猪的日粮，有利于实现饲养管理的规范化、科学化，提高饲养管理的水平。

三、设计供水饮水设备

供水饮水设备是现代化猪场必不可少的设备，主要包括供水设备、供水管道和自动饮水器等。

1. 供水设备

猪场供水设备主要包括水的提取、贮存、调节、输送、分配等部分。现代化猪场的供水一般都是采用压力供水，水塔或无塔供水设备是供水系统中的重要组成部分，要有适当的容积和压力，容积应能保证猪场 2 天左右的用水量。

2. 供水管道

供水管道的设计施工应符合给排水规范要求，可选择 PVC 或 PPR 等塑料供水管材，也可使用铁质管材,但应做好防腐处理。室外给水管应埋至冻土层以下,防止冬季冻结。

3. 自动饮水器

猪用自动饮水器的种类很多,有鸭嘴式、乳头式、杯式等,应用最为普遍的是鸭嘴式自动饮水器(图1-4-8)。鸭嘴式自动饮水器结构简单,耐腐蚀,寿命长,密封性能好,不漏水,流速较低,符合猪饮水要求。

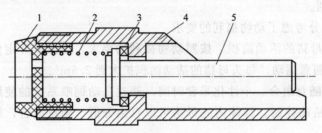

图1-4-8 猪用鸭嘴式自动饮水器
1—塞盖;2—弹簧;3—密封胶圈;4—阀体;5—阀杆

除上述猪栏、饲喂设备和供水饮水设备外,现代化养猪场的设备还有供热保温与通风降温设备、清洗消毒设备、粪便处理设备、运输设备、检测仪器以及标记用具与套口器等。

四、设计猪的玩具

在规模化、集约化养猪生产中,有的猪场母猪长时间受禁锢,如限位栏饲养的怀孕母猪和哺乳母猪活动范围严重受阻,有时母猪会表现出破坏栏舍等异常反抗行为;有的猪场仔猪断奶过早,或者饲养密度大、舍内空气质量不好,又或者饲料中缺乏某些微量元素,这样的情况下仔猪会表现出相互攻击、相互咬尾、破坏栏舍等异常行为,严重的会引起仔猪生长速度减慢,甚至成为僵猪。

为避免上述情况发生,目前生产上除了适时断奶、给仔猪提供适当的栏舍空间、保持猪舍空气质量、提供全价饲料等措施以外,还会给猪提供一些适当的"玩具",以分散猪的注意力,满足仔猪的动物福利,减少异常行为的发生。

仔猪玩具的设计除了缓解无聊、分散注意力以外,还应设法逗仔猪,让仔猪进行适当活动,增强体质,最好还能方便仔猪发挥贪玩、拱地的天性,满足动物福利。

玩具的设计只要能发挥作用就可以,即在触觉和味觉使猪有新奇甚至"好玩"的效果即可。所以为了减少这一项内容的成本,有的猪场在猪栏上方挂一条铁链,或者挂一些废弃的干净的易拉罐等都可以,如图1-4-9所示。

条件好的猪场,对限位栏中的母猪也可提供玩具,以缓解母猪的无聊,一般会将玩具固定在限位架上,让母猪拱玩,如能将玩具设计成既会动又能发出优美音乐的则效果更好。

给猪玩具已经越来越被养殖者认可和接受,越来越多的猪场已经开始设计并使用玩具,并收到良好的效果。一些西方国家已经将"给仔猪玩具"进行相关立法,如果因不给仔猪提供玩具被举报的,就会受到一定的处罚。

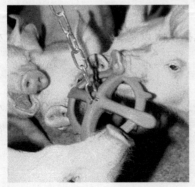

图1-4-9 仔猪玩具

不论采用什么样的玩具，都必须确保玩具对猪来说是安全的，确保不会被猪吞食，同时也要保证玩具足够牢固，不易被猪"搞坏"。

五、设计转群设施

猪场有不同繁殖阶段、不同生长阶段的猪，不同阶段的猪是养在不同猪舍不同猪栏的，当一群猪结束了一个阶段进入下一个阶段时就需要进行转群。而规模猪场都是按批次生产，采用全进全出制，大多数转群不是转单只猪，而是转一群猪，如没有专用的转群设施，转群时很难控制猪的行进方向、很难获知猪的体重，也难以将猪转移到运输车上。

1. 不同繁殖阶段的猪转群

不同繁殖阶段的猪转群主要指母猪从空怀舍→怀孕舍→哺乳舍→空怀舍的循环转群，因这三种猪舍距离都较近，通道不需要很长。

如果两栋猪舍都在道路的一侧，那么通道可以是固定的，位于猪舍一侧即可，猪从一栋猪舍出来自然进入通道走向另一栋猪舍，通道两头有可移动的栏板用以限制猪的活动范围。如果两栋猪舍分别位于道路两侧，那么固定的通道是行不通的，设置移动通道，使猪从一栋猪舍出来沿着通道进入另一栋猪舍。根据道路宽窄，可以由2～3段拼接而成，拼接处可以拆卸，当转群结束时可以拆下拼接，避免影响道路的通行。移动通道接近地面一侧安装轮子，方便移动。如图1-4-10所示。

图1-4-10 转群通道

2. 不同生长阶段的猪转群

不同生长阶段的猪转群也分两种，即猪舍之间的转群和从猪舍到运输车上的转群。

这两种转群除了转移地方外，往往还要获知猪的体重，因此在转群通道的某处应设置磅秤（参见图1-4-11），让猪经过通道时自然而然走入磅秤，磅秤两头有可以插入的栏板，让称重的猪在磅秤上适当停留，从而获得猪的体重。

带秤的通道在秤的上方最好设有防风遮雨的装置，防止秤被雨水侵蚀。为了使转群工作不受雨天影响，在整个通道上可加遮盖物（见图1-4-12）。

用于把猪从猪舍转到运输车上的通道上除了秤以外还有一个很重要的部分是装猪台。猪的视力弱，遇到高低不平的地方往往停止不前，所以台的高度最好是与车辆齐平，使猪在装猪台与车辆之间没有"台阶"，方便猪行走。为此，一般猪场同时有2～3种不同高度的装猪

图 1-4-11 带秤的通道　　　　　　图 1-4-12 带遮雨棚的通道

台以应对不同高度的车辆。经济条件允许的猪场可以建一个可自动升降的装猪台，以满足各种高度的运输车。

不管是哪种转群通道，在设计的时候注意通道不宜太宽，通道过宽，猪容易掉头，增加转群的难度。在不影响其他操作的基础上，通道路线应按照最短距离的原则设计。出了猪栏脱离禁锢的猪比较"兴奋"，乱冲乱动，因此通道一定要结实牢固。

六、设计清粪设备

目前我国猪场的清粪工艺主要有人工干清粪、水冲粪、水泡粪、机械刮粪等四种。

1. 人工干清粪

人工干清粪是最原始、最传统的清粪方法，即人员采用一种工具人工收集猪的粪便。这种方法需要大量的人工，不符合机械化养猪的现状，所以只在少数小规模猪场中仍有使用。因人工干清粪很少需要用水冲洗，猪场污水处理的工作较少。

2. 水冲粪

水冲粪往往用在有漏缝地板的猪场。在猪舍一侧建有适当容量的水池，利用物理原理设置成每间隔一定时间放水一次，冲洗粪沟，将粪污从排污道清出。水冲粪几乎不需要人力，减少了人工开支，但用水量大，污水处理负担重，目前很少有猪场采用该种方法。

3. 水泡粪

水泡粪是指在猪舍内的排粪沟中注入一定量的水，将粪、尿、冲洗和饲养管理用水一并排放至漏缝地板下的粪沟中，储存一定时间，待粪沟填满后，打开出口，使沟中的粪水排出。水泡粪的形式可以分为以下两种：

(1) 深坑储粪　粪沟深 2～3m，粪便储存在地沟内，每年通过泵抽 1～2 次。深坑储粪猪舍由于猪粪长时间存储在舍内，发酵后产生的有害气体会使猪舍内空气质量难以控制，且有发生爆炸的风险，故该种方法也渐渐被淘汰。

(2) 浅坑拔塞　浅坑拔塞的地沟一般深 60～90cm，地沟的布置形式多样。

第一种是把排粪塞设置在地沟中部、平底地沟的方式。拔塞时形成虹吸效应，地沟内形成湍流，搅动地沟内的粪便排入管道内。

这种方式如果地沟的面积或长度过大，难以形成有效搅动，则会出现分层排不干净的情况，所以排粪塞可承担的地沟面积和长度是有限的，具体可参见表 1-4-5。

表 1-4-5　不同直径粪塞对应的地沟面积及长度

粪塞直径/mm	地沟面积/m²	地沟长度/m
315	10～35	12
250	5～25	10
200	0～10	5

第二种是将粪塞设置在端部、平底地沟的方式。粪塞设置在一端或者两端都可以，一般地沟长度不超过 18m，也有采用发卡式地沟的形式，两条地沟的粪塞都设置在一端，两条沟在另一端相连通。两端设置粪塞或者采用发卡式地沟的形式，在运行过程中可以轮流使用两端的粪塞，避免粪便在一端长期沉积。

浅坑拔塞式地沟一般 2～3 周拔塞一次，以保证舍内空气质量。平底地沟一般需要在地沟内加入 2.5～10cm 的水，以控制有害气体的挥发。氨气的水溶性较好，增加水可以有效地减少挥发。

浅坑水泡粪的排污管道设置时应注意留设通气管，以稳定排污管内气压，以免出现顶开其他粪塞或者排放不畅等现象。

4. 机械刮粪

机械刮粪是采用电力驱动刮粪板清空地沟粪尿的方式，形式上可以分为平刮板和"V"形刮板两种。

(1) 平刮板　使用平刮板工艺相对简单，是将粪尿一起刮出舍外，舍内没有实现干湿分离，需要后续增加干湿分离设备，但由于地沟坡度不大，尿液容易挥发，会影响舍内空气质量。

(2) "V"形刮板　使用"V"形刮板（图 1-4-13）在猪舍内可以实现干湿分离，尿液利用坡度可以较快排出，挥发相对较小。但"V"形刮板的猪舍一定要注意地沟的施工质量控制，避免因地沟沟底精度不达标而影响后续的刮粪效果。

图 1-4-13　"V"形刮板

采用机器刮粪的方式，地沟的密闭性很重要，不然，空气质量也会受到严重影响。为了克服这个困难，在刮粪机端部可设置盖板，粪便刮出时顶开盖板，粪便刮出后盖板自动盖下，保障了猪舍的气密性。

机器刮粪所用的电机、滑轮等需要进行日常维护和保养，所以这些部件应该设置在舍外或易于人员操作的位置，以降低维护保养的难度。

工作内容五　确定生产工艺流程

一、现代化猪场生产工艺流程

现代养猪生产工艺可以划分为两种，即一点一线式生产工艺和多点（两点或三点）式生产工艺。前者的特点是各阶段的猪群饲养在同一个地点，优点是管理方便，转群简单，猪群应激小，适合规模小、资金少的猪场，是目前我国养猪业中最常用的方式之一；后者是20世纪90年代发展起来的一种新的工艺，它通过采取对猪群的远距离隔离，达到控制各种特异性疾病、提高各个阶段猪群生产性能的目的，但因需要额外场地，在小型的猪场很难实现。

1. 一点一线式生产工艺

一点一线式生产工艺是指在同一个地方，一个生产场内按配种、妊娠、分娩、保育、生长、肥育生产流程组成一条生产线。根据商品猪生长发育不同阶段饲养管理方式的差异，又分成以下五种常用的生产工艺。

(1) 两段式生产工艺　其工艺流程如图1-5-1所示。

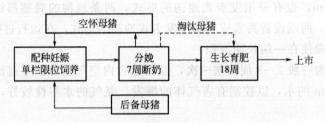

图1-5-1　两段式生产工艺流程

该生产工艺的特点是猪在断奶后直接进入生产肥育舍一直养到上市，饲养过程中转群次数少，应激比较小。但由于较小的生长猪和较大的肥育猪饲养在同一类猪舍内，增加了疾病防疫的难度，也不利于机械化操作，而且这种方式比其他方式需要更大的建筑面积。所以，这种方式只适合规模小、机械化程度低或完全依赖人工饲养管理的猪场。

(2) 三段式生产工艺　其工艺流程如图1-5-2所示。

这种生产工艺的主要特点是哺乳期和保育期分开，加上生长肥育期共分为三个阶段饲养，国内多数规模化猪场采用这种生产工艺。采用此工艺的猪群应激比较小，同时可根据仔猪不同阶段的生理需要采取相应的饲养管理技术措施。

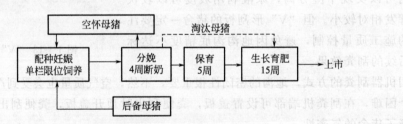

图1-5-2　三段式生产工艺流程

(3) 四段式生产工艺　其工艺流程如图1-5-3所示。

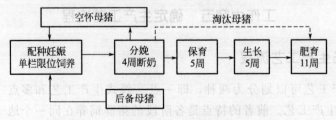

图1-5-3　四段式生产工艺流程（A）

以万头猪场为例，每周有24头母猪配种，妊娠16周，产前提前1周进入分娩舍，分娩后哺乳4周断奶，仔猪可继续留在原圈饲养1周。24头哺乳母猪断奶后同时转至配种舍，24窝仔猪5周后转入保育舍，分娩栏空栏清洁消毒1周，仔猪在保育舍饲养5周后转入生长舍饲养5周，然后转入肥育舍饲养11周，体重达95~114kg上市。

该工艺的主要特点是：①妊娠母猪单栏限位密集饲养，便于饲养管理，母猪不会争吃打斗，避免损伤和其他应激，减少流产，而且比妊娠母猪小群饲养节约猪舍建筑面积500~600m²（以万头猪场计）；②产仔栏按7周设计，妊娠母猪可在产前1周进入产仔哺乳舍，仔猪4周断奶后，立即转走母猪，而仔猪再留养1周后转入保育舍，即可对产仔栏进行彻底清洁消毒，空栏1周，有利于卫生防疫；③保育栏也按6周设计，饲养5周，空栏清洁消毒1周，给生产周转留有一定余地；④仔猪出生后按哺乳、保育、生长和肥育四段饲养，比三段（生长和肥育合二为一）饲养可节约猪舍建筑面积300m²左右（以万头猪场计）。

四段式生产工艺还有一种形式叫半限位生产工艺，其工艺流程如图1-5-4所示。它的特点是空怀和早期妊娠母猪采用每栏4~5头的小群饲养，产前5周为了便于喂料和避免打斗流产，又转入单栏限位饲养。采用这种工艺，哺乳母猪断奶后回到配种妊娠舍内小群饲养，母猪活动增加，对增强母猪体质和延长母猪利用年限有一定好处，设计投资可减少一些，所以有些猪场也采用这种饲养工艺。其缺点是小群饲养期饲养管理比较麻烦，有时母猪争食打斗会增加应激，猪舍面积也有所增加。

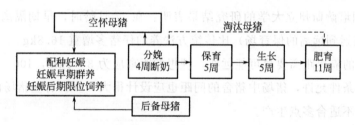

图1-5-4 四段式生产工艺流程（B）

(4) 五段式生产工艺 其工艺流程如图1-5-5所示。

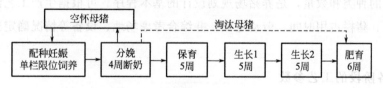

图1-5-5 五段式生产工艺流程

五段式生产工艺与四段式相比，主要差别是从生长到肥育分为三个阶段，优点是可减少猪舍面积，一个万头猪场可减少300m²左右，缺点是猪群多次转栏，应激增加。

一点一线的生产工艺最大的优点是地点集中，转群、管理方便，主要问题是由于仔猪和其他猪在同一生产线上，容易受到疾病传染，对仔猪健康和生长带来较为严重的威胁和影响。

2. 多点（两点或三点）式生产工艺

鉴于一点一线生产工艺存在的卫生防疫问题及其对猪生产性能的限制，1993年以后，美国养猪界开始采用一种新的养猪工艺，英文名为 Segregated Early Weaning，简称SEW，即早期隔离断奶。这种生产工艺是指仔猪在较小的日龄即实施断奶，然后转到较远的另一个猪场中饲养。它的最大特点是防止病原的积累和传染，实行仔猪早期断奶和隔离饲养相结合。它又可分为两点式生产和三点式生产。

(1) 两点式生产工艺 其工艺流程如图 1-5-6 所示。

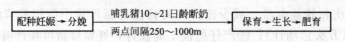

图 1-5-6 两点式生产工艺流程

(2) 三点式生产工艺 其工艺流程如图 1-5-7 所示。

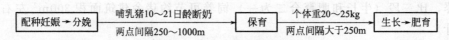

图 1-5-7 三点式生产工艺流程

早期断奶隔离饲养工艺的主要优点是：仔猪出生后 21 天内，在其体内来自母乳的特殊疾病的抗体还没有消失以前，就将仔猪进行断奶，然后转移到远离原生产区的清洁干净的保育舍进行饲养。由于仔猪健康无病，不受病原体的干扰，免疫系统没有激活，减少了抗病的消耗，因此不仅成活率高，而且生长快，到 10 周龄时体重可达 30～35kg，比一点一线法高 10kg 左右。美国堪萨斯州立大学的研究结果表明：在 77 日龄时，早期隔离断奶仔猪（5～10 日龄断奶后被运到远离的保育场）比传统方法养的仔猪多增重 16.8kg。

两点或三点的隔离距离要尽可能远些，理想的距离应为 3～5km，100～500m 的距离可视为合格。如果条件允许，猪场中猪舍的间距也应设计得大一些。有些猪场由于场地不够或相邻猪场太近，不适合多点生产。

二、确定各阶段猪舍数量

确定猪舍的种类和数量，是养猪场规划设计的基本程序。可根据生产工艺流程、饲养方式、饲养密度、猪栏占用时间、劳动定额，并综合考虑场地、设备等情况确定猪舍的种类和数量。

1. 确定各阶段的工艺参数

为了准确计算场内各期、各生产群的猪只存栏数量，据此再计算出各猪舍所需的猪栏位数量，就必须首先确定各阶段的工艺参数。应根据当地（或本场猪群）的遗传基础、生产力水平、技术水平、经营管理水平和物质保证条件以及已有的历史生产记录和各项信息资料，实事求是地确定生产工艺参数。表 1-5-1 所列工艺参数仅供参考。

2. 确定各类猪舍中的猪只存栏量

确定生产工艺流程后就确定了需要建设的猪舍种类。各类猪舍中的猪只存栏量可依据生产规模和采用的饲养工艺进行估测。下面以年出栏 1 万头商品猪场采用六阶段饲养工艺、各阶段工艺参数按表 1-5-1 执行为例说明估算方法。

表 1-5-1 猪场工艺参数参考值

项目	参数	项目	参数
妊娠期	114 天	哺乳仔猪成活率	90%
哺乳期	30 天	断奶仔猪成活率	95%
保育期	35 天	生长期、育肥期成活率	99%
生长(育成)期	56 天	每头母猪年产活仔数	20 头
肥育期	56 天	公母猪年更新率	33%
空怀期	14 天	母猪情期受胎率	85%
繁殖周期	163 天	公、母比例	1:25
母猪年产胎次	2.31 胎	圈舍冲洗消毒时间	7 天
母猪窝均总产	10 头	繁殖节律(周节律)	7 天
窝均产活	9 头	母猪临产前进产房时间	7 天
		母猪配种后原圈观察时间	21 天

注：1. 母猪年产胎次，目前的水平达到 2.1 胎左右。
2. 母猪窝均总产和窝均产活都有上升的趋势。
3. 公母比例如果考虑人工授精，可达到 (1:50)~(1:100)。

(1) 所需猪舍的种类 根据生产工艺流程可知，所需猪舍的种类有种公猪舍、空怀母猪舍、妊娠母猪舍、分娩哺乳舍、断奶仔猪保育舍、生长猪舍、肉猪肥育舍等。

(2) 各类猪舍中的猪只存栏量 各类猪舍中猪只存栏量计算如下（以年出栏 1 万头商品猪为例，计算结果均取过剩近似值）。

① 年需要母猪总头数 = $\dfrac{年出栏商品猪总头数}{母猪年产胎次 \times 窝产活仔数 \times 各阶段成活率的乘积}$

$= \dfrac{10000}{2.31 \times 9 \times 0.9 \times 0.95 \times 0.99 \times 0.99} \approx 574 (头)$

② 公猪头数 = 母猪总头数 × 公母比例 = $574 \times \dfrac{1}{25} \approx 23 (头)$

③ 空怀舍母猪头数 = $\dfrac{总母猪头数 \times 饲养日数}{繁殖周期} = \dfrac{574 \times (14+21)}{158} \approx 128 (头)$

④ 妊娠舍母猪头数 = $\dfrac{总母猪头数 \times 饲养日数}{繁殖周期} = \dfrac{574 \times (114-21-7)}{158} \approx 313 (头)$

⑤ 分娩哺乳舍母猪头数 = $\dfrac{总母猪头数 \times 饲养日数}{繁殖周期} = \dfrac{574 \times (7+35)}{158} \approx 153 (头)$

⑥ 分娩哺乳舍哺乳仔猪头数 = $\dfrac{总母猪头数 \times 母猪年产胎次 \times 窝产活仔数 \times 饲养日数}{365}$

$= \dfrac{574 \times 2.31 \times 9 \times 35}{365} \approx 1145 (头)$

⑦ 断奶仔猪保育舍仔猪头数

$= \dfrac{总母猪头数 \times 年产胎次 \times 窝产活仔数 \times 哺乳期成活率 \times 饲养日数}{365}$

$= \dfrac{574 \times 2.31 \times 9 \times 0.9 \times 35}{365} \approx 1030 (头)$

⑧ 生长猪舍育成猪头数

$$=\frac{总母猪头数×年产胎次×窝产活仔数×哺乳期成活率×保育期成活率×饲养日数}{365}$$

$$=\frac{574×2.31×9×0.9×0.95×56}{365}≈1566(头)$$

⑨ 肉猪肥育舍肥育猪头数

$$=\frac{总母猪头数×年产胎次×窝产活仔数×哺乳期成活率×保育期成活率×生长期成活率×饲养日数}{365}$$

$$=\frac{574×2.31×9×0.9×0.95×0.99×56}{365}≈1550(头)$$

3. 确定各类猪舍的栋数

(1) 确定繁殖节律 组建起哺乳母猪群的时间间隔（天数）叫作繁殖节律。严格合理的繁殖节律是实现流水式生产工艺的前提，也是均衡生产商品肉猪、有计划利用猪舍和合理组织劳动管理的保证。繁殖节律按间隔天数可分为1日制、2日制、7日制或14日制等，视集约化程度和饲养规模而定。一般年产3万头以上商品肉猪的大型猪场多实行1日制或2日制，即每日（或每2日）有一批猪配种、产仔、断奶、仔猪育成和肉猪出栏；年产5千～3万头商品肉猪的猪场多实行7日制，规模较小的养猪场所采用的繁殖节律较长。本例采用7天制。

(2) 确定生产群的群数 用各生产群的猪只在每个工艺阶段的饲养日数除以繁殖节律即为应组建的生产群的群数，再用每个工艺阶段猪群的总头数除以群数即可得到每群的头数。本例计算结果见表1-5-2。

表 1-5-2 应组建的猪生产群数及每群的头数

猪群	饲养日数/天	总头数/头	繁殖节律/天	猪群数/群	每群猪的头数/头
空怀母猪	35	127	7	5	26
妊娠母猪	86	312	7	12	26
分娩哺乳母猪	42	153	7	6	26
保育仔猪	35	1030	7	5	206
育成猪	56	1566	7	8	196
肥育猪	56	1550	7	8	194

(3) 估算各类猪舍的栋数

① 分娩哺乳猪舍 按繁殖节律组建的分娩哺乳母猪群各占一栋猪舍，再加上猪舍的冲洗消毒时间（一般为7天），则分娩哺乳母猪舍的栋数为：

$$分娩哺乳母猪舍的栋数=\frac{饲养日数+猪舍冲洗消毒时间}{繁殖节律}=\frac{7+35+7}{7}=7(栋)$$

② 断奶仔猪保育舍 按繁殖节律组建的断奶仔猪群各占一栋猪舍，再加上猪舍的冲洗消毒时间（一般为7天），则断奶仔猪保育舍的栋数为：

$$断奶仔猪保育舍的栋数=\frac{饲养日数+猪舍冲洗消毒时间}{繁殖节律}=\frac{35+7}{7}=6(栋)$$

③ 生长猪舍 如果按每一个生产群占一栋猪舍来计算，再加上冲洗消毒的时间，则需要9栋。为了便于管理，减少猪舍栋数，生产上多将几个生产猪群占用同一栋猪舍。本例中如果4个生产群占一栋猪舍，则栋数为8÷4=2(栋)，考虑消毒需要再加1栋，则建造3栋

生长猪舍即可满足生产需要。

④ 育肥猪　同生长猪舍一样，共需建造3栋肉猪肥育舍才能满足生产需要。

⑤ 妊娠母猪舍　与生长猪舍相同，也是4个生产群共同占用一栋猪舍，考虑冲洗消毒再加1栋，共建4栋妊娠母猪舍就能保证生产。

⑥ 空怀待配母猪舍　按照以上思路，如果将5个生产群占一栋猪舍，考虑消毒需要加1栋，则空怀母猪舍的总栋数为2栋。

⑦ 公猪舍　如采用自然交配，需要养24头种公猪，建1栋公猪舍就能满足需要。如采用人工授精，从外单位购买精液，则可不必饲养公猪，也就不用建造种公猪舍。

工作内容六　控制猪舍内环境

根据当地自然环境条件和养猪场具体情况，通过建造有利于猪只生存和生产的不同类型猪舍及环境设施，来克服自然气候因素对养猪生产的不良影响，称为猪舍的环境控制。猪舍的环境控制主要涉及下列几个方面。

一、控制猪舍内温度

猪舍内的温度控制主要是通过外围护结构的保温隔热、猪舍的防暑降温与防寒保温来实现。

1. 猪舍的保温隔热

通过保温隔热设计，选用热阻大的建筑材料建设猪舍，通过猪舍的外围护结构，在寒冷季节，将猪舍内的热能保存下来，防止向舍外散失；在炎热的季节，隔断太阳辐射热传入舍内，防止舍内温度升高，从而形成冬暖夏凉的猪舍小环境条件。

在猪舍的外围护结构中，屋顶面积大，冬季散热和夏季吸热最多，因此，必须选用导热性小的材料建造屋顶，并且要求有一定的厚度。在屋顶铺设保温层和进行吊顶，可明显增强保温隔热效果。

墙壁应选用热阻大的建筑材料，如用空心砖或空心墙体，并在其中填充隔热材料（如玻璃丝），可明显提高墙壁的热阻，取得更好的保温隔热效果。

在寒冷地区应在能满足采光或夏季通风的前提下，尽量少设门窗，尤其是地窗和北窗，加设门斗，窗户设双层，气温低的月份挂草帘或棉帘保暖。

在冬季，地面的散热也很大，可在猪舍不同部位采用不同材料的地面增加保温。猪床用保温性能好、富有弹性、质地柔软的材料，其他部位用坚实、不透水、易消毒、导热性小的材料。

减小外围护结构的表面积，可明显提高保温效果。在以防寒为主的地区，在不影响饲养管理的前提下，应适当降低猪舍的高度，以檐高2.2~2.5m为宜。在炎热地区，应适当增加猪舍的高度，采用钟楼式屋顶有利于防暑。

2. 猪舍的防暑降温

炎热夏季，太阳辐射强度大，气温高，昼夜温差小，持续时间长，采取有效的防暑降温措施降低猪舍的温度十分重要。防暑降温方法很多，采用机械制冷的方法效果最好，但设备和运行费用高，经济上不合算，一般不采用。常用的防暑降温方法如下所述。

(1) 通风降温　通风分为自然通风和机械通风两种。夏季多开门窗，增设地窗，使猪舍内形成穿堂风。炎热气候和跨度较大的猪舍，应采用机械通风，形成较强气流，增强降温效果。

(2) 蒸发降温 向屋顶、地面、猪体上喷洒冷水，靠水分蒸发吸热而降低舍内温度。但这会使舍内的湿度增大，应间歇喷洒。在高湿气候条件下，水分蒸发有限，故降温效果不佳。

(3) 湿帘-风机降温系统 这是一种生产性降温设备，由湿帘、风机、循环水路及控制装置组成，主要靠蒸发降温，也有通风降温的作用，降温效果十分明显。它也是目前规模化猪场采用最为普遍的降温方式之一。

另外常用的其他降温措施还有在猪舍外搭设遮阳棚、屋顶墙壁涂白、搞好场区绿化、降低饲养密度以及供应清凉、洁净、充足的饮水等。

3. 猪舍的防寒保温

寒冷季节，通过猪舍外围护结构的保温不能使舍内温度达到要求时，就应该采取人工供热措施，尤其是仔猪舍和产房。人工供热可分为集中采暖和局部采暖两种形式，集中采暖是用同一热源，采用暖气、热风炉、火炉、火墙等供暖设备来提高整个猪舍的温度，目前规模化猪场多采用热风炉或地暖供暖方式；局部采暖是用红外线灯、电热板、火炕、保育箱、热水袋等局部采暖设备对舍内局部区域供暖，主要应用在产仔母猪舍的仔猪活动区。

4. 负压湿帘降温系统

负压湿帘降温系统（外观见图 1-6-1、图 1-6-2）是猪场环境控制的新型降温系统，使用负压风机＋降温湿帘自动降温系统能有效地降低舍内温度，提供充足的新鲜空气，有效保证了猪群的健康生长。

图 1-6-1 湿帘风机降温系统 1

图 1-6-2 湿帘风机降温系统 2

负压湿帘降温系统是由一种表面积较大的由特种波纹蜂窝状纸质做成的湿帘以及高效节能低噪声负压风机系统、水循环系统、浮球阀补水装置、供电系统等组成。该系统的工作原理是：当风机运行时，使猪舍内产生负压，使室外空气流经多孔湿润的湿帘表面而进入猪舍，同时水循环系统工作，水泵把地下水池里的水沿着输水导管送到湿帘的顶部，使湿帘充分湿润，纸帘表面上的水在空气高速流动状态下蒸发，带走大量潜热，迫使流过湿帘的空气的温度低于室外空气的温度，即通过湿帘后的空气温度比室外温度低 5～12℃。空气越干热，温差越大，降温效果越好。由于空气始终是从室外引进到室内，所以能保持室内空气的新鲜；同时由于湿帘降温系统利用的是蒸发降温原理，因此具有降温和改善空气质量的双重功能。在猪舍中使用降温系统，不但能有效地降低猪舍内的温度，而且还能引入新鲜空气，减少猪舍内的 H_2S 和 NH_3 等有害气体的浓度。

在该系统中，湿帘的好坏对降温效果影响很大，相对来说经树脂处理的做成波纹蜂窝结构的湿强纸湿垫降温效果好，通风阻力小，结构稳定，安装方便，可连续使用多年。当其垫面风速在 $1\sim1.5m/s$ 时，湿垫阻力为 $10\sim15Pa$，降温效率为 80%。

湿帘（或湿垫）也可应用白杨木刨花、棕丝、多孔混凝土板、塑料板、草绳等制成。白杨木刨花制成湿垫时，若增大刨花垫的厚度和密度，能增加降温效果，但也增大了通风阻力。白杨木刨花湿垫的密度为 $25kg/m^3$、厚度为 $8cm$ 的结构较合理。刨花湿垫的合理迎风面风速为 $0.6\sim0.8m/s$。

每次用完后，水泵应比风机提前几分钟停车，使湿垫蒸发变干，减少湿垫长水苔；在冬季，湿帘外侧要加盖保温设施。白杨木刨花湿垫一般每年都要更换一次，波纹湿强纸湿垫大约有 5 年的使用寿命，这往往不是强度被损坏，而是湿垫表面积聚的水垢和水苔，使它丧失了吸水性和缩小了过流断面。在使用过程中，白杨木刨花会发生坍落沉积，波纹湿强纸也会湿胀干缩，这都会使湿帘出现缝隙造成空气流短路，降低应用效果，应注意随时填充和调整。

湿帘降温系统既可将湿帘安装在一侧纵墙、风机安装在另一侧纵墙，使空气流在舍内横向流动，也可将湿帘、风机各安装在两侧山墙上，使空气流在舍内纵向流动。

负压湿帘降温系统从整体上控制，能有效改善猪舍内空气的温度、湿度和舍内空气气流等情况，为各种不同类型猪群提供最适宜的环境，保证猪群在处于最小应激水平的情况下达到提高猪群生产性能的目的。该系统的自动温控性能也大大地减轻了饲养人员的工作强度，提高了工作效率。

二、控制猪舍内湿度、通风与有害气体

猪舍内的湿度与有害气体可通过通风来控制。湿度很少出现较低的情况，此时可通过地面洒水或结合带猪喷雾消毒来提高湿度。湿度高时通过通风可排出多余的水汽，同时排出有害气体。通风分自然通风和机械通风两种方式。

1. 自然通风

自然通风是靠舍内外的温差和气压差实现的。猪舍内气温高于舍外，舍外空气从猪舍下部的窗户、通风口和墙壁缝隙进入舍内，舍内的热空气上升，从猪舍上部的通风口、窗户和缝隙排出舍外，这称为"热压通风"。舍外刮风时，风从迎风面的门、窗户、洞口和墙壁缝隙进入舍内，从背风面和两侧墙的门、窗或洞口排出，这称为"风压通风"。

2. 机械通风

猪舍的机械通风分为以下三种方式。

(1) 负压通风　用风机把猪舍内污浊的空气抽到舍外，使舍内的气压低于舍外而形成负压，舍外的空气从门窗或进风口进入舍内。

(2) 正压通风　用风机将风强制送入猪舍内，使舍内气压高于舍外，从而使舍内污浊空气被压出舍外。

(3) 联合通风　同时利用风机送风和利用风机排风。

冬季通风与保温是互相矛盾的，不能因为保温而忽视通风。一般情况下，冬季通风以舍温下降不超过2℃为宜。

三、控制猪舍内光照

光照按光源分为自然光照和人工光照。自然光照是利用阳光照射采光，节约能源，但光照时间、强度和照度均匀度难于控制，特别是在跨度较大的猪舍。当自然光照不能满足需要时，或者是在无窗猪舍，必须采用人工光照。

自然采光猪舍设计建造时，应保证适宜的采光系数（门窗等透光构件的有效透光面积与猪舍地面面积之比），一般成年母猪舍和肥育猪舍为1:（12~15），哺乳母猪舍、种公猪舍和哺乳仔猪舍为1:（10~12），培育仔猪舍为1:10；还要保证入射角不小于45°，透光角不小于5°（图1-6-3）。人工光照多采用白炽灯或荧光灯作光源，要求照度均匀，能满足猪只对光照的需求。

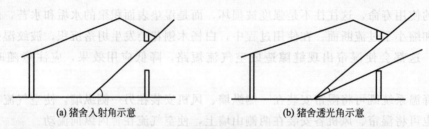

(a) 猪舍入射角示意　　　　　　　　(b) 猪舍透光角示意

图1-6-3　猪舍入射角和透光角

四、控制有害生物

猪场的有害生物主要包括老鼠、飞虫和蟑螂三大类。这些有害生物的存在不仅会消耗饲料、破坏财物（如老鼠啃咬），还会传播普通猪瘟、非洲猪瘟、口蹄疫、伪狂犬病、萎缩性鼻炎、流行性腹泻、弓形虫病等多种疫病，严重影响猪场生产。

1. 老鼠防控

(1) 药物灭鼠　在春、秋鼠类繁殖旺季和老鼠密度较高时，于鼠道和鼠洞内撒施药粉，利用鼠类自我清洁的习性消灭之。此法是有效降低鼠类密度的措施之一。

(2) 构筑防线　在猪场围墙外设立第一道防线，按照15~30m的标准放置全天候抗干扰鼠饵。在猪场围墙内设置第二道防线，根据鼠情设置捕鼠器。在室内（主要通道、仓库、出入口）建立第三道防线，在门内侧布放粘鼠贴，以防老鼠进入。

2. 飞虫防控

每年的4~10月份是蚊蝇等飞虫的活动高峰期，应使用滞留喷洒和超低容量空间喷洒相结合的方式，快速击杀成虫，降低飞虫数量。

在场内尽量避免有死水，对雨水管、下水管、集水池等区域定期投放灭蚊蝇缓释剂。在进出口通道处安装粘捕式捕虫灯（室内水平距离门3m以上），平时要注意寻找虫害孳生或入侵的源头，结合物理、化学方法进行综合治理。

当场内某一区域大量出现飞虫或某盏捕虫灯捕虫数量突然大增时，要马上查找原因，如孳生地、入侵途径等。发现孳生地应立即采取清除积水等措施，如发现是从室外入侵，要调查入侵途径，检查出入通道是否有缝隙、孔洞，人员及车辆进出后通道门是否关闭，以及是否安装防虫胶帘、风幕机、纱窗等防虫设施。

3. 蟑螂防控

在场内发现蟑螂应立即用对人畜无影响的化学药剂进行快速杀灭，并对室内可能孳生蟑螂的地方，如饲料间、下水道、猪舍等进行检查，对发现的蟑螂孳生点立即进行诱饵处理。

当某区域突然出现单体或群居蟑螂时，应立即对附近区域进行勘察，找出孳生点或入侵途径，判断是主动入侵还是被动入侵（物品、设备携带入侵），同时对附近区域或设备进行处理。对墙角缝隙进行点胶或药物喷洒，最好在垃圾投放点、下水管道口周边安装监测设施。

4. 环境治理

对老鼠、飞虫和蟑螂等有害生物的防控是一个系统的综合工程，良好的环境治理有利于减少害虫的种群和数量，一般可采取如下治理措施：

① 通往室外的安全门下沿离地不大于0.6cm（防鼠）。
② 通往室外的孔、洞、缝隙应尽量堵死、抹平、封严。
③ 对各个区域的下水地漏要加盖，防止蟑螂从下水管侵入室内。
④ 进出的货物要仔细检查，防止将害虫携带入场。
⑤ 垃圾、粪便应统一管理，做到日产日清，并保持周围环境整洁。
⑥ 害虫的繁殖离不开水，所以室内应尽量减少积水，保持通风干燥。

项目一自测

一、单选题

1. 在丘陵山地建造猪场场址，坡度最好不超过_____。
   A. 20°　　　　B. 10°　　　　C. 30°　　　　D. 40°
2. 在土地和地势条件上考虑，猪场应建在_____。
   A. 土质好的耕地　B. 地势较高处　C. 沙壤地　　D. 地势较低处
3. 根据常年主导风向，猪场建设应位于居民点的_____。
   A. 下风向离居民区远的地方　　　B. 下风向离居民区近的地方
   C. 上风向离居民区近的地方　　　D. 上风向离居民区远的地方
4. 属于多段式生产工艺优点的是_____。
   A. 减少应激　B. 栏舍集中　C. 节省劳力　D. 节约猪舍面积
5. 两点或三点式生产工艺的点与点之间的距离至少为_____。
   A. 0.25~1km　B. 2~3km　　C. 3~5km　　D. 5~6km
6. 属于一点一线式生产工艺的缺点是_____。
   A. 运输费用高　B. 管理麻烦　C. 防疫困难　D. 操作不方便
7. 盈亏平衡分析法确定猪场规模过程中下列_____不是主要的考虑因素？
   A. 成本　　　B. 产量　　　C. 人员　　　D. 利润
8. 下列属于猪场固定成本的是_____。
   A. 人工工资　B. 饲料费　　C. 兽药费　　D. 圈栏建造费
9. 在防疫条件上考虑，猪场场址应_____。
   A. 位于交通要道附近　　　　　　B. 远离牛场

C. 不能太偏僻　　　　　　　　　D. 接近饮用水源
10. 规模猪场采用全进全出制的主要目的是_____。
   A. 节约场地　　B. 减少疾病传播　　C. 节省劳力　　D. 减少应激
11. 适合在热带地区使用的猪舍类型是_____。
   A. 双坡式　　　B. 封闭式　　　C. 单列式　　　D. 开放式
12. 属于钟楼式猪舍的特点是_____。
   A. 通风换气性能差　　　　　　　B. 防暑降温效果好
   C. 结构简单　　　　　　　　　　D. 不利于防疫
13. 下列区域中可以与生产区直接相连的是_____。
   A. 生活区　　　B. 管理区　　　C. 饲料仓库　　D. 隔离区
14. 下列哪项不是猪场绿化的直接作用_____。
   A. 降低成本　　B. 净化空气　　C. 降低噪声　　D. 美化环境
15. 适合设置在猪场大门口附近的功能区是_____。
   A. 隔离区　　　B. 管理区　　　C. 污水处理区　D. 生产区
16. 规模猪场通常采用小群饲养的猪是_____。
   A. 怀孕母猪　　B. 种公猪　　　C. 空怀母猪　　D. 哺乳母猪
17. 与平地饲养相比，高床分娩的主要优势是_____。
   A. 防止新生仔猪被母猪压死　　　B. 母猪舒适
   C. 结构简单　　　　　　　　　　D. 造价低
18. 与墙成45°角安装的饮水器高度应高于肩胛骨_____。
   A. 5cm　　　　B. 6cm　　　　C. 7cm　　　　D. 8cm
19. 适合种公猪和种母猪饲养的料槽为_____。
   A. 单槽位料槽　　　　　　　　　B. 长条形多槽位料槽
   C. 圆桶形料槽　　　　　　　　　D. 圆盘形多槽位料槽
20. 与人工喂料相比，自动喂料设备的优势有_____。
   A. 减少喂料应激　　　　　　　　B. 增加采食量
   C. 设备成本低　　　　　　　　　D. 个性化饲养
21. 湿帘-风机降温系统主要是通过_____实施降温的。
   A. 通风　　　　B. 热交换　　　C. 蒸发　　　　D. 对流
22. 猪舍内喷雾降温是通过_____来实施的。
   A. 对流　　　　B. 通风　　　　C. 热交换　　　D. 蒸发
23. 有利于提高公猪性欲和精液品质，促进母猪发情的环境因子是_____。
   A. 光照　　　　B. 温度　　　　C. 湿度　　　　D. 通风
24. 适宜寒冷地区使用的猪舍类型是_____。
   A. 封闭式　　　B. 多层式　　　C. 开放式　　　D. 钟楼式

二、多选题
1. 影响猪栏测算结果的因素有_____。
   A. 猪场规模　　B. 母猪繁殖周期　C. 每栏猪的数量　D. 饲料类型
2. 科学合理的规划布局可以给猪场带来_____等好处。
   A. 减少建场投资　B. 提升猪的品质　C. 利于防疫　　D. 方便管理

3. 设计多槽位料槽时的主要结构参数有_____。
   A. 前缘高度　　　B. 料槽宽度　　　C. 采食间隙　　　D. 料槽高度
4. 影响猪舍内空气质量的因素有_____。
   A. 尘埃　　　　　B. 微生物　　　　C. 有害气体　　　D. 猪的品种
5. 设计清粪工艺时需要考虑的因素有_____。
   A. 政策法规　　　B. 猪的品种　　　C. 舍内有害气体　D. 清粪费用

三、名词解释
一点一线生产工艺，六阶段饲养工艺，繁殖节律，生物安全体系

四、简答题
1. 如何选择猪场场址？
2. 猪场场区规划布局有哪些要求？
3. 简述两点或三点式生产工艺及其优缺点。
4. 影响猪生长的环境因素有哪些？生产中各应控制在什么范围？
5. 养猪场环境保护的主要措施有哪些？

实践活动

参观现代化规模养猪场并规划设计猪场

【活动目标】　了解现代化养猪场的常用设备，理解猪场场址选择、规划布局及猪舍类型选择的一般原则，掌握养猪的生产工艺流程以及猪舍环境控制与废弃物处理的方法。

【仪器设备】　猪场所有的仪器和设备。

【活动场所】　现代化养猪场。

【方法步骤】

（1）养猪场技术人员介绍猪场概况，包括建场时间、场址、布局、规模、工艺流程、猪舍、设备、环境控制、废弃物处理等内容。

（2）分组参观养猪场。

【作业】

（1）猪场采用什么样的生产工艺流程？各饲养阶段猪舍的类型与数量如何配置？

（2）猪场环境控制的主要措施是什么？

（3）假如学校所在位置是一个大型猪场，请分析周围环境，说明这样的场址是否合理？

（4）请将整个学校的占地作为一个猪场对其进行规划，并画出各功能区的平面规划图。

项目二　公猪及空怀母猪舍猪的饲养管理

 知识目标

1. 了解我国猪种的历史和现状。
2. 了解猪品种的外貌特点、生产性能和利用情况。
3. 了解猪的杂交模式以及杂交优势的概念。
4. 了解猪的性行为特点。
5. 了解不同时期种猪的生理特点和营养需求。
6. 了解热应激对种猪的影响。

 技能目标

1. 能根据猪体形外貌识别猪的品种。
2. 能根据猪场实际情况和市场销售预估情况设计杂交模式。
3. 正确运用猪外貌评定方法与指标、个体生长发育评定方法与指标及生产性能的评定方法。
4. 能独立挑选优秀公母猪个体。
5. 科学饲养管理各阶段种猪。
6. 能根据母猪的发情症状准确判断配种的最佳时间。
7. 会正确对猪只进行人工授精。

 预备知识

一、猪的品种

我国是世界上猪种资源最丰富的国家之一，具体猪种资源可分为地方猪种、培育猪种和外来猪种三大类型。保护和合理利用这些猪种，是一项长期而艰巨的任务。

1. 我国饲养的猪的地方品种及其利用

我国地域宽广，地形复杂，气候多变，各地区农业生产条件和农业耕作制度差异悬殊，社会经济条件和各民族生活习惯及要求各不相同，猪的选育程度和饲养基础不一致，因而形成地方猪种类型繁多，品种复杂，性能也各具特点。

就猪种的性能而言，不同品种各具不同的生产特点，具有很多的优良特性。如：太湖猪的繁殖性能，在世界猪种中位居前列，它已成为欧洲、日本等国家和地区的主要研究和引种对象；东北民猪具有特别抗寒的能力，能适应 −30～−20℃ 的极冷气候；四川荣昌猪的鬃毛洁白光泽，韧性强，在国际市场上享有盛誉；分布在西藏高原的藏猪，能适应 3000m 以上的高海拔生态环境；广西的陆川猪早熟易肥、蓄脂能力强，是典型的脂肪型猪种；广东的文昌猪，以肉质嫩美而驰名。

另外，我国部分地方猪种在某些方面还具有独特的表现，可以开发出具有重要价值的产品。如：乌金猪以"云腿"驰名中外；用金华猪作原料生产的"金华火腿"，色、香、味俱全，畅销世界；香猪是一个特有的微型早熟猪，是我国港澳地区珍贵的烤猪原料，还宜作实验动物；广东的大花白猪、8~10kg的断奶仔猪和体重30~40kg的中猪，都可作烤猪用。

我国地方猪种的优良特性如繁殖力强、耐粗饲、适应性强、肉质好等，对我国养猪业的发展作出了并将继续作出重大贡献，曾经对世界猪种的改良也发挥了并继续发挥着重要作用。比如，英国利用中国猪与本地猪杂交，培育出了体格大、生长快、后躯丰满的巴克夏和约克夏等培育品种；PIC公司利用我国的太湖猪培育出高繁殖性能的配套系；日本应用梅山猪等培育出日本的"东京X系"；德国运用从英国辗转到德国的180头金华猪培育成德国的"金华猪"——施韦比施哈尔（Swabian Hall pig）等。近年来，西方不少国家已经利用中国猪种的高产特性来改进和提高本国猪种的繁殖性能。

(1) 地方猪种的类型　根据我国猪种的起源、分布、外形特点和生产性能，以及品种所在地区的自然地理、社会经济、农业生产和饲养管理条件，将我国地方猪种分为六个类型。

① 华北型　华北型猪主要分布在淮河、秦岭以北的广大地区。这些地区气候寒冷，空气干燥，土壤中磷、钙含量较高，对猪的饲养粗放，多采取放牧或放牧与舍饲相结合的饲养方式。

华北型猪的体格健壮、骨骼发达，体躯高大，四肢粗壮，背腰狭窄，腹部不太下垂。头较平直，嘴筒长（便于掘地采食）。耳较大，额间多纵行皱纹，臀倾斜，腿单薄。为适应严寒的自然条件，皮厚多皱褶，真皮下的微血管不发达，毛粗密，鬃毛发达，冬季生有一层棕红色的绒毛以御寒冷。毛色绝大多数为全黑。繁殖性能强，一般产仔数在10~12头，护仔性好，仔猪育成率高。乳头8对左右。性成熟早，出生后3~4月龄开始发情，公母猪在4月龄左右就能初配。肥育力中等，屠宰率低（60%~70%）。

本类型猪体形大小差异悬殊，山区、边远地区多饲养体形较大的猪，城市附近饲养小型猪，农村则多饲养中型猪。属于此型的主要有东北民猪，西北的八眉猪，河北的深县猪，山东的莱芜猪，山西的马身猪，安徽的阜阳猪，江苏的淮猪，内蒙古的河套大耳猪，陕西的南山猪、北山猪、泾山猪等。

② 华南型　华南型猪分布在南岭和珠江以南地区。这些地区属我国的亚热带，气候温暖，雨量充沛，夏季较长，饲料、饲草丰富，青饲料多，养猪条件好。因为猪常年可获得营养丰富的青料和多汁料以及富含糖分的精料，因而形成的猪种早熟易肥、皮薄肉嫩。

华南型猪的体躯一般较粗短多肉，背腰宽阔，胸部较深，肋弯曲，腹部较下垂，后躯丰满，四肢开阔，卧系，头较短小，额有横行皱纹，嘴短，耳小，皮薄毛稀，鬃毛短小。毛色多为黑色或黑白花。繁殖力较华北型低，一般每窝产仔8~9头，乳头5~6对。性成熟较早，母猪多在3~4月龄时开始发情，6月龄时可以配种。母性良好，护仔性强。猪早期生长发育快，肥育时脂化很早，早熟易肥，肉质细致。屠宰率70%左右。膘厚4~6cm，厚的可达8cm。

本类型中较著名的地方猪种有广西的陆川猪、云南的德宏小耳猪、福建的槐猪和台湾的桃园猪等。

③ 华中型　华中型猪分布于长江和珠江之间的广大地区。该分布地区属亚热带，是粮

棉主产区，气候温暖，雨量充沛，自然条件良好，青绿多汁料充足，富含蛋白质的精料较多，更有利于猪的生长发育。

华中型猪的体形与华南型猪基本相似，其生产性能一般介于华北猪与华南猪之间。背较宽，骨骼较细，背腰多下凹，四肢较短，腹大下垂，额部多横行皱纹，耳下垂较华南型大，被毛稀疏，毛色多为黑白花。产仔数一般为 10~12 头，乳头 6~7 对。生长较快，成熟较早，肉质细嫩。

浙江的金华猪、湖南的宁乡猪、湖北的监利猪、江西的赣中南花猪、安徽的皖南花猪和贵州的关岭猪等均属此型。

④ 江海型　华北型和华中型是我国猪种的两大类型，数量极多，二者交界的地区较长，它们正处于汉水和长江的中下游。这一区域就自然条件来说，是一个过渡地带。在该地带分布的猪种既有少量的华北型和华中型两类猪种，又存在大量和两种类型不完全相似且介于二者之间的中间类型猪种，尤其在交通甚为方便的长江下游和沿海地区最为突出，因此称本类型为华北、华中过渡型，现称江海型。

江海型猪种的外形和生产性能因类别不同而异，共同特点是毛黑色或有少量白斑，头中等大，额较宽，皱纹深多呈菱形，耳长大下垂，背腰较宽，腹部较大，骨骼粗壮，皮肤多有皱褶。性成熟早，母猪 3~4 月龄已开始发情，所以以繁殖力高而著称，经产母猪产仔数多在 13 头以上，乳头数在 8 对以上。经济成熟早，积脂能力强，增重较快，屠宰率一般为 70% 左右。

太湖流域的太湖猪、陕西的安康猪、浙江的虹桥猪和江苏的姜曲海猪等均属此型。

⑤ 西南型　西南型猪分布在云贵高原及四川盆地。由于西南地区的气候条件相似，饲料条件基本一致，因而大部分猪种体质外形与生产性能也基本相似。

西南型猪头大，额部多有旋毛或横行皱纹，腿较粗短，毛以全黑和"六点白"较多，也有白色、黑白花和红毛猪。繁殖力中等，产仔数一般为 8~10 头，乳头 5~6 对。肥育能力强，饲料利用率中等。屠宰率 65%~79%。

此类型猪有四川的荣昌猪、内江猪、成华猪，贵州的柯乐猪、凉伞猪，云南的保山大耳猪、撒坝猪等。

⑥ 高原型　在我国青藏高原地区生存的猪基本上属于高原型，主要分布在青藏区和康滇北区。这一地区自然条件和社会经济条件特殊，因而高原型猪与国内其他地区的猪种有很大差别。

猪体形小，外貌似野猪，四肢发达，粗短有力，蹄小结实，嘴尖长而直，耳小直立，背窄而微弓，腹紧，臀倾斜。毛色为全黑、黑褐色或黑白花。

由于高原气压低，空气稀薄，猪的运动量又大，故猪的心肺较发达，身体健壮。为适应高原御寒和温差大的气候，皮相对较厚，毛密长，并生有绒毛，鬃毛发达，富有弹性，鬃毛长达 12~18cm，一头猪年产鬃毛 0.25kg。

高原猪属小型晚熟种，体躯较小，耐粗饲，放牧性能很强。繁殖力较低，母猪性成熟较迟，通常 4~5 月龄才开始发情。一般仅产仔 5~6 头，乳头 5 对。妊娠期较长，平均为 120 天。屠宰率为 65%。其肉质鲜美多汁，呈大理石状。

青藏高原的藏猪、甘肃的合作猪和云南的迪庆藏猪等均属此型。

(2) 地方猪种的共同特性　我国地方猪种品种繁多，与外来猪种相比，其共同特性主要表现在以下几个方面。

① 性成熟早，繁殖力强　我国地方猪种，大多具有性成熟早、产仔数多、母性强的特点。母猪3~4月龄开始发情，4~5月龄就能配种；以繁殖力高而著称于世界的梅山猪，初产母猪窝平均产仔14头左右，三胎以上母猪窝平均产仔18头，断奶成活数高达16头。多数地方猪种产仔数都在11头左右，高于或相当于国外培养品种中产仔数较高的大约克夏和长白品种。母性好，60日龄仔猪育成率可达90%以上，为国外猪种所不及。

② 抗逆性强　中国地方猪种抗逆性强，主要表现在抗寒、耐热、耐粗饲和在低营养条件下饲养等都具有良好的表现。在我国最寒冷的东北地区生存的东北民猪，能耐受冬季-30~-20℃的寒冷气候，在-15℃条件下还能产仔和哺乳。高原型猪在海拔高度3000m以上，仍能在野外放牧采食。高温地区的我国一些地方猪种，表现出良好的耐热能力，没有出现被热死的现象。

我国地方猪种耐粗饲能力，主要表现在能大量利用青粗饲料和农副产品，能适应长期以青粗饲料为主的饲养方式，在低能量和低蛋白营养条件下，能获得相应的增重，甚至比国外猪种生长好。

③ 肉质优良　地方猪种肉质优良，主要表现在肌纤维细、肌束内肌纤维数量较多、系水力强、pH值高、肉色纹理好以及香味浓郁等方面，更突出的是肌间脂肪含量普遍比外国猪种高，如山东莱芜猪的含量高达10%、金华猪为4.2%。

④ 生长缓慢、饲料转化率低　我国地方猪种的生长速度慢，饲料利用率低，即使在全价饲料条件下，其性能水平仍低于国外培育品种。

⑤ 贮脂力强，瘦肉率低　地方猪贮脂能力强，表现在背膘较厚，一般为4~5cm，花板油比例大，为胴体重的2%~3%，胴体瘦肉率低，为40%左右。其瘦肉率、眼肌面积和后腿比例均不如国外培育猪种。

2. 外来品种的共同特性及利用途径

(1) 外来品种的共同特性

① 生长速度快，饲料利用率高　在全价配合饲料饲养条件下，外来品种的增重速度和饲料利用率明显优于我国地方猪种。广东省三保养猪公司测定，外来品种猪的育肥期平均日增重为700~850g，每增重1kg消耗全价配合料在3.0kg以下（表2-0-1）。

表2-0-1　外来品种的增重与饲料利用率

品种	长白猪	大白猪	杜洛克猪	汉普夏猪
平均日增重/g	801	960	908	861
饲料/增重	2.75	2.45	2.66	2.77

② 胴体瘦肉率高　育肥猪90kg左右屠宰，胴体瘦肉率一般都在60%以上。四川省在1994~1995年对长白猪、大白猪、杜洛克猪和汉普夏猪的测定结果见表2-0-2。

表2-0-2　长白猪、大白猪、杜洛克猪和汉普夏猪胴体性状

品种	瘦肉率/%	眼肌面积/cm²	膘厚/cm
长白猪	64.9	37.9	1.27
大白猪	64.3	34.9	1.32
杜洛克猪	62.0	31.3	1.59
汉普夏猪	63.5	34.6	1.52

③ 肉质较差　主要表现在肌束内肌纤维数量较少、肌纤维较粗、系水力差、肉色较浅、肌间脂肪含量较低等，一些品种 PSE 肉（俗称水猪肉）的出现率较高。

(2) 外来品种的利用途径　对引入品种的合理利用，可以归纳为以下几种方式。

① 作杂交父本　以地方猪种为母本进行二元杂交时，外引品种均可作为父本利用。利用较广泛的外引品种为长白猪和大白猪。

以地方猪种为母本进行三元杂交时，以长白猪或大白猪为第一父本、杜洛克猪或汉普夏猪为第二父本，杂交效果很好。这种模式 D♂ 或 H♂ ×（W♂ 或 L♂ × C♀）的杂交仔猪毛色不一致，生产上不易推广。以长白猪为第一父本、大白猪为第二父本的杂交组合 W♂ ×（L♂ × C♀）也有良好的杂交效果，杂交仔猪多为白色。

引入品种之间的杂交，二元杂交时，一般以长白猪或大白猪为母本、杜洛克猪或汉普夏猪为父本；三元杂交时，一般以长白猪为母本、大白猪为第一父本，终端父本为杜洛克猪或汉普夏猪，也有用大白猪作终端父本使用。

② 作为育种素材　在培育新品种（系）时，为提高培育品种的生长速度和胴体瘦肉率，大都把外引品种作为育种素材使用。我国培育新品种或专门化品系时，利用最多的是长白猪、大白猪和巴克夏猪。

3. 培育品种（系）的概况

中国培育品种（系）的育成，始于国外品种的引入。1949 年以来，通过广大科技工作者的艰苦劳动和省际或科研院所间的协作攻关，共育成猪的新品种、新品系 40 多个。这些品种（系）分别经各级科委或主管部门鉴定验收合格，这是我国养猪史上的重大成就。

分析培育品种（系）的形成过程，大体上可以归纳为三种方式：一种是利用原有血统混乱的杂种猪群，加以整理选育而成的。这一类在选育前，已经受到外来品种的影响。另一种是以原有杂种群为基础，再用一个或两个外国品种杂交后自群繁育而成的。第三种方式是按照事先拟订的育种计划和方案，有计划地进行杂交、横交和自群繁育而成的。

培育品种既保留了我国地方猪种的优良特性，又具有外种猪生长快、耗料少、胴体瘦肉率较高的特点。

与地方品种相比，培育品种体尺、体重增加，成年体重约为 200kg，背腰宽平，大腿丰满，改变了地方品种猪凹背、腹下垂、后躯发育差、卧系等缺陷。其繁殖力保持了地方品种的多产性，经产母猪产仔数 11~12 头，仔猪初生重平均为 1.0kg 以上，大于地方品种而接近外引品种。种猪生长发育迅速，6 月龄体重可达 80kg 左右。肥育期增重速度、屠宰率、胴体瘦肉率较高，20~90kg 阶段平均日增重 600g 左右，90kg 屠宰胴体瘦肉率平均可达 53%。

与外引品种相比，培育品种发情明显，繁殖力高，抗逆性强，肉质好，能大量利用青粗饲料，在同样低劣条件下，较国外猪种生长好。但在培育程度上尚远不如外引品种，品种的整齐度差，体躯结构尚不理想，后躯不如外引品种丰满。种猪的生长发育、育肥猪的增重速度和饲料利用率，也不及国外品种。尤其是胴体瘦肉率差距较大，平均低 10 多个百分点。

二、猪的性行为特点

猪的性行为主要包括发情、求偶和交配行为。母猪在发情期可见到特异的求偶表现，临近发情时外阴红肿，在行为方面表现神经过敏，轻微的声音便能被惊起，在圈内喜欢闻同群母猪的阴部，有时爬跨，行动不安，食欲下降。发情旺期的母猪行动愈发不安，夜间尤其明显。跑出圈外的发情母猪，能靠嗅觉到很远的地方去寻找公猪；有的对过去配种时所走过的路途记忆犹新。在农村，常能在有公猪的地方找到逃走的母猪。发情母猪常能发出柔和而有节奏的哼叫声，当臀部受到按压时，总是表现出如同接受交配的站立不动姿态，立耳品种同时把两耳竖立后贴，这种"不动反应"称"静立反射"。静立反射是母猪发情的一个关键行为，能由公猪短促有节奏的求偶叫声所引起，也可被公猪唾液腺和包皮腺分泌的外激素气味所诱发。由于发情母猪的不动行为与排卵时间有密切关系，所以被广泛用于对舍饲母猪的发情鉴定。性欲处于强烈时期的母猪，当公猪接近时，调其臀部靠近公猪，闻公猪的头、肛门和阴茎包皮，紧贴公猪不走，甚至爬跨公猪，最后站立不动，接受公猪爬跨。母猪在发情期内接受交配的时间大约有48h（38～60h），接受交配的次数为3～22次。

公猪一旦接触母猪，会追逐母猪，嗅母猪的体侧、肷部、外阴部，把嘴插到母猪两后腿之间，突然往上拱动母猪的臀部，错牙形成唾液泡沫，时常发出低而有节奏的、连续的、柔和的喉音哼声，有人把这种特有的叫声称为"求偶歌声"。当公猪性兴奋时，还出现有节奏的排尿。公猪的爬跨次数与母猪的稳定程度有关，射精时间为3～20min，有的公猪射精后并不跳下而进入睡眠状态。

有些母猪往往由于体内激素分泌失调，而表现性行为亢进或衰弱（不发情和发情不明显）。公猪由于遗传、近交、营养和运动等原因，常出现性欲低下，或发生自淫行为。群养公猪，常会造成稳固的同性性行为，群内地位较低的个体往往成为被爬跨的对象。

三、公猪的生理特点和营养需求

1. 公猪的生理特点

① 公猪的射精量大，其一次射精量一般为150～500mL，有的甚至高达900～1000mL。

② 公猪的交配时间长，为5～10min，有的长达20min以上。

③ 公猪的精液主要由精子和精清组成，其中干物质占5%，粗蛋白占3.7%，为干物质的60%以上。因此必须供给种公猪适宜的能量、优质蛋白质饲料。生产上，种公猪应保持中上等膘情（不肥不瘦的七八成膘）和结实的体质，以利于配种。

2. 公猪的营养需要

配种公猪的营养需要包括维持、配种活动、精液生成和自身生长发育需要，所需主要营养包括能量、蛋白质、矿物质及维生素等。各种营养物质的需要量应根据猪的品种、类型、体重、生产情况而定。

(1) 能量需要 合理供给能量是保持种公猪体格健壮、性机能旺盛和精液品质良好的重要因素。一般瘦肉型成年公猪（体重120～150kg）每天在非配种期的消化能需要量为25.1～31.3MJ，配种期消化能需要量为32.4～38.9MJ。在能量供给量方面，未成年公猪和成年公猪应有所区别。未成年公猪由于尚未达到体成熟，身体还处于生长发育阶段，故能量需要量（消化能）要高于成年公猪25%左右。北方冬季，圈舍温度不到15～20℃时，能量需要应在原标准的基础上增加10%～20%。南方夏季天气炎热，公猪食欲降低，按正常饲养标准营养浓度进行饲粮配合，公猪很难全部采食所需营养。因此，可以通过增加各种营养物质浓度的方法使公猪尽量摄取所需营养，满足公猪生产需要。在生产实践中，人为地提高或降低日粮能量浓度，会影响种公猪体况，降低其繁殖性能。

(2) 蛋白质 公猪一次射精量通常有150～500mL，其中粗蛋白含量在1.2%～2%，是精液干物质中的主要成分。因此，日粮中蛋白质的含量和质量对于公猪的精液品质、精子寿命及活力等都有重要影响。同时，种公猪饲粮中蛋白质数量和质量、氨基酸的水平直接影响种公猪的性成熟、体况。种公猪的每千克日粮中应含有14%的粗蛋白，过高或过低均会影响其精液中精子的密度和品质，过高不仅增加饲料成本，浪费蛋白质资源，而且多余蛋白质会转化成脂肪沉积体内，使得公猪体况偏胖影响配种，同时加重肝肾负担；过低则精子密度和品质下降。在考虑蛋白质供应的同时，还要考虑某些必需氨基酸的水平。尤其是饲喂玉米-豆粕型日粮时，赖氨酸、蛋氨酸及色氨酸供给尤为重要。因此，在配种季节，日粮中应多补加一些优质的动物性蛋白质，如鱼粉、骨肉粉等，必要时可喂一定量的鸡蛋。

(3) 矿物质 矿物质尤其是钙、磷，对精液品质影响很大，日粮中含量不足时，种公猪性腺可发生病变，从而使精子活力下降，并出现大量畸形精子和死精子。锌、碘、钴和锰对提高种公猪精液品质有一定的效果。尤其是在机械化养猪条件下，补饲上述微量元素效果尤为显著。

(4) 维生素 维生素对于种公猪也是十分重要的，在封闭饲养条件下更应注意适量添加维生素，否则，容易导致维生素缺乏症。日粮中长期缺乏维生素A会导致青年公猪性成熟延迟、睾丸变小、睾丸上皮细胞变性和退化，降低精子密度和质量。但维生素A过量时猪也可出现被毛粗糙、鳞状皮肤、过度兴奋、触摸敏感、蹄周围裂纹处出血、血尿、血粪、腿失控不能站立及周期性震颤等中毒症状。日粮中维生素D缺乏会降低公猪对钙和磷的吸收，间接影响睾丸产生精子和配种性能。公猪日粮中长期缺乏维生素E会导致成年公猪睾丸退化，永久性丧失生育能力。其他维生素也在一定程度上直接或间接地影响公猪的健康和种用价值，如B族维生素缺乏，会出现食欲下降、皮肤粗糙、被毛无光泽等不良后果，因此，应根据饲养标准酌情添加给以满足。一般维生素的添加量应是标准的2～5倍。

四、空怀母猪的生理特点和营养需求

空怀母猪是指未配种或配种未孕的母猪，包括青年后备母猪和经产母猪。

1. 空怀母猪的生理特点

后备母猪配种前10天左右和经产母猪从仔猪断奶到发情配种3～10天，习惯上称为母猪的空怀期，这段时间相对于母猪整个生产循环来说是比较短暂的。对于后备母猪来说就是要满足猪生长发育所需的全面营养，使生殖系统发育健全，达到产仔的最佳状态。经产空怀母猪根据其身体状况又分为不同的情况：有些母猪在哺乳期消耗大量的贮备物质用于哺乳，致使体况明显下降，瘦弱不堪，严重影响了母猪的繁殖功能，不能正常发情排卵；有些母猪哺乳期采食大量精料，泌乳消耗少，导致母猪营养过剩造成肥胖，使繁殖功能失常而不能及时发情配种；还有母猪在哺乳期患病造成母猪发情不正常。

2. 空怀母猪的营养需求

空怀母猪由于没有其他生产负担，主要任务是尽快恢复种用体况，所以其营养需要比其他母猪要少，但日粮中营养元素仍应根据饲养标准和母猪的具体情况进行配合，要求全价，主要满足能量、蛋白质、矿物质、微量元素和维生素的供给。

能量水平要适宜，不可过高或过低，以免引起母猪过肥或过瘦，影响发情配种。粗蛋白水平在12%～13%，母猪配种期间适当添加，并注意必需氨基酸的添加，如蛋白质供应不足或品质不良，会影响卵子的正常发育，使排卵数减少，受胎率降低。"短期优饲"就是这个道理。另外，空怀母猪日粮中应供给大量的青绿多汁饲料，这类饲料富含蛋白质、维生素和矿物质，对排卵数、卵子质量和受精都有良好的影响，也有利于使后备母猪在初配时达到良好的体储和体况，延长母猪繁殖寿命；对于断奶后空怀母猪能迅速补充泌乳期矿物质的消耗，恢复母猪繁殖功能，以便及时发情配种。

五、热应激对种猪的影响

热应激对集约化高密度饲养下的种猪将产生不利影响。因为种猪躯体较大，代谢率高，缺乏功能性汗腺，无法通过体表蒸发过程散发体热，因此耐热能力差。如果种猪长时间处于高温环境下，将产生剧烈的热应激反应，其生产性能和经济效益都会随之下降。

1. 热应激对母猪生产性能的影响

（1）对母猪配种期的影响 在炎热的夏季，青年母猪初配期一般推迟约20天，并且出生于高温月份的母猪，初配时间较其他月份的推迟20天左右，气温大于28℃时，经产母猪的配种时间普遍推迟3～7天不等。

（2）对受胎率及胚胎成活率的影响 热应激对胚胎的成活极为有害，配种前10天养在32℃环境中的母猪，受胎后其胎儿存活数较养在16℃环境中的母猪低约20%；在妊娠早期，如外界温度高达32～39℃，即使时间很短，胚胎死亡率也会显著提高。而妊娠100天后即使1～3天的热应激也会导致母猪流产和死亡。

（3）对泌乳母猪采食量的影响 当温度高于适温范围时，母猪的采食量会出现下降，当环境温度高于20℃时，温度每上升1℃，每头母猪每天采食量减少约100g；当高于32℃以上时，其采食量将会显著降低，甚至食欲废绝，泌乳量也会随之急剧下降甚至无乳，进而导致仔猪生长速度减慢甚至死亡。

2. 热应激对种公猪生产性能的影响

高温（超过30℃）会使公猪睾丸散热困难，长时间高温会使精子代谢加剧，寿命缩短，从而排出的精子活力降低甚至引发畸形精子或死精。同时，热应激也会影响公猪的性欲和性行为，导致配种的成功率下降，从而降低母猪配种受胎率。

六、猪的杂种优势

1. 杂交和杂种优势的概念

（1）杂交 杂交是指不同品种、品系或品群间的相互交配。

（2）杂种优势 杂种优势是指这些品种、品系或品群间杂交所产生的杂种后代，往往在生活力、生长势和生产性能等方面，一定程度上优于其亲本纯繁群体，即杂种后代性状的平均表型值超过杂交亲本性状的平均表型值，这种现象称为杂种优势。

杂种是否有优势，有多大优势，在哪些方面表现优势，杂交猪群中每个个体是否都能表现程度相同的优势等，这些主要取决于杂交所用的亲本基因的纯合度和所选性状的遗传力。如果亲本猪群的基因纯合度差，或者所选性状遗传力高，则杂交优势率低；反之，则高。

2. 提高杂种优势的途径

① 选择高产、优良、血统纯的品种作亲本。提高杂种优势的根本途径是提高杂交亲本的纯度。无论是父本还是母本，在一定范围内，亲本越纯经济杂交效果越好，能使杂种表现出较高的杂种优势，产生的杂种群体整齐一致。亲本纯到一定界限就使新陈代谢的同化和异化过程速度减慢，因而生活力下降，这种表现称为新陈代谢负反馈作用。具有新陈代谢负反馈作用的高纯度个体，在与有遗传差异的品种杂交，两性生殖细胞彼此获得新的物质，促使新陈代谢负反馈抑制作用解除，而产生新陈代谢正反馈的促进作用；促使新陈代谢同化和异化作用加快，从而提高生活力和杂种优势。为了提高杂交亲本的纯度，需先纯化亲本群。亲缘交配（五代以内有亲缘关系的个体间交配）的后代具有很高的纯度。

② 选择遗传差异大的公母猪作亲本。杂交亲本遗传差异越大，血缘关系越远，其杂交后代的杂种优势越强。在选择和确定杂交组合时，应当选择那些遗传性和经济类型差异比较大的、产地距离较远的和起源方面无相同关系的品种作杂交亲本。如用引进的外国猪种与本地（育成）猪种杂交或用肉用型猪与兼用型猪杂交，一般都能得到较好的结果。

③ 杂交亲本个体一般选择日增重大、瘦肉率高、生长快、饲料转化率高、繁殖性能较好的品种作为杂交第一父本，而第二父本或终端父本的选择应重点考虑生长速度和胴体品质，例如第一父本常选择大白猪和长白猪，第二父本常选择杜洛克猪。母本常选择数量多、分布广、繁殖力强、泌乳力高、适应性强的地方品种、培育品种或引进繁殖性能高的品种。

④ 在确定杂交组合时，应选遗传性生产水平高的品种作亲本，杂交后代的生产水平才能提高。猪的某些性状，如外形结构、胴体品质不太容易受环境影响，能够相对比较稳定地遗传给后代，这类性状叫做遗传力高的性状，遗传力高的性状不容易获得杂种优势。有的性状如产仔数、泌乳力、初生重和断奶窝重等，容易随饲养管理条件的优劣而提高或降低，不易稳定地遗传给后代，这些是遗传力低的性状，这类性状易表现出杂种优势。通过杂交和改善饲养管理条件就能得到满意的效果。生长速度和饲料利用率等属于遗传力中等的性状，杂交时所表现的杂种优势也是中等。

七、母猪生产力评价

母猪年生产力通常被定义为每头母猪每年提供多少断奶仔猪数，英文缩写为 PSY。

母猪年生产力的影响因素主要有以下四个：

1. 胎产活仔数

胎产活仔数受总产仔数、死胎、木乃伊和产后即死头数等影响。总产仔数又取决于排卵数、胚胎成活率及子宫容积。

2. 断奶前仔猪死亡率

断奶前仔猪死亡率与产活仔数、仔猪活力、母猪泌乳力、产房饲养管理水平以及教槽料的质量等有关。

3. 哺乳期长短

这个因素取决于断奶日龄、是否隔离断奶、产房饲养管理水平和环境条件、产房周转以及母猪泌乳力等。

4. 断奶至发情间隔

这个因素与母猪断奶后体况、情期受胎率、妊娠保胎率（即流产率）以及精液品质和配种技术有关。

所以，从时间上来说，母猪年生产力涉及一头母猪的两胎间的配种、分娩、断奶；从过程上来说，涉及从配种到出栏的各个环节。它是一个综合指标，受到影响的因素也是很繁杂的。

从上述影响因素可以看出，要提高母猪生产力，可从以下两个方面入手。

1. 从育种方面入手

选择高产公母猪，提高单胎产仔数；充分利用母本杂种优势，运用商品性杂交改良母猪繁殖性状；杜绝无目的的近交；借助现代分子技术识别母猪高繁殖性能相关候选基因或关联标记，并进行基因选择乃至全基因组选择。

2. 从饲养管理方面入手

（1）**科学管理后备母猪**　如后备母猪生产失败的比例高，则非生产天数多，年产胎数少，容易影响全群母猪的年生产力。要做好后备猪保健及驱虫，做好诱情发情记录，及时催情补饲。

（2）**合理规划配种计划**　即一般情况下，高产母猪和高产公猪配种；高产公猪和中等母猪配种；低产母猪尽量不用。高产公母猪、中产母猪和低产母猪是通过梳理后得知的，进一步说明经常梳理公母猪的重要性。

（3）**怀孕期进行体况和背膘的双重管理**　建立适合本场的体况和背膘增长曲线，尽可能地提供精确的饲料营养，让母猪和胎儿节能、高效地在孕期进行"加工"。

（4）**满足母猪哺乳仔猪的营养**　将哺乳期母猪减重控制在合理范围，以缩短母猪断奶到发情的天数；同时满足仔猪生长需求，降低产房死亡率，增加断奶头重和断奶头数。

工作目标

1. 选择适合本场实际的猪品种，购买优秀的后备公母猪进行饲养。
2. 根据种公母猪的系谱以及个体的生产性能及体形外貌，制订配种计划，以达到最大的杂交优势。
3. 根据品种特点确定猪的初配时间。
4. 及时检查母猪的发情，对不正常发情的母猪采取适当的促情措施，缩短母猪非生产天数，并选择合适的配种方法，适时配种。

工作内容

工作内容一　识别猪的品种

在养猪生产中，品种是基础，品种好坏直接关系到猪的生长快慢、饲料报酬高低、生产成本多少，也关系到肉的品质与市场竞争力，更是保证猪群有较高生产水平而不可忽视的因素。

一、优良地方品种介绍及利用

1. 优良地方品种

（1）**民猪**

【产地和分布】　民猪产于东北和华北的部分地区。吉林、黑龙江以及内蒙古自治区的部分地区饲养量较大。

【品种特征】 民猪颜面直长，头中等大小，耳大下垂。额部窄，有纵行的皱褶。体躯扁平，背腰狭窄，腿臀部位欠丰满。四肢粗壮，全身黑色被毛，毛密而长，鬃毛较多，冬季有绒毛丛生。乳头7~8对。

【生产性能】 产仔数平均13.5头，10月龄体重136kg，屠宰率72%，体重90kg屠宰时瘦肉率为46%，成年体重：公猪200kg、母猪148kg。

【利用】 民猪具有抗寒力强、体质强健、产仔数多、脂肪沉积能力强和肉质好的特点，适于放牧和较粗放的饲养管理，与其他品种猪进行二元和三元杂交，其杂种后代在繁殖和肥育等性能上均表现出显著的杂种优势。以民猪为基础培育成的哈白猪、新金猪、三江白猪和天津白猪均能保留民猪的优点。

(2) 太湖猪

【产地和分布】 太湖猪主要分布于长江下游，江苏、浙江和上海交界的太湖流域。按照体形外貌和性能上的差异，太湖猪可以划分成几个地方类群，即二花脸、梅山、枫泾、嘉兴黑、横泾、米猪和沙乌头等。

【品种特征】 太湖猪的头大，额宽，额部皱褶多、深；耳大，软而下垂，耳尖和口裂齐甚至超过口裂，扇形。全身被毛为黑色或青灰色，毛稀疏，毛丛密但间距大。腹部的皮肤多为紫红色，也有鼻端白色或尾尖白色的，梅山猪的四肢末端为白色。乳头8~9对。

【生产性能】 繁殖率高，3月龄即可达性成熟，产仔数平均16头，泌乳力强、哺育率高。生长速度较慢，6~9月龄体重65~90kg，屠宰率65%~70%，瘦肉率40%~45%。

【利用】 太湖猪是当今世界上繁殖力、产仔力最高的品种之一，其分布广泛，品种内结构丰富，遗传基础多，肉质好，是一个不可多得的品种。和长白猪、大白猪、苏联白猪进行杂交，其杂种一代的日增重、胴体瘦肉率、饲料转化率、仔猪初生重均有较大程度的提高，在产仔数上略有下降。在太湖猪内部各个种群之间进行交配也可以产生一定的杂交优势。

(3) 金华猪

【产地和分布】 金华猪主要分布于东阳、浦江、义乌、金华、永康及武义等县。

【品种特征】 金华猪的体形中等偏小。耳中等大小，下垂。额部有皱褶，颈短粗，背腰微凹，腹大微下垂。四肢细短，蹄呈玉色，蹄质结实。毛色为两端黑、体躯白的"两头乌"特征。乳头8对以上。

【生产性能】 公、母猪一般5月龄左右配种，产仔数平均13~14头，8~9月龄肉猪体重为65~75kg，70kg时的屠宰率平均不低于71%，瘦肉率平均不低于46%。

【利用】 金华猪是一个优良的地方品种。其性成熟早，繁殖力高，皮薄骨细，肉质优良，适宜腌制火腿。可作为杂交亲本。常见的组合有：长金组合、苏金组合、大金组合、长大金组合、长苏金组合、苏大金组合及大长金组合等。金华猪的缺点是肉猪后期生长慢，饲料转化率较低。

(4) 荣昌猪

【产地和分布】 产于重庆荣昌和四川隆昌等地区。

【品种特征】 是我国唯一的全白地方猪种（除眼圈为黑色或头部有大小不等的黑斑外）。体形较大，面部微凹，耳中等稍下垂，体躯较长，背较平，腹大而深。鬃毛洁白刚韧，乳头6~7对。

【生产性能】 每胎平均产仔11.7头，成年公猪平均体重158.0kg，成年母猪平均体重144.2kg；在较好的饲养条件下不限量饲养肥育期日增重平均623g，中等饲养条件下，肥育期日增重平均488g。87kg体重屠宰时屠宰率69%，胴体瘦肉率42%~46%。

【利用】 荣昌猪具有适应性强、瘦肉率较高、杂交配合力好和鬃质优良等特点。用国外瘦肉型猪作父本与荣昌猪母猪杂交，有一定的杂种优势，尤其是与长白猪的配合力较好。另外，以荣昌猪作父本，其杂交效果也比较明显。

(5) 两广小花猪

【产地和分布】 原产于陆川、玉林、合浦、高州、化州、关川、郁南等地，是由陆川猪、福建猪、公馆猪和两广小耳花猪归并，1982年起统称两广小花猪。

【品种特征】 体形较小，具有头短、颈短、耳短、身短、脚短、尾短的特点，故有"六短猪"之称。其毛色为黑白花，除头、耳、背腰、臀为黑色外，其余均为白色，耳小向外平伸，背腰凹，腹大下垂。

【生产性能】 性成熟早，平均每胎产仔数12.48头；成年公猪平均体重130.96kg，成年母猪平均体重112.12kg；75kg屠宰时屠宰率为67.59%~70.14%，胴体瘦肉率37.2%。肥育期平均日增重328g。

【利用】 两广小花猪具有皮薄、肉质嫩美的优点。用国外瘦肉型猪作父本与两广小花母猪杂交，杂种猪在日增重和饲料转化率等方面有一定的杂种优势，尤其是与长白猪、大白猪的配合力较好。两广小花猪的缺点是生长速度较慢，饲料转化率较低，体形也比较小。

(6) 香猪

【产地和分布】 主要产于贵州省从江的宰更、加鸠两区，三都县都江区的巫不，广西环江县的东兴等地，主要分布于黔、桂交界的榕江、荔波及融水等县。根据产地不同又分为藏香猪、环江香猪、丛江香猪、五指山猪、巴马香猪、剑白香猪、久仰香猪等。

【品种特征】 香猪体躯矮小。头较直，耳小而薄，略向两侧平伸或稍向下垂。背腰宽而微凹，腹大丰圆而触地，后躯较丰满，四肢细短，后肢多为卧系。皮薄肉细。被毛多为全身黑色，也有白色、"六白"、不完全"六白"或两头乌的颜色。乳头5~6对。

【生产性能】 性成熟早，一般3~4月龄性成熟。产仔数少，平均5~6头。成年母猪一般体重40kg。香猪早熟易肥，宜于早期屠宰，屠宰率65%，瘦肉率47%。

【利用】 香猪的体形小，经济早熟，胴体瘦肉率较高，肉嫩味鲜，可以早宰食，也可加工利用，尤其适宜于做烤乳猪。香猪还适宜于用作实验动物。

(7) 宁乡猪

【产地和分布】 主要分布于与宁乡毗邻的益阳、安化、涟源、湘乡等地以及怀化、邵阳地区。

【品种特征】 宁乡猪体形中等，黑白花毛色，分为"乌云盖雪""大黑花"与"小散花"。头中等大，耳较小下垂，背凹腰宽，腹大下垂，臀较斜，四肢较短，多卧系。皮薄毛稀，乳头7~8对。

【生产性能】 经产母猪平均产仔数10.12头。育肥期平均日增重368g，每千克增重需消化能51.46MJ。90kg育肥猪，屠宰率为74%，胴体瘦肉率34.72%。

【利用】 具有早熟易肥、生长较快、肉味鲜美、性情温顺及耐粗饲等特点。与北方猪种和国外引入瘦肉型猪种杂交，效果明显。

2. 地方猪种的利用及保种

一个品种就是一个特殊的基因库，汇集着各种各样的优良基因，它们能在一定环境和特定的历史时期发挥作用，从而使品种表现出为人类所需的优良特性。因此，认真保护和合理利用品种资源是一项长期重要的任务。

（1）地方猪种的利用

① 作为经济杂交的母本　良好的繁殖性能，是杂交利用母本品种的必备条件。我国地方猪种普遍具有性成熟早、产仔多、母性强等优良特性，因此，可以作为经济杂交的母本品种使用。但是，我国地方猪种肥育性能和胴体性状均较差，主要表现为生长速度慢、饲料利用率低、胴体瘦肉率不高，故不宜作杂交父本。

② 产品开发　部分地方猪种在某些方面具有独特的表现，可以开发出新的产品。比如，香猪经济早熟、胴体瘦肉含量较高，肉嫩味鲜，断奶仔猪及乳猪无腥味，加工烤猪别有风味。又由于香猪是一种特有的小型猪，还宜作实验动物。又如金华猪，肉质细嫩，肥瘦适度，肉色鲜红，用它生产的金华火腿色、香、味俱佳，畅销世界。乌金猪生产的火腿（云腿）产量高、质量好，驰名中外。

③ 作为育成新品种（系）的原始素材　我国地方猪种大都具有对当地环境适应性强的特点，在育成新品种时，为使培育品种（系）对当地环境条件和饲养管理条件有良好的适应性，经常利用地方猪种与外来品种杂交。如培育新淮猪就是采用当地淮猪与大白猪杂交。许多专门化母系的培育都引用过太湖猪。

（2）猪种资源的保存　猪种资源的保存，其实质就是妥善保存现有品种资源的基因库。要达到这个目的，应从避免群体混杂、控制选择、实行随机交配、减少遗传变异等多方面着手。采取有效的保种措施，把那些具有重要经济价值，或在某一方面具有突出表现或能取得良好杂交改良效果的品种保存下来。

二、我国饲养的主要外来品种及其利用

与本地品种相比，外来品种不多，本节主要介绍长白猪、大白猪、杜洛克猪和汉普夏猪四个品种。

（1）长白猪（Landrace）

【产地】　长白猪原产于丹麦，是世界上分布最广的著名的瘦肉型品种之一，原名兰德瑞斯（Landrace）。1964年由瑞典引入我国。

【体形外貌】　全身被毛白色，头狭长，颜面直，耳大向前倾，背腰长，腹线平直而不松弛，体躯长，前躯窄、后躯宽呈流线形，肋骨16～17对，大腿丰满，蹄质坚实。

【繁殖性能】　性成熟较晚，6月龄开始出现性行为，7～8月龄体重达130～140kg开始配种。排卵数15枚左右。初产母猪产仔数9～10头，经产母猪产仔数10～11头。乳头6～7对，个别母猪可达8对。

【生长肥育性能】　在良好饲养条件下，公、母猪155天左右体重可达100kg。肥育期生长速度快，屠宰率高，胴体瘦肉多。据浙江省杭州市种猪试验场在2000年测定，丹系长白猪在25～90kg的平均日增重为920g，料肉比为2.51（见《上海畜牧兽医通讯》2000年第2期30～31页，钱成刚等）。

【引入与利用情况】　我国于1964年首次引进长白猪，在引种初期，存在易发生皮肤病、四肢软弱、发情不明显、不易受胎等缺点，经多年驯化，这些缺点有所改善，适应性增强，

性能接近国外测定水平。长白猪作为第一父本进行二元杂交或三元杂交，杂交效果显著。

(2) 约克夏猪（Yorkshire）

【产地】 约克夏猪原产于英国北部的约克夏郡及其临近地区，有大、中、小三个类型，大型属瘦肉型，又称大白猪，中型为兼用型，小型为脂肪型。大白猪属大型瘦肉猪。

【体形外貌】 被毛白色（偶有黑斑），体格大，体形匀称，耳直立，背腰平直（有微弓），四肢较高，后躯丰满。

【繁殖性能】 性成熟晚，母猪初情期在5月龄左右。大白猪繁殖力强，据四川、湖北、浙江等地的研究所测定，初产母猪产仔数10头，经产母猪产仔数12头。平均乳头数14.5枚。

【生长肥育性能】 后备猪6月龄体重可达100kg。肥育猪屠宰率高、膘薄、胴体瘦肉率高。据四川省养猪研究所测定，肥育期日增重682g，屠宰率73%，三点平均膘厚2.45cm，眼肌面积34.29cm^2，瘦肉率63.67%。

【引入与利用情况】 大白猪引入我国后，经过多年培育驯化，已有了较好的适应性。在杂交配套生产体系中主要用作母系，也可作父本。大白猪通常利用的杂交方式是杜洛克×长×大或杜×大×长，即用长白公（母）猪与大白猪母（公）猪交配生产，杂交一代母猪再用杜洛克公猪（终端父本）杂交生产商品猪。这是目前世界上比较好的配合。我国用大白猪作父本与本地猪进行二元杂交或三元杂交，效果也很好，在我国绝大部分地区都能适应。

(3) 杜洛克猪（Duroc）

【产地】 杜洛克猪产于美国东北部的新泽西州等地。杜洛克猪体格健壮，抗逆性强。饲养条件比其他瘦肉型猪要求低，生长快，饲料利用率高，胴体瘦肉率高，肉质良好。

【体形外貌】 全身被毛呈金黄色或棕红色，色泽深浅不一。头小清秀，嘴短直。耳中等大，略向前倾，耳尖稍下垂。背腰平直或稍弓。体躯宽厚，全身肌肉丰满，后躯肌肉发达。四肢粗壮、结实，蹄呈黑色、多直立。

【繁殖性能】 母猪6~7月龄开始发情。繁殖力稍低，初产母猪产仔数9头，经产母猪产仔数10头。乳头5~6对。

【生长肥育性能】 杜洛克猪前期生长慢，后期生长快。据报道，杜洛克猪达100kg重的日龄180天以下，饲料转化率1：2.8以下，100kg体重时，活体背膘厚15mm以下，眼肌面积30cm^{2}以上，屠宰率70%以上，后腿比例32%，瘦肉率62%以上。

【引入与利用情况】 20世纪70年代后我国从英国引进瘦肉型杜洛克猪，以后陆续又由加拿大、美国、匈牙利、丹麦等国家引入该猪，现已遍及全国。引入的杜洛克猪能较好地适应本地的条件，且具有增重快、饲料报酬高、胴体品质好、眼肌面积大、瘦肉率高等优点，已成为中国商品猪的主要杂交亲本之一，尤其是终端父本。但由于其繁殖能力不高、早期生长速度慢、母猪泌乳量不高等缺点，故有些地区在与其他猪种进行二元杂交时，作父本不是很受欢迎，而往往将其作为三元杂交中的终端父本。

(4) 汉普夏猪（Hampshire）

【产地】 原产于美国肯塔基州，主要特点是胴体瘦肉率高，肉质好，生长发育快，繁殖性能良好，适应性较强。

【体形外貌】 被毛黑色，在肩颈结合处有一条白带。头中等大，嘴较长而直，耳直立中等大小，体躯较长，背宽略呈弓形，体格强健，肌肉发达。

【繁殖性能】 母性好，哺育率高，性成熟晚。母猪一般6~7月龄开始发情。初产母猪产仔数 7~8 头，经产母猪产仔数 8~9 头。

【生长肥育性能】 在良好饲养条件下，6 月龄体重可达 90kg。每千克增重耗料 3.0kg 左右，育肥猪 90kg 屠宰率 72%~75%，眼肌面积 30cm² 以上，胴体瘦肉率 60% 以上。

【引入与利用情况】 我国于 20 世纪 70 年代后开始成批引入，由于其具有背膘薄、胴体瘦肉率高的特点，以其为父本，地方猪或培育品种为母本，开展二元或三元杂交，可获得较好的杂交效果。国外一般以汉普夏猪作为终端父本，以提高商品猪的胴体品质。

三、国内培育的主要猪种介绍

1. 国内主要培育品种介绍

(1) 哈白猪

【产地和分布】 哈白猪产于黑龙江南部和中部地区，以哈尔滨及其周围各县饲养最多，并广泛分布于滨州、滨绥、滨北及牡佳等铁路沿线。

【体形外貌】 体形较大，被毛全白，头中等大小，两耳直立，颜面微凹，背腰平直，腹稍大，不下垂，腿臀丰满。四肢粗壮，体质坚实，乳头 7 对以上。

【生产性能】 一般生产条件下，成年公猪体重为 222kg、母猪体重为 172kg。产仔数平均为 11~12 头。育肥猪 15~120kg 阶段，平均日增重 587g，屠宰率 74%，瘦肉率 45.05%。

【利用】 哈白猪与民猪、三江白猪和东北花猪进行正反交，所得一代杂种猪，在日增重和饲料转化率上均有较强的杂种优势。以其作为母本，与外来品种进行二元、三元杂交也可取得很好效果。

(2) 三江白猪

【产地和分布】 三江白猪主要产于黑龙江东部合江地区的红兴隆农场管理局，主要分布于所属农场及其附近的市、县养猪场，是我国在特定条件下培育而成的国内第一个肉用型猪新品种。

【体形外貌】 三江白猪头轻嘴直，两耳下垂或稍前倾。背腰平直，腿臀丰满。四肢粗壮，蹄质坚实，被毛全白，毛丛稍密。乳头 7 对。

【生产性能】 8 月龄公猪体重达 111.5kg、母猪 107.5kg。产仔数平均为 12 头。育肥猪在体重 20~90kg 体重阶段，日增重 600g，体重 90kg 时，胴体瘦肉率 59%。

【利用】 三江白猪与外来品种或国内培育品种以及地方品种都有很高的杂交配合力，是肉猪生产中常用的亲本品种之一。在日增重方面尤其是以三江白猪为父本，以大白猪、苏联大白猪为母本的杂交组合的杂交优势明显。在饲料转化率方面，尤其以三江白猪与大白猪的组合杂交优势明显。在胴体瘦肉率方面，则杜洛克猪与三江白猪的组合杂交优势最为明显。

(3) 北京黑猪

【产地和分布】 北京黑猪属于肉用型的配套母系品种猪。北京黑猪的中心产区是北京市国有北郊农场和双桥农场，分布于北京的昌平、顺义、通州等地，并向河北、山西、河南等 25 个省、市输出。现品种内有两个选择方向：为增加繁殖性能而设置的"多产系"和为提高瘦肉率而设置的"体长系"。

【体形外貌】 北京黑猪头清秀，两耳向前上方直立或平伸。面部微凹，额部较宽。嘴筒直，粗细适中，中等长。颈肩结合良好。背腰平直、宽，四肢强健，腿臀丰满，腹部平。被毛黑色。乳头 7 对以上。

【生产性能】 成年公猪体重约 260kg，产仔数平均为 11～12 头。育肥猪 20～90kg 体重阶段，日增重 609g，屠宰率 72%，胴体瘦肉率 51.5%。

【利用】 北京黑猪作为北京地区的当家品种，在猪的杂交繁育体系中具有广泛的优势，是一个较好的配套母系品种。与大白猪、长白猪或苏联大白猪进行杂交，可获得较好的杂交优势。杂种一代猪的日增重在 650g 以上，饲料转化率为 3.0～3.2，胴体瘦肉率达到 56%～58%。三元杂交的商品猪后代其胴体瘦肉率达到 58% 以上。

2. 培育品种（系）的合理利用

（1）直接利用 我国新育成的品种大多具有较高的生产性能，或者在某一方面有突出的生产用途，它们对当地自然条件和饲养管理条件又有良好的适应性，因此可以直接利用生产畜产品。同时，还应继续加强培育品种的选育，提高其性能水平，更好地发挥培育品种的作用。

（2）开展品种（系）配套 我国培育的品种（系），其性能水平优于地方猪种，利用杜洛克猪、大白猪、长白猪、汉普夏猪等引进品种杂交配套，所生产的杂种后代，其生产性能也大大优于以地方猪种为母本的杂交猪。开展杂交配套研究，筛选出多种高效配套系，生产优质杂交猪，是培育品种（系）利用的重要途径。

以前在我国饲养的母猪中，大多是本地的土杂猪，但是随着人民生活水平的提高和国际国内市场的需要，现在饲养的母猪正在向瘦肉型杂优母猪转变，因此，建议养母猪时优先选择长大、大长，并且用杜洛克公猪进行交配；其次，选择杂优瘦肉型母猪，如地方品种母本专门化品系、大哈梅瘦肉型母本系以及北京黑猪、湖北白猪等优良品种。公猪选长白、大白、杜洛克等，本地的土杂猪则最好不用。

<h2 style="text-align:center">工作内容二　选留后备种猪</h2>

种猪是猪场生产的命脉，健康的种猪是猪场猪群健康的源头，因此，种猪的选择是整个猪选育工作的中心环节，是决定选育是否有效的关键。选择性状的依据应该是社会的需要。

一、选种

选种的目的是选出具有优秀生产性能的猪作为种用，如繁殖能力强、生长性能优、饲料报酬高等。因此被选留的猪首先应健康，保证能正常发挥各项性能指标；其次，体形外貌佳，包括有发育良好的生殖器官以及明显的第二性征；第三，利用年限合理。

种猪的选种方法主要有个体选择、系谱选择、同胞选择、后裔选择和综合指数选择等。猪场一般根据猪场的级别、群体大小以及设备、技术条件来确定选种方法。

1. 个体选择

个体选择是根据猪本身的外形和性状的表型值进行的选择。这种选种方法不仅简单易行，并且无论正反方向选择，都能取得明显的遗传进展，主要用于个体的外形评定、生长发育和生产性能的测定。因为只是对表型值进行选择，所以个体选择效果的好坏与被选择性状的遗传力关系极为密切。只有遗传力高的性状，个体选择才能取得良好效果，遗传力低的性状如果进行个体表型值选择，收效甚微。

2. 系谱选择

系谱选择是根据个体的双亲以及其他有亲缘关系的祖先的表型值进行的选择。系谱选择的效率并不太高。因为个体亲本或祖先很多性状的表型与后代的表型之间的相关性并不太大，尤其是亲缘关系较远的祖先，其资料的可参考性就较小。但系谱选择在选择遗传可能型，特别是在判断是否为有害基因携带者方面效果良好。

3. 同胞选择

同胞选择就是根据全同胞或半同胞的某性状平均表型值进行选择。这种选择方法能够在被选个体留作种用前，即可根据其全同胞或半同胞的肥育性状和胴体品质的测定材料作出判断，缩短了世代间隔，对于一些不能从公猪本身测得的性状，如产仔数、泌乳力等，可借助于全同胞或半同胞姐妹的成绩作为选种的依据。

4. 后裔选择

后裔选择是在相同的条件下，对一些种畜后裔记录成绩进行比较，按其各自后裔的平均成绩，确定种畜的选留和淘汰。后裔测定成绩是种畜优秀性状遗传性能的证据，所以它是评定家畜种用价值很可靠的一种方法。

5. 综合指数选择

将多个性状的表型值综合成一个使个体间可以相互比较的选择指数，然后根据选择指数进行选种的方法。这种方法比较全面地考虑了各种遗传和环境因素，同时考虑到育种效益问题，因此，能较全面地反映一头种猪的种用价值，指数制订也较为简单，选择可以一次完成。

二、挑选优秀种猪个体

挑选优秀的后备种猪应先对个体猪进行品质评定再进行个体选择。种猪的品质评定一般在2月龄、6月龄和24~36月龄（初配和初产后）三个阶段进行，采用分阶段独立评分法，用百分制计分。也可根据个体体形外貌、生长发育、生产性能等分项目进行评定。

1. 挑选优秀种公猪

种公猪的质量直接影响着整个猪群的生产素质，优秀公猪配种的母猪数量较多，公猪对后代的遗传影响是显著的。对种公猪进行综合评定，才能挑选出优良种公猪。

(1) 种公猪的外貌评定

① 整体评定　在观看猪的整体时，需将猪赶至一个平坦、干净且光线良好的场地上，保持与被选猪一定距离，对猪的整体结构、健康状态、生殖器官、品种特征等进行感官鉴定。

总体要求：猪体质结实，结构匀称，各部结合良好。头部清秀，毛色、耳型符合品种要求，眼明有神，反应灵敏，具有本品种的典型雄性特征。体躯长，背腰平直或呈弓形，肋骨开张良好，腹部容积大而充实，腹底成直线，大腿丰满，臀部发育良好，尾根附着要高。四肢端正，骨骼结实，着地稳健，步态轻快。被毛短、稀而富有光泽，皮薄而富有弹性。阴囊和睾丸发育良好。

② 关键部位评定　头具有本品种的典型特征；种公猪头颈粗壮短厚，雄性特征明显。头中等大小，额部稍宽，嘴鼻长短适中，上下腭吻合良好，光滑整洁，口角较深，无肥腮，

颈长中等，皮肤以细薄为好。

肩宽而平坦，肩胛骨角度适中，肌肉附着良好，肩背结合良好；胸宽且深，发育良好。前胸肌肉丰满，鬐甲平宽无凹陷。背腰平直宽广，不能有凹背或凸背。腹部大而不下垂，肷窝明显，种公猪切忌草肚垂腹。臀部宽广，肌肉丰满，大腿丰厚，肌肉结实，载肉量多。四肢高而端正，肢势正确，肢蹄结实，系部有力，无内外八字形，无卧系、蹄裂现象。

种公猪生殖器官发育良好，睾丸左右对称，大小匀称，轮廓明显，没有单睾、隐睾或赫尔尼亚，包皮适中，包皮无积尿。

③ 评分 经过上述鉴定后，依据猪品种的外貌评定标准，对供测猪进行外貌评分，并将鉴定结果做好记录。记录评分表如表2-2-1。

表 2-2-1 猪外貌鉴定评分表

猪　号_____ 品　种_____ 年　龄_____ 性　别_____
体　重_____ 体　长_____ 体　高_____ 胸　围_____
腿臀围_____ 营养状况_____ 等　级_____

序号	鉴定项目	评语	标准评分	实得分
1	一般外貌	—	25	—
2	头颈	—	5	—
3	前躯	—	15	—
4	中躯	—	20	—
5	后躯	—	20	—
6	乳房、生殖器	—	5	—
7	肢蹄	—	10	—
—	合计	—	100	—

④ 定级 根据评定结果，参照表2-2-2确定等级。

表 2-2-2 猪外貌鉴定等级表

性别	等级	特等	一等	二等	三等
公猪		≥90	≥85	≥80	≥70
母猪		≥90	≥80	≥70	≥60

鉴定地点_____ 鉴定员_____ 鉴定日期_____

(2) 个体生长发育的评定 猪的生长发育与生产性能和体质外形密切相关，特别是与生产性能关系极大。一般来说，生长发育快的猪，肥育期日增重多，饲料报酬高。对个体生长发育的评定，一般是定期称取猪只的体重和测量体尺。测定时期一般在断奶、6月龄和24月龄（成年）三个时期进行。断奶时只测体重，后两个时期加测体尺。

测定如下项目：

【体重】 指测定时称取猪的活重。在早饲前空腹称重，单位kg。

【体长】 从两耳根连线的中点，沿背线至尾根的长度，单位cm。测量时要求猪下颌、颈部和胸部呈一条直线，用软尺测量。

【体高】 从鬐甲最高点至地面的垂直距离，单位cm。用测杖或硬尺测量。

【胸围】 用以表示猪胸部的发育状况。用软尺沿肩胛后角绕胸一周的周径。测量时，皮尺要紧贴体表，勿过松或过紧，以将被毛压贴于体表为度。

【腹围】 于体长的1/2处量取的腹部周径。

【腿臀围】 从左侧膝关节前缘,经肛门绕至右侧膝关节前缘的距离。用皮尺量取。腿臀围反映了猪后腿和臀部的发育状况,它与胴体后腿比例有关,在瘦肉型猪的选育中颇受重视。

(3) 个体生产性能的评定 生产性能是猪只最重要的经济性状,包括繁殖性能、肥育性状、胴体性状。

① 繁殖性能

【产仔数】 总产仔数是包括活仔、死胎、木乃伊胎和畸形胎在内的出生时仔猪的总头数。产活仔猪数则指出生后 24h 内存活的仔猪数。产仔数的遗传力较低,平均在 0.10 左右,主要受环境条件的影响。母猪的年龄、胎次、营养状况、排卵数、卵子成活率、配种时间和配种方法、公猪的精液品质和管理方法等因素都直接影响产仔数。

【初生重】 仔猪的初生重包括初生个体重和初生窝重两个方面。仔猪初生个体重指在出生后 12h 以内,未吃初乳前测定,只测出生时存活仔猪的体重。全窝仔猪总重量为初生窝重(不包括死胎在内)。仔猪初生重的遗传力为 0.10 左右,初生窝重的遗传力为 0.24~0.42。

【21 日龄窝重】 同窝存活仔猪到 21 日龄时的全窝重量,包括寄养进来的仔猪,但寄出仔猪的体重不计在内,应在清晨补料前进行称重。

【断奶窝重】 全窝仔猪在断奶时个体体重的总和。断奶窝重除以断奶仔猪数,为个体断奶平均重。应注明断奶日龄。清晨空腹时称重。

【哺育率】 断奶育成仔猪数占产活仔数的比例。如有寄养情况,应在产活仔数中减去寄出仔猪数,加上寄入仔猪数,计算公式为:

哺育率=100%×[断奶时育成仔猪数/(母猪产活仔数-寄出仔猪数+寄入仔猪数)]

【产仔间隔】 母猪前、后两胎产仔日期间隔的天数。

【初产日龄】 母猪头胎产仔时的日龄数。

② 生长肥育性状 生长发育性能主要包括:70 日龄体重、4 月龄体重、达 100kg 体重日龄、饲料利用率、采食量、体长、体高、胸围、腹围、腿臀围等。

【70 日龄体重】 指仔猪保育到 70 日龄时的个体重量。清晨空腹时称重。

【4 月龄体重】 指受测猪 4 月龄时的个体重。

【达 100kg 体重日龄】 待测定猪体重达 80~105kg 时进行空腹测定,将待测猪只驱赶到带有单栏的秤上称重,记录个体号、性别、测定日期、体重等信息,按实际体重和日龄可校正为达 100kg 体重日龄。

【饲料利用率】 一般指生长育肥期内育肥猪每增加 1kg 活重的饲料消耗量,即消耗饲料(kg)/增长活重(kg)之比值,亦称料重比。饲料利用率属中等的遗传力,为 0.3~0.48。由于饲料采食量决定了生长速度,故生长快的猪通常饲料利用亦好。

【采食量】 猪的采食量是度量食欲的性状。在不限食条件下,猪的日均采食量为测试期平均每天的采食量,是近年来猪育种方案中日益受到重视的性状。

日均采食量=肥育期饲料消耗量÷肥育天数

日均采食量可以用自动饲喂器进行有效测定,如美国奥斯本自动饲喂器、法国阿诗玛自动饲喂器等。

③ 胴体性状 猪的胴体性状主要有宰前重、胴体重、屠宰率、胴体瘦肉率、背膘厚、眼肌面积、胴体长等。这些性状受猪的品种、年龄和发育阶段所影响。所以,研究这些性状的遗传和对这些性状的选择,都必须在相对稳定的环境条件下,对相同的生长肥育阶段进行此项研究工作。

【宰前重】 育肥猪达到适宜屠宰体重后，经24h的停食（不停水）休息，称得的空腹活重为宰前重。

【胴体重】 育肥猪经放血、去毛、切除头（寰枕关节处）和蹄（前肢腕关节，后肢飞节以下）及尾后，开膛除去内脏（保留肾脏和板油）的躯体重量为胴体重。

【屠宰率】 指胴体重占宰前重的百分率。屠宰率高的说明产肉量高，一般瘦肉型猪的屠宰率不低于70%，高的可达80%。

$$屠宰率=(胴体重÷宰前重)×100\%$$

【胴体瘦肉率】 胴体瘦肉率指将左半胴体进行组织剥离，分为骨骼、皮肤、肌肉和脂肪四种组织。瘦肉量和脂肪量占四种组织总量的百分率即是胴体瘦肉率和脂肪率。公式如下：

$$胴体瘦肉率=瘦肉量÷(瘦肉量+脂肪量+皮重+骨重)×100\%$$
$$胴体脂肪率=脂肪量÷(瘦肉量+脂肪量+皮重+骨重)×100\%$$

【背膘厚】 采用屠体测定时，一般在第六和第七胸椎接合处测定垂直于背部的皮下脂肪层厚度，不包括皮厚。平均背膘厚共测定三点：肩部最厚处；胸腰椎联合处；腰荐椎结合处；最后以三个部位平均值表示。而活体测定，则是用超声波测膘仪（A超或B超）进行活体测量。

【眼肌面积】 即胴体胸腰椎结合处背最长肌横截面面积。于最后肋骨处垂直切断背最长肌（简称眼肌），用硫酸纸描下眼肌断面，再用求积仪进行计算；也可用游标卡尺度量，按下列公式计算：

$$眼肌面积(cm^2)=眼肌厚度(cm)×眼肌宽度(cm)×0.7$$

瘦肉型猪的眼肌面积可达34~66cm^2。眼肌面积的遗传力在0.4~0.7，增加眼肌面积将同时增加胴体的瘦肉率、降低背膘厚和提高饲料利用率。眼肌是胴体中最有价值的部位，因此，它也是评定胴体产肉能力的重要指标。

【胴体长】 胴体长分体斜长和体直长两种。从耻骨联合前缘中心点至第一肋骨与胸骨接合处中心点的长度（在吊挂时测量），称为胴体斜长；从耻骨联合前缘中心点至第一颈椎底部前缘的长度，则称为胴体直长。胴体长与瘦肉率呈正相关。所以该性状是反映胴体品质的重要指标之一。

2. 挑选优秀后备种母猪

母猪一生的繁殖效率（经济效益）起于后备阶段，后备母猪是猪场提高生产水平关键的限制因素。

(1) 种母猪的外貌评定

① 整体评定　种母猪评定时，人与被评定个体间保持一定距离，从正面、侧面和后面，进行系列的观测和评定，再根据观测所得到的总体印象进行综合分析并评定优劣。评定时种母猪个体具有本品种的典型特征。其外貌与毛色符合本品种要求，体质结实，身体匀称，眼亮有神，腹宽大不下垂，骨骼结实，四肢结构合理、强健有力、蹄系结实，皮肤柔软、强韧、均匀光滑、富有弹性。乳房和乳头是母猪的重要特征表现，要求具有该品种所应有的乳头数，且排列整齐；外生殖器发育正常。

② 关键部位评定　头颈结合良好，与整个体躯的比例匀称。头具有本品种的典型特征；额部稍宽，嘴鼻长短适中，上下腭吻合良好，口角较深，腮、颈长中等。头形轻小的母猪多数母性良好，故宜选择头颈清秀的个体留作种用。

肩部宽平、肩胛角度适中、丰满，与颈结合良好，平滑而不露痕迹。鬐甲平宽无凹陷。胸部宽、深和开阔。胸宽则胸部发达，内脏器官发育好，相关机能旺盛，食欲较强。背部要宽、平、直且长。背部窄、突起，以及凹背都不好。腰部宜宽、平、直且强壮，长度适中，肌肉充实。胸侧要宽平、强壮、长而深，外观平整、平滑。肋骨开张而圆弓，外形无皱纹。母猪腹部大小适中、结实而有弹性，不下垂、不卷缩，切忌背腰单薄和乳房拖地。臀和大腿是最主要的产肉部位，总体要求宽广而丰满。后躯宽阔的母猪，骨盆腔发达，便于保胎多产，减少难产。尾巴长短因猪品种不同而要求不同，一般不宜过飞节，超过飞节是晚熟的特征。

四肢正直、长短适中、左右距离大，无内外八字形等不正常肢势，行走时前后两肢在一条直线上，不宜左右摆动。

种母猪的有效乳头数不少于12个，无假乳头、瞎乳头、副乳头或凹乳头。乳头分布均匀，前后间隔稍远，左右间隔要宽，最后一对乳头要分开，以免哺乳时过于拥挤。乳头总体对称排列或平行排列。阴户充盈，发育良好，外阴过小预示生殖器发育不良和内分泌功能不强，容易造成繁殖障碍。

③ 评分、定级　参考公猪的评分、定级表，对母猪外貌进行评分、定级。

(2) 个体生产性能的评定　母猪的个体繁殖性能评定，除产仔数、初生重外，还应包括泌乳力、断奶性状。

① 泌乳力　母猪泌乳力的高低直接影响哺乳仔猪的生长发育状况，属重要的繁殖性状之一。现在常用仔猪21日龄的全窝重量来代表，包括寄养过来的仔猪在内，但寄养出去的仔猪体重不得计入。泌乳力的遗传力较低，为0.1左右。

② 断奶性状　断奶性状包括断奶个体重、断奶窝重、断奶头数等。断奶个体重指断奶时仔猪的个体重量。断奶窝重是断奶时全窝仔猪的总重量，包括寄养仔猪在内。断奶个体重的遗传力低于断奶窝重的遗传力。在实践中一般把断奶窝重作为选择性状，它与初生产仔数、仔猪初生重、断奶仔猪数、断奶成活率、哺乳期增重和断奶个体重等性状都呈显著正相关，是评定母猪繁殖性状的一个最好指标。

母猪肥育性状、胴体性状的评定可参考公猪的评定方法。

(3) 选择程序

① 断奶时选择　不同的猪场采用不同的选择方法，该时期的选择主要采用个体选择和系谱选择。个体选择和系谱选择详细介绍见前文所述。

仔猪断奶阶段选种主要是根据亲代的种用价值、同窝仔猪的整齐程度以及个体的生长发育、体质外形和有无遗传缺陷等进行窝选。剔除同窝有遗传缺陷的整窝仔猪。

根据亲代性能虽不及根据后备种猪本身选择的准确性高，但在断奶阶段仔猪本身尚未表现出生产性能，其亲代的生产性能的好坏，可以在一定程度上反映出仔猪遗传品质的优劣。所以，亲代的生产成绩是断奶阶段选择后备种猪的重要依据。具体的方法是将不同窝仔猪的系谱资料进行比较，在双亲性能优异的窝中选留，甚至还可以全窝（必须淘汰少数发育不良的个体）留种。

断奶时根据本身选择的主要依据是个体的生长发育和外貌。具体的要求是：在同窝仔猪中，选择断奶个体重、身腰较长、体格健壮、发育良好、生殖器官正常、乳头6～7对以上且排列均匀的仔猪留种。

此时选择主要考虑父母成绩、同窝仔猪的整齐度以及本身的生长发育状况和体质外形。一般说来，同一时期内出生的仔猪在管理和环境条件上基本相似，要选留的仔猪，首先是父母成绩优良，然后考虑从窝产仔猪较多且均匀一致的窝中选留，同时要求体形外貌符合种用特征。此时选种一般应为留种量的4～5倍。

② 6月龄时选择 6月龄是猪生长发育的转折点，此阶段的猪生长性能、体形外貌等都已经充分表达，因而它是选种的重要阶段。除了以本身性能和外形表现为依据外，这个时期的选种还采用综合指数选择和同胞选择。综合指数选择和同胞选择介绍详见前文。

该时期选留个体必须符合品种特征的要求，即结构匀称，身体各部位发育良好，体躯长，四肢强健，体质结实；背腰结合良好，腿臀丰满，健康，无传染病；性征表现明显，公猪还要求性机能旺盛，睾丸发育匀称，母猪要求阴户和乳头发育良好。这一阶段重点选择生长速度、饲料利用率，同时要观察外形、有效乳头、有无瞎奶头、生殖器官是否异常等。此时选择一般为留种数量的1.5倍。由于选择的余地较大，要求比较严格，生长发育缓慢、外形有缺陷的猪只坚决不能选留。一般种猪在6月龄前后都有发情表现，此时可用成年公猪诱情，多次诱情没有明显发情表现的也不宜留种。地方品种猪此时可以配种，培育品种和国外品种一般还要推迟1～2个月。配种时表现不好，如明显发情且拒配、一个情期内没有稳定的站立反应、生殖器官发育异常的应及时淘汰。

③ 初产时选择 这时的种猪已经经过了两次筛选，对其父母表现、个体发育和外形等已经有了比较全面的了解，所以这时的选择主要看其繁殖力的高低，首先，对产仔数少的应予以淘汰；其次，对产奶能力差、断奶时窝仔少和不均匀的应予以淘汰。但是，有一点需要注意，母猪在产仔数、产奶多少、哺乳成活率等指标上，各胎次的差异有时会很大。所以头胎猪表现一般的也应尽量选留。

④ 二胎以上时选择 此时留下的种猪一般没有太大的缺陷，对重复第一胎产仔数较少（少于9头）、哺育力差（哺育期死亡率高、仔猪发育不整齐）的应予淘汰。此时该种猪已有后代，对其后代生长发育不佳的母猪应予淘汰。

选留后备种猪时，应设法了解其父母及其直系亲缘关系猪的生产性能，要从饲料利用率高、增重快、肉质好、屠宰率高、母性好、产仔数多、泌乳力强、仔猪生长发育快、断奶重高的优良公母猪的后代中，来挑选母猪的预选对象。

在选留好优良公母猪后代的基础上，有目的、有计划地在仔猪哺乳期重点培育2～3头仔猪，把预选母猪的对象固定在母猪前面2～4对乳汁最多的乳头上吃奶，并做好疾病防治工作，严防在仔猪阶段下痢。从哺乳期开始直到断奶时应多次挑选，把外形上有严重缺陷、患有疾病和生长发育缓慢的猪只淘汰。

工作内容三　制订配种计划

众所周知，猪的选种是提高生产性能的一项重要措施，通过连续不断地选择优良个体，为选种提供新的遗传信息，最终使整个猪群乃至整个品种的质量不断提高。选配则是在选种的基础上，进一步有目的、有计划地组织公母猪双方的交配。其目的是使优秀个体获得更多、更好的交配机会，促使有益基因纯化，产生大量品质优良的后代，以巩固和加强选种的效果，不断提高猪群的品质。所以，选配是选种的继续，选种是选配的基础，两者相互促进，又互为基础。在种猪育种工作中，选种、选配后要及时计划、组织配种工作。

为了制订好选配计划，做好选配工作，选配必须遵循以下原则：

(1) 选配目的明确 无目的的选配达不到预定目的，必须根据选育的目标确定选配的方法和配偶对。其总的目标是通过选配加强其优良品质，克服其缺点。

(2) 尽量选择亲和力好的公母猪交配 在制订配种计划时，须对猪群过去交配的结果进行分析，在此基础上找出能产生优良后代的组合，并继续保持这种交配组合，对于公猪，还应增选具有相同品质的母猪与之交配。

(3) 公猪的品质要高于种母猪 在猪群中，种公猪在遗传上对后代群更有改良作用。为使猪群得到更大的遗传改进，选配组合中种公猪的等级和品质都应高于种母猪，至少也要公母猪等级相同，不能用低于种母猪等级的种公猪与其交配。

(4) 具有相同缺点或相反缺点的公母猪不能选配 具有相同缺点的公母猪交配，实质上是缺点的同质选配，其结果是使缺点加深，使之固定，给品种改良带来困难。同样，具有相反缺点的公母猪，例如，用凹背与凸背交配，结果是既不能改变凹背的缺点，也不能纠正凸背的缺陷，欲使凹凸背的缺点得到纠正，须用背腰平直的个体与之交配。

(5) 交配公母猪双方首先是健康的，年龄上最好是壮年公母猪。幼年配老年等配偶组合，其效果很差，应该避免。

一、选配

就个体选配而言，可用品质选配和亲缘选配。

1. 品质选配

品质指猪的体质、体形、生物学特性、生产性能、产品品质等可以观察到的表型性状。品质选配即根据交配双方的品质对比而决定的配偶组合，所以，品质选配又称为"表型选配"。品质选配又根据交配双方品质的同、异，可区分为同质选配和异质选配。

(1) 同质选配 就是希望把优良的性状在后代得以固定。这种方法就是选择表型相同的公母猪交配，例如用日增重大的公猪配日增重大的母猪等。同质选配主要是使亲本的优良性状加深、稳定和巩固，使之稳定地遗传。在选育实践中，当猪群中出现符合选育目标的优良性状或理想个体时，可以采用同质选配，让具有相同优点的公母猪交配，用以产生具有该优良性状的后代，使优良性状得以稳定遗传，实现品种的选育目标。

(2) 异质选配 就是两个各有优良性状的个体进行交配，以期兼得两者优良性状的后代。这种方法是选择表型或类型不相同的公母猪进行交配。异质又有两方面：一是交配双方具有不同的优异性状，例如，用生长快的公猪与产仔性能优异的母猪交配；二是同一性状而表型值有高低之分的公母猪交配，例如，日增重高的公猪配日增重低的母猪。异质选配的主要作用在于综合公母猪双方的优良性状，丰富后代的遗传基础，创造新的类型，并提高后代的适应性和生活力。

同质选配和异质选配是个体选配中最常用的方法，有时两者并用，有时交替使用。在同一猪群，一般在选育初期阶段使用异质选配，其目的是通过异质选配将公母猪不同的优点综合在一起，创造出新的类型。当猪群内理想的新类型出现后，则转为同质选配，用以固定理想性状，实现选育目标。就不同的猪群而言，育种群一般以同质选配为主，这样可以增加群内优秀个体数量，保持猪群的优良特性。而一般繁殖群则多采用异质选配，它既可以促进新类型出现，同时又能保持猪群良好的适应性和生活力。此外，品质选配一般只就一个或两个主要表型品质而言，其具体的实施，还要服从于选育目标的要求。

2. 亲缘选配

根据交配的公母猪之间有无亲缘关系和亲缘关系远近所确定的选配组合，称为亲缘选配，若交配双方到共同祖先的总世代数不超过6个世代，称为近亲交配，简称"近交"。

在猪的选育过程中采用近交，可以纯化猪群的遗传结构，随着近交世代的增进，猪群的杂合子基因型频率逐代下降，纯合子基因型频率逐代上升，从而提高猪群的遗传纯度，提高其同质型，使猪群的遗传性状趋于稳定。在猪的品系建立过程中使用近交的方法，可以使品系的特征迅速固定，加速品系的建立。此外，近交提高了有害基因纯合而暴露的机会，因此可以有目的地安排近交，用以暴露猪群的有害基因，从而达到淘汰携带有害基因的种猪个体，降低猪群内有害基因出现的频率，提高猪群的遗传品质。

但近交也具有不利的一面，如近交后代繁殖性能下降，生活力、适应性下降，生长发育受到抑制，生产性能降低，猪群内遗传缺陷的个体数增加等一系列不良表现。为了充分发挥近交的有利作用，防止近交衰退现象的发生，在运用近交时，必须有明确的近交目的，反对无目的的近交，同时要灵活地运用各种近交形式，掌握好近交的程度，不要开始就用高度的近交。

二、杂交组合设计

两种遗传基础不同的动物或植物进行交配称为杂交。对猪而言，不同品种、品系或品群间的猪相互交配都称为杂交。如长白猪和大约克猪交配、美系杜洛克与加系杜洛克交配，这两种交配都属于杂交。杂交产生的后代叫杂种。

科学的杂交可以获得更优秀的个体，也就是说杂种在某些性能上会超出双亲的平均值，杂种性能超出双亲均值的程度就是杂种优势。杂种优势有大有小，这完全取决于杂交组合是否科学合理。

杂交就是为了获得杂种优势，所以有利于获得更多的杂种优势的杂交就是科学合理的。影响杂种优势的因素有下列几个。

1. 亲本间的遗传距离

杂交双亲间的遗传基础是有差异的，而遗传差异的大小很大程度决定着杂种优势的表现程度，遗传差异越大杂种优势也越大。如：长白猪和大约克猪交配、加系大约克和英系大约克交配，虽然它们都是杂交，但长白猪与大约克猪之间的遗传差异明显比加系大约克猪与英系大约克猪之间的遗传差异大，因此前者后代的杂种优势比后者的杂种优势大。

2. 亲本的基因纯合度

杂交亲本双方基因越纯合，杂交优势越明显。如：长白猪与金华猪杂交生产长金猪，大约克又与长金猪杂交生产大长金猪，长金猪有杂种优势，大长金也有杂种优势，但长金猪的杂种优势比大长金猪的杂种优势明显。因为长金猪的双亲分别是长白和金华猪，都是纯种，基因纯合度高，而生产大长金的双亲是大约克和长金猪，其中的长金猪是杂合子。

3. 杂交亲本的种类、数量

一般三品种杂交优于两品种杂交，而四品种以上的多品种杂交优势不明显，所以生产上以三品种杂交较普遍。

4. 不同经济性状表现的杂种优势不同

不同杂交方式下同一个经济性状其杂种优势是不同的，而同一次杂交，不同的经济性状其杂种优势也不相同，因此，应根据选育不同的目的选用不同的品种和不同的杂交方式。杂交前必须搞清楚，所要提高的是什么经济性状，然后确定正确的杂交方式和杂交亲本。

5. 杂交模式选择

实践中常用的杂交模式有下列 5 种。

(1) 二元杂交 就是两品种杂交，利用 2 个品种或品系的公、母猪进行杂交，杂种后代全部作为商品育肥猪。

二元杂交根据有无地方猪种参与又分外二元杂交和内二元杂交。如大长猪就是外二元猪（图 2-3-1），而大嘉猪就是内二元猪（图 2-3-2）。

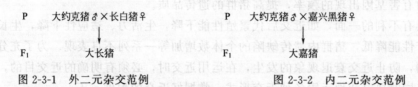

图 2-3-1 外二元杂交范例　　　　图 2-3-2 内二元杂交范例

二元杂交的优点是：简单易行，筛选杂交组合时，只需一次配合力测定，能获得全部的后代杂种优势，后代适应性较强。它的缺点是母系、父系均无杂种优势可以利用。

(2) 三元杂交 三元杂交也就是三品种杂交，即用二元杂交所得的杂种一代作母本，再与另一品种的公猪进行杂交。同样三个品种都是引进品种的三元杂交后代通常称为外三元猪（图 2-3-3），有本地品种参与杂交的杂交后代称为内三元猪（图 2-3-4）。

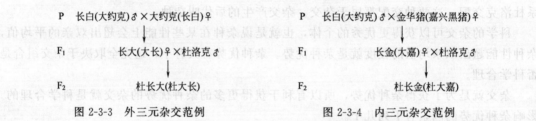

图 2-3-3 外三元杂交范例　　　　图 2-3-4 内三元杂交范例

从上图可以看出，三元杂交是经过了两次杂交，因而有两个父本和两个母本，其中第 1 次杂交所用的公猪品种称为第一父本，第 2 次杂交所用的公猪称为第二父本，也是终端父本。母本也一样，第 1 次杂交所用的母猪品种称为第一母本，第 2 次杂交所用的母猪称为第二母本。

三元杂交的优点是利用了两次杂种优势，既能让杂种母猪在繁殖性能方面的优势得到充分发挥，又能充分利用第一父本和第二父本在肥育性能和胴体品质方面的优势。它的缺点是繁育体系较复杂，不仅要保持 3 个亲本品种纯繁，还要保留大量的一代杂种母猪群，需要 2 次配合力测定。

(3) 轮回杂交 轮回杂交就是在杂交后代中选择优秀母猪作母本，逐代分别与各品种的纯种公猪轮流交配。常用的轮回杂交方法有两种，即两品种轮回（如长白与大约克轮回，图 2-3-5）和三品种轮回（如长白、大约克与杜洛克轮回，图 2-3-6）。

轮回杂交能综合 2～3 个品种的优良特性，能保持杂种后代个体和母本的杂种优势。而且杂种母猪全是本场繁殖的后代，避免了因引种而带来的疾病风险。

(4) 双杂交 双杂交就是以 2 个二元杂交为基础，由其中的一个二元杂交的后代作父本，另一个二元杂交的后代作母本，再进行一次简单杂交，所得四元杂种猪全部作为商品肥育用。如图 2-3-7 所示。

双杂交的优点是后代能集本身、母系和父系的杂种优势于一体，具有较高的杂种优势率。但其缺点是繁育体系复杂，不仅要维持 4 个亲本品种纯繁，还要饲养大量的二元杂种母

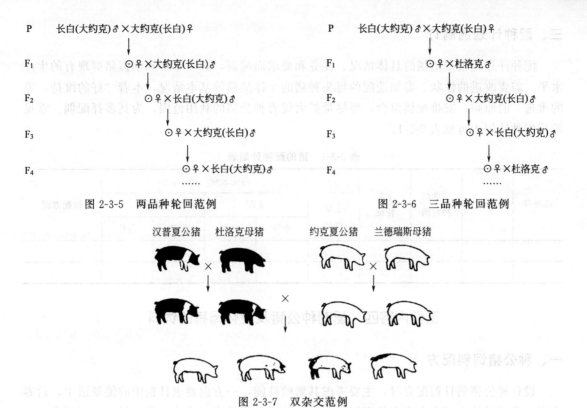

图 2-3-5 两品种轮回范例　　　　　图 2-3-6 三品种轮回范例

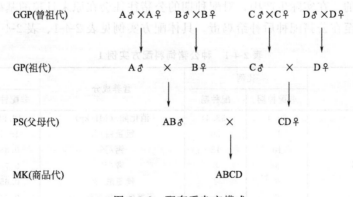

图 2-3-7 双杂交范例

猪和公猪。

(5) 配套系杂交　配套系杂交就是先培育专门化品系，每个品系都具有一个至两个不同的突出性状，其他性状保持一般水平。一般分父系和母系，父系重点选择生长速度、饲料利用率、瘦肉率和胴体品质等性状，母系主要选择产仔数、生活力和母性等性状，各系间无亲缘关系。如图 2-3-8 所示。

```
GGP(曾祖代)    A♂×A♀    B♂×B♀      C♂×C♀    D♂×D♀
                 ↓         ↓            ↓         ↓
GP(祖代)        A♂    ×    B♀          C♂    ×    D♀
                          ↓                      ↓
PS(父母代)             AB♂           ×          CD♀
                                      ↓
MK(商品代)                          ABCD
```

图 2-3-8 配套系杂交模式

根据育种不同的目的应采用不同的杂交方式。但不管采用何种杂交方式，杂交母本都应选择适应性强、繁殖力强、母性好、泌乳力高、体格适中的品种或品系。而父本应选择生长速度快、饲料利用率高、胴体品质好、性成熟早、精液品质好、性欲强、适应当地环境条件的品种或品系。只有科学合理地组建杂交组合才能获得理想的杂种优势，获得优秀的后代。

三、配种计划的制订

配种计划应根据猪场的具体情况、任务和要求而编制,必须了解和掌握猪群现有的生产水平、需要改进的性状、参加选配的每头种猪的个体品质等基本情况,本着"好的维持,差的重选"的原则,安排配偶组合,要尽量扩大优秀种公猪的利用范围,为其多择配偶。常见的猪配种计划表可见表 2-3-1。

表 2-3-1 猪的配种计划表

母猪号	品种	预期配种时间	主要特征	与配公猪					选配方式
				主要特征	主配		候补		
					猪号	品种	猪号	品种	

工作内容四 配制种公猪及空怀母猪的饲料

一、种公猪饲料配方

设计种公猪的日粮配方时,主要考虑其繁殖性能,一方面要求日粮中的能量适中,营养丰富,所以日粮中不应有太多的粗饲料,避免造成公猪垂腹而影响配种;另一方面要求日粮适口性好,多种来源的蛋白质饲料可以互补,提高蛋白质的生物学价值。日粮中的植物性蛋白质饲料可以采用豆饼、花生饼、菜籽饼和豆科干草粉,但不能用棉籽饼,因为其中的棉酚会杀死精子。日粮中的动物蛋白质饲料(如鱼粉、鸡蛋、蚕蛹和蚯蚓等),可以提高精液品质。日粮中的维生素,特别是维生素 A、维生素 D 和维生素 E 的缺乏,以及矿物质钙、磷和微量元素硒等的缺乏,都会直接影响公猪的精液品质和繁殖能力。所以适当补充一些青绿多汁饲料是有益的。在实际生产中,对配种期的公猪往往会在原来日粮的基础上增加一些青绿饲料,有的甚至在公猪配种后补给鸡蛋。具体配方实例见表 2-4-1、表 2-4-2。

表 2-4-1 种公猪饲料配方实例 1

饲料组成	比例		营养成分	含量	
	非配种期	配种期		非配种期	配种期
黄玉米/%	30.4	33.4	消化能/(MJ/kg)	12.98	13
高粱/%	30	30	粗蛋白/%	15.1	13.2
麦麸/%	10	12	钙/%	0.88	0.81
脱脂米糠/%	8	8	磷/%	0.76	0.73
豆粕/%	6	2	赖氨酸/%	0.65	0.52
苜蓿粉/%	6	6	蛋氨酸+胱氨酸/%	0.44	0.39
鱼粉/%	4	3	—	—	—
糖蜜/%	3.5	3.5			
磷酸钙/%	0.8	0.8			
碳酸钙/%	0.5	0.5			
食盐/%	0.4	0.4			
维生素添加剂/%	0.2	0.2			
微量元素添加剂/%	0.2	0.2			

表 2-4-2　种公猪饲料配方实例 2

饲料组成	比例		营养成分	含量	
	非配种期	配种期		非配种期	配种期
玉米/%	38.3	56	消化能/(MJ/kg)	11.88	12.76
高粱/%	3.7	—	粗蛋白/%	16.3	15.1
大麦/%	—	23	钙/%	0.72	0.86
麦麸/%	14.7	5	磷/%	0.6	0.47
酒糟/%	18.8	—	赖氨酸/%	0.8	0.77
豆饼/%	11.1	5	蛋氨酸+胱氨酸/%	0.99	0.38
鱼粉/%	—	7	—	—	—
葵花饼/%	3.7	—			
玉米秸秆青贮/%	7.6	3			
骨粉/%	0.7	—			
贝壳粉/%	0.7	0.5			
食盐/%	—	—			

二、空怀母猪饲料配方

空怀母猪需要供给营养全面的饲料。如果饲料营养不全，蛋白质供应不足，会影响卵子的正常发育，使排卵量减少，降低受胎率。一般情况下每千克日粮中，蛋白质饲料应占12%，而且在蛋白质饲料组成中还应有一定数量的动物蛋白质。同时还要满足母猪对各种矿物质和维生素的需要，使母猪保持适度的膘体和充沛的精力。

初产母猪空怀期仍处于身体发育的阶段，需饲喂能满足其最佳骨骼沉积所需钙磷水平的全价饲料。具体饲料配方举例如下（表 2-4-3～表 2-4-6）。

表 2-4-3　后备母猪饲料配方实例 1

饲料原料	配合比例/%	主要营养成分	含量
玉米	58	消化能/(MJ/kg)	11.55
肉骨粉	9	粗蛋白/%	15.2
饲料酵母	6	粗纤维/%	2.4
菜籽粕	5	钙/%	0.91
啤酒糟	10	磷/%	0.69
粉渣	10	赖氨酸/%	0.7
骨粉	1	蛋氨酸/%	0.24
添加剂	0.6	胱氨酸/%	0.23
食盐	0.4	—	—

表 2-4-4　后备母猪饲料配方实例 2

饲料原料	配合比例/%	主要营养成分	含量
玉米	24	消化能/(MJ/kg)	13
碎米	35	粗蛋白/%	15.1

续表

饲料原料	配合比例/%	主要营养成分含量	
稻谷	10	粗纤维/%	2.8
菜籽粕	5	钙/%	0.9
肉骨粉	5	磷/%	0.7
蚕蛹粉	5	赖氨酸/%	0.7
细米糠	10	蛋氨酸/%	0.34
青饲料	3	胱氨酸/%	0.21
骨粉	2	—	—
添加剂	0.6	—	—
食盐	0.4	—	—

表 2-4-5　空怀母猪料的配方实例 1

饲料原料	配合比例/%	主要营养成分含量	
玉米	37.2	消化能/(MJ/kg)	11.7
大麦	28	粗蛋白/%	12.3
麦麸	8	粗纤维/%	7.1
豆饼	5	钙/%	0.7
花生饼	7	磷/%	0.59
干草粉	6.95	赖氨酸/%	0.3
食盐	0.5	蛋氨酸+胱氨酸/%	0.6
骨粉	1	—	—
多种维生素	0.3	—	—
硫酸铜	0.01	—	—
硫酸锌	0.02	—	—
硫酸亚铁	0.02	—	—

表 2-4-6　空怀母猪料的配方实例 2

饲料原料	配合比例/%	主要营养成分含量	
玉米	65.21	消化能/(MJ/kg)	11.93
次粉	13	粗蛋白/%	12.82
麸皮	3	钙/%	0.7
稻谷	5	磷/%	0.6
豆饼	9	—	—
鱼粉	1	—	—
石粉	0.8	—	—
食盐	0.3	—	—
磷酸氢钙	1.7	—	—
添加剂预混料	1	—	—

工作内容五　后备母猪饲养管理

后备种猪的培育目的是使其发育良好，体格健壮，形成发达且机能完善的消化系统、血液循环系统和生殖系统，以及结实的骨骼、适度的肌肉和脂肪组织。后备种猪所用饲料应根据其不同的生长发育阶段进行配合，要求原料品种多样化，保证营养全面，同时注意能量和蛋白质的比例，还要特别注意矿物质、维生素和必需氨基酸的补充。在饲养过程中，要坚持不怕臭、不怕脏的职业精神，保持高度的责任心和爱心，合理控制猪只体重使性成熟与体成熟达到同步。

一、饲养管理后备种母猪

后备种母猪要根据不同类型、不同生长发育阶段配合饲粮，特别要注意蛋白质中各种必需氨基酸的平衡，并要适当增加钙、磷和与生殖活动关系密切的维生素 A、维生素 E 的供给量。后备种母猪在生长发育阶段，若摄入足够的营养，生长发育正常，初情期也较早，若生长发育受阻或患有慢性消耗性疾病，则会推迟初情期。但 6 月龄以后的后备母猪，由于脂肪沉积的速度逐渐加快，这时要注意控制后备母猪每日能量的摄入量，以免长得过肥发生繁殖障碍。

1. 饲养后备母猪

营养需要：消化能 14.21MJ/kg 或 35.52MJ/d，粗蛋白 14%～16%，采用短期优饲的方法，即后备母猪配种前 10～14 天，在原饲粮的基础上，适当增加精料 1～2kg，可增加排卵数 1～2 枚，提高产仔率。配种结束后，再恢复到原来的饲养水平。

2. 管理后备母猪

① 尽可能减少每圈饲养头数，以防抢食。
② 每天坚持触摸母猪，使母猪性情变得温顺，易于接近。
③ 有条件时，让母猪在圈外活动并提供青绿饲料，具有促进发情排卵的作用。
④ 每个猪场应根据流行病学调查结果、血清学检查结果等适时适量地进行传染病疫苗接种。例如，在细小病毒病流行地区，配种前一个月和半个月，分别注射一次细小病毒病疫苗，以防流产、死胎和木乃伊胎的发生。母猪每年至少进行两次驱虫，如果环境条件较差或者是某些寄生虫病多发地区，应增加驱虫次数。驱虫所需药物种类、剂量和用法应根据寄生虫病实际发生情况或流行情况来决定，要防止中毒。

二、后备种猪的利用

1. 性成熟

猪生长发育到了一定年龄和体重后，生殖器官已发育完全，具备了繁殖后代的能力，称为性成熟。母猪的性成熟年龄为 3～6 月龄，地方种猪性成熟较早，一般为 3～4 月龄，引进种猪性成熟较晚，一般为 6 月龄左右；公猪 3～7 月龄性成熟，地方品种一般为 3～6 月龄，引进品种一般为 6～7 月龄。

2. 初配适龄

母猪性成熟时身体尚未成熟，还需要继续生长发育，因此，此时不宜进行配种。过早配种不仅影响第一胎产仔成绩和泌乳，而且也影响将来的繁殖性能；过晚配种会降低母猪的有效利用年限，相对增加种猪成本。一般适宜配种时间为：引进品种或含引进品种血液较多的猪种（系）主张 7～8 月龄，体重 110～130kg，在第二个或第三个发情期实施配种；地方品种 6 月龄左右，不同品种的适配体重相差较大，对于中等体形的品种，其适配体重为 70～80kg。

工作内容六 空怀母猪饲养管理

空怀母猪的饲养管理是促使青年母猪早发情、多排卵、早配种；断奶后母猪要尽快恢复正常的种用体况，达到7~8成膘，以保证断奶后3~10天再次发情配种，开始下一个繁殖周期。

一、空怀母猪的饲养

配种前为促进发情排卵实行"短期优饲"，即适时提高饲料喂量，对提高配种受胎率和产仔数大有好处，尤其是对头胎母猪更为重要。对初产母猪，在准备配种前10~15天加料，可促使发情、多排卵，喂量每天可达2.5~3.0kg，但具体应根据猪的体况增减，配种后应逐步减少喂量。

对产仔多、泌乳量高或哺乳后体况差的经产母猪，干乳后多增加营养，使其尽快恢复体质。配种前也可采用"短期优饲"办法，即在维持需要的基础上提高50%~100%，喂量每天达3~3.5kg。

而对有7~8成膘情的母猪断奶前3天和断奶后3天减料，断奶3天后再加料，经4~7天即可发情。已经证明，母猪断奶后是否分泌乳汁与饲喂量没有关系。因为乳汁分泌的原因是小猪拱乳头等的刺激，而不是饲料。所以，母猪在断奶后，就多给营养丰富的饲料和保证充分休息，可使母猪迅速恢复体况。此时饲粮营养水平和饲喂量要与妊娠后期相同，如果能喂些动物性饲料和优质青干草则更好，可促进发情母猪发情排卵，为提高受胎率和产仔数奠定物质基础。

二、空怀母猪的管理

1. 小群饲养

小群饲养是指4~6头猪关一栏。实践证明，群养空怀母猪可促进发情，空怀母猪以群养单饲为好。通常每头母猪所需要面积至少1.6~1.8m²，要求舍内光线良好，地面不要过于光滑，防止跌倒摔伤和损伤肢蹄。目前为了提高圈舍的利用率，越来越多的猪场采用单栏限位饲养，限位面积每头母猪至少0.65m×2m。采用此种饲养方式时，最好是与母猪头对头地饲养公猪以刺激母猪发情。

2. 做好发情鉴定

每天早晚两次观察发情状况，并详细做好记录。由经验丰富的饲养或配种人员进行观察，并建议同时驱赶公猪到母猪圈进行试情，且保证公猪与母猪有接触，保持一定的时间，以使公猪的气味、体形、声音对母猪进行嗅觉、视觉和声觉的全方面刺激，从而提高发情鉴定的准确性。

3. 健康观察

如果断奶后的空怀母猪体况不能及时恢复，有可能有以下两方面的原因。

(1) 哺乳期失重严重 如果瘦肉型母猪在哺乳期失重超过30kg，或背膘下降4mm以上，则影响断奶后的正常发情。

(2) 疾病因素 如母猪患子宫炎、乳房炎和阴道炎等会影响正常发情，即使发情正常也影响受胎率。其他疾病，如肢蹄病等也会不同程度地影响正常发情和配种。喂料时观察空怀母猪的健康状况和体况，及时发现和治疗病猪。

4. 创造适宜的环境条件

良好的环境条件也是促进空怀母猪及时发情排卵，提高配种受胎率的重要因素。因此要保持猪舍干燥、清洁、温湿度适宜、空气新鲜等。需要强调的一点是，要增加光照的时间（表 2-6-1）。因为，在配种前及妊娠期延长光照时间，能促进母猪雌二醇及孕酮的分泌，增强卵巢和子宫机能，有利于受胎和胚胎发育，提高受胎率。而如果是饲养在黑暗或光线不足条件下的母猪，卵巢重量降低，受胎率明显下降。增加光照强度也能提高产仔数、初生窝重及断奶窝重。

表 2-6-1 不同类型猪舍光照条件

猪舍类型	光照强度/lx	光照时间/(h/d)
后备舍	270~300	10~12
配种舍	150~200	10~12
妊娠舍	50~100	8~10
分娩舍	50~100	8~10
保育舍	50	8
育肥舍	50	8

自然光照时间的变化会影响猪的繁殖机能，日照缩短提高猪的繁殖机能，日照延长降低猪的繁殖机能。

5. 做好选择淘汰

母猪的空怀期可根据母猪繁殖性能的高低、体质情况和年龄，首先把那些产仔数少、泌乳力低、仔猪成活数少的母猪淘汰掉，其次是把那些体质过于衰弱、年龄老化而繁殖性能较低的母猪淘汰掉，以免降低猪群的生产水平。

三、母猪的更新与淘汰

正常情况下，母猪可利用 7~8 胎，年更新率为 30% 左右，有下列情形之一者应淘汰：
① 总产仔数连续 2 胎低于 7 头。
② 连续 2 胎少乳或无乳（正常饲养管理）。
③ 连续 2 胎全产死胎。
④ 断奶后两个情期不能发情配种。
⑤ 母性差，食仔或咬人。
⑥ 患有猪瘟、口蹄疫、非洲猪瘟、猪链球菌病等烈性传染病或者患有难以治愈的其他疾病。
⑦ 肢蹄损伤。
⑧ 体形过大，行动不灵活，压踩仔猪。
⑨ 后代有畸形（如有疝气、隐睾、脑水肿等）或后代的生长速度及胴体品质指标均低于群体平均水平。

工作内容七　促进空怀母猪发情

经产母猪一般断奶后 5~7 天就有 70%~80% 的母猪能发情配种，如果发情母猪所占的比例低于 70%（夏天炎热季节会更低些）可能就有些不正常。后备母猪超过 8 月龄或体重超过 135kg 还不发情，也属于不正常。而不正常发情的母猪只产生成本，无任何经济效益，因此需要饲养人员更多的细心、耐心和责任心，及时分析母猪不发情的原因，并采取相应措施促进母猪发情，把损失降到最低。

一、母猪不发情的原因

1. 哺乳期营养不足，掉膘严重

引起哺乳期营养不足、断奶后掉膘严重的主要原因是采食量不足，哺乳母猪料的营养偏低。对经产母猪而言，配种时的体况与哺乳期的饲养有很大的关系。在哺乳期母猪体重损失过多将直接导致母猪发情延迟或不发情，初产母猪尤其如此。因此在分娩一周后，哺乳母猪每天的采食量要保持在 5kg 以上，10 天后要保持在 6kg 以上，哺乳母猪料要加 3%~4% 的油脂，使哺乳母猪料的消化能达到 3400kcal/kg、粗蛋白 16%~18%、赖氨酸 1%。断奶后实行短期优饲，每天喂料 3~3.5kg，促进早发情、多排卵。

2. 长期缺乏运动和光照

规模化猪场为了提高工人的劳动生产率和栏舍利用率，对母猪常采用限位饲养，而长期缺乏运动和光照也会造成母猪发情延迟或不发情。将不发情的母猪集中驱赶到舍外运动场上运动，并驱赶一头成年公猪在运动场上进行刺激，一般连续操作 2~3 天后部分母猪就会正常发情。

3. 缺乏与公猪的近距离接触

母猪长期不与公猪近距离接触，是导致母猪发情延迟或不发情的重要原因。因为成年公猪的求偶声音、外激素气味、求偶及交配行为，通过听觉、视觉、嗅觉等刺激成年母猪的脑垂体，很容易引发母猪排卵、发情、求偶、接受交配等行为发生。因此在猪场建设时就应该考虑将配种栏、后备母猪栏建在与公猪栏靠近的地方。查情时一定要赶一头公猪一起查。在生产上利用"公猪效应"来解决成年母猪发情延迟或不发情的问题，不但能促进母猪正常发情，多排卵，提高受胎率和产仔数，而且还能缩短母猪繁殖周期。

4. 缺乏某种微量元素或维生素

现在养猪已很少喂青饲料，也很少放牧，因此猪的维生素、微量元素都要靠额外补充来满足其需要。母猪在繁殖阶段对某些维生素、微量元素及钙、磷的需要量要大于生长育肥猪，在饲养过程中，长期使用单一饲料或某些维生素、微量元素含量较低的育肥猪料，会使性腺发育受到抑制，导致母猪发情延迟或不发情。母猪在哺乳期采食量不够，也会引起母猪维生素、微量元素缺乏，这也是母猪断奶后不发情的原因之一。对断奶后不发情的母猪多喂些青饲料或另外添加维生素 E（300g/t）能使部分母猪正常发情。

5. 后备母猪饲养管理不当

后备母猪不能正常发情这是许多猪场经常发生的问题，引起后备母猪乏情的主要原因如下：

(1) 选种失误 缺乏科学的选种标准，特别是后备母猪紧张时，往往是见母即留，使不具备种用价值的母猪也当后备母猪留作种用。

(2) 卵巢发育不良 长期患有慢性呼吸系统病、慢性消化系统病或寄生虫病的小母猪，其卵巢发育不全、卵泡发育不良使激素分泌不足，影响发情。

(3) 营养及管理不当

① 饲料营养问题 后备母猪饲料营养水平过低或过高，喂料过少或过多，造成母猪体况过瘦或过肥，均会影响其性成熟。如长×大后备母猪的适配月龄为7~8月龄，适配体重为120~135kg，后备母猪饲料营养水平高低、喂料量多少的标准就是看7~8月龄时体重能否控制在120~135kg。有些后备母猪体况虽然正常，但在饲养过程中，长期使用维生素A、维生素E、维生素B_1、叶酸和生物素含量较低的育肥猪料，使性腺发育受到抑制，性成熟延迟。因此后备母猪从5月龄开始就应该用专用母猪预混料配制的全价料喂养。

② 群体大小问题 后备母猪每圈最好饲养4~6头，一圈单头饲养或饲养密度过大、频繁咬架均可导致初情期延迟。

③ 公猪刺激不足 母猪的初情期早晚除由遗传因素决定外，还与后备母猪开始接触公猪的时间有关系。实验证明，当小母猪达150日龄时，用性成熟的公猪进行直接刺激，可使初情期提前约30天。同时证明，公猪与母猪每天接触1~2h产生的刺激效果与公猪和母猪持续接触产生的效果一样，用不同公猪多次刺激比用同一头公猪多次刺激效果更好。

④ 母猪安静发情 极少数后备母猪已经达到性成熟年龄，其卵巢活动和卵泡发育也正常，却迟迟不表现发情症状或在公猪存在时不表现静立反射。这种现象叫安静发情或微弱发情。这种情况品种间存在明显的差异，国外引进猪种和培育猪种尤其是后备母猪，其发情表现不如土种猪明显。但采取相应措施后，母猪可以受孕。

⑤ 饲料原料霉变 饲料霉变会产生某些毒素，其中对母猪正常发情影响最大的是玉米霉菌毒素，尤其是玉米赤霉烯酮，此种毒素分子结构与雌激素相似。当母猪摄入含有这种毒素的饲料后，其正常的内分泌功能将被打乱，导致发情不正常或排卵抑制。

6. 疾病因素

某些疾病，如猪瘟、蓝耳病、伪狂犬病、细小病毒病、乙脑病毒病和附红细胞体病等均会引起母猪不发情及其他繁殖障碍。建立正确的免疫程序，打好预防针是控制这些疾病的有效方法。

母猪的猪瘟疫苗注射要安排在断奶后，配种前注射，每次4~6头份，不能在母猪怀孕期注射。蓝耳病疫苗注射安排在配种前第一次，产前20天第二次。母猪的伪狂犬病苗每4个月打一次。细小病毒病疫苗后备母猪6月龄打第一次，配种前打第二次，第二胎最好也要打，可安排在配种前打，第三胎可以不打。乙脑每年4月份打一次，南方应考虑在9月份再打一次。

附红细胞体病近几年在我国的许多地方都有爆发，给养猪业带来很大损失，在饲料中定期（每1~2个月一次）添加阿散酸150~250g/t，连续使用10天，一般就能控制附红细胞体病的爆发。

总之，能引起母猪不发情及返情的原因有很多，要根据各个养猪场的具体情况具体分析，还要看是普遍的还是个别的问题，普遍性的问题一般容易找到原因，而个别的问题要找准原因比较难，所以个别母猪2~3个情期还不发情就应考虑及时淘汰。

二、给不发情母猪进行催情

对于后备母猪、产后母猪以及屡配不孕的母猪不能正常发情排卵的现象，应具体分析原因后再采取相应的措施，对因遗传原因引起的应及时淘汰育肥，并在加强饲养管理基础上采取以下措施进行催情和促其排卵。

1. 改善饲养管理

这是首先要找的原因。合理供给营养，保持合适的膘情体况是母猪正常发情、配种的重要基础。对于营养不足、过分瘦弱而不发情的母猪，可适当增加精饲料和青饲料，使其恢复膘情即可发情，而对于过分肥胖造成的不发情母猪，可适当减少含碳水化合物的饲料喂量，使其保持7~8成膘，即可恢复发情。

2. 公猪诱情

母猪对公猪的求偶声、气味、鼻的触弄及爬跨等刺激的反应，以听觉和嗅觉最为敏感，诱情就是根据公母猪间的这种性行为来促使母猪发情的。

① 在配种舍内，将母猪栏与公猪栏相对排列或相邻排列，或将母猪赶入公猪栏内，有意识地让公猪追逐、爬跨母猪，可有效促进不发情的成年母猪较快发情。

② 取健康公猪精液1~2mL，用3~4倍冷开水稀释，用注射器注入母猪鼻孔少量；或用小喷雾器向母猪鼻孔喷雾，一般经这样处理的母猪均能很快发情。

③ 在不发情的成年母猪群中，放入一头正在发情、寻求交配的母猪，此母猪由于求偶的冲动，会以一头公猪的姿态追逐、爬跨母猪，做公猪交配动作，其他母猪在受到发情母猪的诱导刺激后，可陆续进入发情状态。

3. 调换圈舍

对体重达105kg以上后备母猪、断奶后久不发情的母猪和单圈饲养不发情的母猪可以采取转栏或重新合栏，最好调换到有正在发情的母猪的舍内，经发情的母猪追逐、爬跨等刺激，一般4~5天内就会出现明显的发情行为。断奶后的空怀母猪和配种后没有怀孕也不表现发情的母猪，最好是每圈4~5头小群混养，但要注意混养的母猪年龄和体重相差不要太大，也不要把性情凶狠的母猪与性情温驯的母猪混养在一起，以免打斗过于激烈，造成伤残甚至死亡。

4. 增加运动和光照

对不发情母猪进行驱赶运动，可促进新陈代谢，改善膘情，接受阳光照射，呼吸新鲜空气，可促进母猪发情。特别是饲养在阴暗潮湿的圈舍内的母猪，终日不见阳光，往往不发情。应将其转入干燥、向阳和通风的猪舍内运动1~2h，使母猪每天能够让阳光照晒4~6h。

5. 按摩乳房

乳房按摩分表层按摩和深层按摩两种。表层按摩的方法是在每排乳房两侧前后反复抚摩，所产生的刺激通过交感神经引起的垂体前叶分泌促卵泡成熟素，促使母猪发情。深层按摩的方法是在每个乳房周围用5个手指捏摩（不捏乳头），所产生的刺激通过副交感神经引起垂体前叶分泌促黄体生成素，从而促使卵泡排卵。乳房按摩的方法为：每天早晨饲喂后表层按摩5min和深层按摩10min；发现母猪发情后，改为表层按摩5min和深层按摩5min即可。

6. 加强繁殖障碍性疾病防治和催情

对一些与繁殖障碍有关的疾病如蓝耳病、细小病毒病、乙脑、伪狂犬病、衣原体病、布鲁杆菌病、猪瘟等，应制订科学的免疫计划，切实搞好免疫接种，提高母猪的抗病力。对于长期不发情的母猪，在改善饲养管理的前提下，可用下列方法进行催情和治疗。

(1) 激素催情　常用的激素有垂体前叶促性腺激素、绒毛膜促性腺激素、孕马血清促性腺激素等。垂体前叶促性腺激素含促卵泡素（FSH）、促黄体素（LH），对母猪催情和促使排卵效果显著。忌单纯使用雌激素如苯甲酸雌二醇等，因为这些只会造成发情而不排卵或假发情，且发情以后造成卵巢囊肿。目前使用效果较好的是 PG600（荷兰生产）；或孕马血清 1500～2000IU/头，次日再肌注绒毛膜促性腺激素 1000～1500IU/头，一般 3～4 天后可发情配种。后备母猪可用氯前列烯醇、三合激素、PG600 按一定比例同时使用，3～7 天后可发情。

(2) 中药催情　各地利用中药方剂催情的报道很多，下面介绍几个处方，仅供参考。

【处方一】　当归 15g、川芎 12g、白芍 12g、小茴香 12g、乌药 12g、香附 15g、陈皮 15g、白酒 100mL。水煎后每日内服 2 次，每次再加白酒 25mL。

【处方二】　对月草 30～50g、益母草 30～50g、山当归 20～40g、红泽兰 20～30g、淫羊藿 30～50g。水煎后内服。

【处方三】　淫羊藿 6g、阳起石（酒碎）6g、当归 4g、香附 5g、益母草 6g、菟丝子 5g，共研末，每天两次，混食中喂给。

(3) 疾病防治　对于患过子宫炎或阴道炎的母猪，可用以下方法进行防治，对那些长期不发情的母猪，应及早淘汰。

① 用 25％的高渗葡萄糖液 30mL，加青霉素 100 万国际单位，输入母猪子宫半小时后再配种。

② 用氯化钠 1g、碳酸氢钠 2g、葡萄糖 9g、蒸馏水 100mL（先灭菌后再加碳酸氢钠）配成药液。用此药 20～30mL，加青霉素 40 万国际单位、链霉素 0.5g，注入母猪子宫半小时后配种效果较显著。

③ 用 1％的雷夫奴乐冲洗子宫，再用 1g 金霉素（或四环素、土霉素）加 100mL 蒸馏水注入子宫，隔 1～3 天再进行一次，同时口服或注射磺胺类药物或抗生素，可得到良好效果。

7. 提前断奶或并窝

母猪给仔猪断奶的时间越早，发情的时间也就越早；反之，断奶的时间晚，发情也就晚。为了让哺乳母猪早发情、早配种，也可根据实际情况把仔猪断奶时间提前到 28 天或更早；饲养母猪较多的专业户，有很多母猪会在集中的时间内分娩，可把产仔少或泌乳力差的母猪所生的仔猪，全部寄养给其他母猪哺乳，使这些母猪不再让仔猪吃奶，这样会很快发情并进行配种。在哺乳期内，减少昼夜哺乳次数，可促进母猪发情。生后 2～3 周的仔猪，每隔 4h 哺乳 1 次，4 周龄的仔猪每天吃奶 2 次，大约经 1 周母猪可发情。为使母猪提早发情配种，可缩短哺乳期，饲养条件好的可于 4 周龄，一般条件的于 5 周龄给仔猪断奶，于断奶 1 周左右可发情。当母猪哺乳仔猪头数过少时，可实行并窝，不承担哺乳仔猪任务的母猪可提早发情。

8. 电针刺激

百会穴、交巢穴采用电针刺激 20～25min，隔日一次，两次即可。

三、母猪分胎次饲养

分胎次饲养是指按照母猪的分娩胎次，同一胎次的母猪关在一起进行统一的饲养管理，尤其是初产母猪。因为第一胎和第二胎的母猪除了提供胎儿或哺乳仔猪养分外，其本身还处于体重增长阶段；另外，其体格也相对较小。所以，有条件的规模猪场把第一胎和第二胎母猪与其他胎次的母猪分开饲养，以加强营养，满足其维持需要、生长需要和繁殖需要，减少"二胎综合征"的发生。

工作内容八　种公猪饲养管理

种公猪分纯种和杂种两类。目前我国所饲养利用的大多数是纯种公猪，除用于纯繁外，还用于杂交生产。杂种公猪应用于配套系生产。饲养种公猪的目的是获得数量多、质量优的后代。若为本交，一头公猪一年可配母猪25～40头，每头产仔10头左右，则可繁殖250～400头仔猪，如采用人工授精，则一年可配母猪600～1000头，每年可繁殖仔猪近万头。

一、饲养种公猪

1. 日粮供应

日粮除遵循饲养标准外，还需根据猪的品种类型、体重大小以及配种强度等合理调整。常年配种的猪场，要给予均衡饲粮，采取一贯加强营养的饲养方式；季节配种的猪场，在配种前1个月提高营养水平，比非配种期的营养增加20%～25%，在配种前2～3周进入配种期饲养。配种停止后，逐渐过渡到非配种期的饲养标准；冬季寒冷时要比饲养标准加喂10%～20%的饲料；青年公猪要增加日粮给量10%～20%。

2. 饲料要求

营养要全面，保证一定量的全价优质蛋白质和适量的微量元素，且易消化，适口性好，以精料为主，体积不宜过大。有条件时，补充适当的青绿饲料，配种繁忙季节可适当补充动物性饲料，如鱼粉给量提高1%～2%，或每头公猪每天喂2～3枚带壳生鸡蛋，或加入5%煮熟切碎的母猪胎衣等。严禁喂发霉变质和有毒饲料（如棉粕、菜粕），供给充足饮水。

3. 饲喂技术

采用限量饲喂方式。应定时定量，日喂2～3次，每次都不要喂得太饱，每天喂料量2.0～3.0kg，体重在90kg之前自由采食、90kg之后限制饲养。

例如，某原种猪场的丹系长白公猪，非配种期的营养水平：配合饲料含可消化能12.55MJ/kg，粗蛋白14%，日喂量2.0～2.5kg；配种期营养水平：配合饲料含可消化能12.97MJ/kg，粗蛋白15%，日喂量2.5～3.0kg。

二、管理种公猪

1. 单圈或小群饲养

成年公猪最好单圈饲养，每头占地4m²，小群饲养公猪要从断奶开始，每栏2～3头，合群饲养的公猪，配种后不能立即回群，待休息1～2h，气味消失后再归群。

2. 合理的运动

运动形式有自由运动、驱赶运动和放牧运动。理想的运动场为 7m×7m，驱赶运动，每天上、下午各一次，每次 1~2h，每次运动里程 2km，方法是慢—快—慢。夏天应在早晨或傍晚凉爽时进行，冬天中午进行。配种期适当运动，非配种期加强运动。放牧运动一般在天气允许的情况下每天一次，要求放牧场地地面平整，没有有毒植物。

3. 刷拭和修蹄

每天刷拭猪体 1~2 次，时间为 5~10min，夏季可结合洗浴进行。对蹄匣过长的公猪应及时修整，以免影响公猪的正常活动和配种。

4. 定期称重和检查精液品质

公猪应定期称重，并在使用前两周进行精液品质检查，人工授精的公猪每次采精后都要检查，本交的公猪每月应检查 1~2 次，而对于后备公猪即将配种之前或成年公猪由非配种期转入配种期之前，均要及时检查。

5. 避免刺激

公猪舍处于上风向，远离配种点，公猪要合理使用和加强运动等，否则会过度消耗体力和精液，造成公猪未老先衰，缩短种用年限，或者是形成自淫恶癖，待配种时无成熟精子，严重影响母猪受胎率。

6. 防止公猪咬架

每隔 6 个月剪牙一次，用钢锯或钢钳，在齿龈线处将獠牙剪断，防止其咬架。公猪咬架时，应迅速放出发情母猪将公猪引走，或用木板将公猪隔离开。防止公猪咬架最有效办法是不让其相遇，如设立固定的跑道等。

7. 防寒防暑

种公猪适宜的舍温是 14~16℃，当环境温度超过 30℃ 时，公猪的造精功能将受到影响；相对湿度为 85%。一般情况下，猪的睾丸温度比体温低 4~5℃，但是一旦高温引起睾丸温度升高，就成为繁殖力下降的主要原因。猪的正常体温为 38~39℃，据报道，猪的肛门温度只要提高 1℃ 达 72h，精子的产生就会减少 70% 以上，并需 7~8 周才能恢复正常。猪发烧时体温在 40℃ 以内，需停止配种 3 周，烧至 40℃ 以上时，治愈后休息 1 个月才能配种。

三、调教后备种公猪

1. 爬跨母猪台法

调教前，先将其他公猪的精液或其胶体或发情母猪的尿液涂在母猪台上面，然后将后备种猪赶到调教栏，公猪一般闻到气味后，大都愿意啃、拱母猪台，此时，若调教人员再发出类似发情母猪叫声的声音，更能刺激公猪性欲的提高，一旦有较高的性欲，公猪就会爬上母猪台。如果公猪有爬跨的欲望，但没有爬跨，最好第二天再调教。一般 1~2 周可调教成功。调教用的母猪台高度要适中，以 45~50cm 为宜，可因种猪不同而调节，最好使用活动式母猪台。

2. 爬跨发情母猪法

调教前，将一头处于发情旺期的母猪用麻袋或其他不透明物盖起来，不露肢蹄，只露母猪阴户，将其赶至母猪台旁边，然后将公猪赶到调教栏，让其嗅、拱母猪，刺激其性欲提高。当公猪性欲高涨时，迅速赶走母猪，而将涂有其他公猪精液或母猪尿液的母猪台移过来，让公猪爬跨，一旦爬跨成功，第二、第三天就可以用母猪台进行强化训练。这种方法比较麻烦，但效果较好。

3. 调教后备种公猪时的注意事项

① 准备留作采精用的公猪，从 7~8 月龄开始调教，效果比从 6 月龄就开始调教要好得多，这不仅易于采精，而且可以缩短调教时间并延长使用时间。

② 进行后备种公猪调教时，要有足够的耐心，不能粗暴对待公猪。调教人员要态度温和，方法得当。

③ 调教种公猪时，应先调教性欲旺盛的公猪。公猪性欲的好坏，一般可通过咀嚼唾液的多少来衡量，唾液越多，性欲越旺盛。对于那些对假母猪台或母猪不感兴趣的公猪，可以让它们在旁边观望或在其他公猪配种时观望，以刺激其性欲提高。

④ 对于后备种公猪，每次调教的时间一般不超过 15~20min，每天可训练一次，但一周最好不要少于 3 次，直至爬跨成功。调教成功后，一周内隔日要采精一次，以加强其记忆。以后，每周可采精一次，至 12 月龄后每周采两次，一般不要超过三次。晚熟的培育猪种和引进猪种要在 8~10 个月，体重 110~130kg 时开始配种使用。

四、确定种公猪的初配年龄

公猪达到性成熟后，由于身体尚未成熟，此时也不能参加配种，要求公猪基本体成熟时方可参加配种，否则将会影响公猪身体健康和配种效果。公猪过早使用会导致未老先衰，并且会影响后代的质量；过晚使用会使公猪的有效利用年限减少。我国地方品种公猪的初配年龄为 8~10 月龄，体重达 50~70kg；国外引进品种公猪的初配年龄为 10~12 月龄，体重达 100~120kg。

五、淘汰种公猪

种公猪出现下列情况之一者即应淘汰：

① 患生殖器官疾病，无法治愈。

② 精液品质不良，如精子活力在 0.5 以下，浓度低于 0.8 亿个/mL。

③ 配种受胎率在 50% 以下。

④ 肢蹄疾患，不能正常爬跨。

⑤ 连续使用 2 年以上，性欲明显下降的老龄公猪。种公猪的使用年限一般为 1~2 年，最多不超过 3 年。

工作内容九　猪的配种

一、鉴定母猪发情

母猪发情时表现为兴奋不安、哼叫、食欲减退。未发情的母猪食后上午均喜欢趴卧睡觉,而发情的母猪却常站立于圈门处或爬跨其他母猪。将公猪赶入圈栏内,发情母猪会主动接近公猪。母猪外阴部表现潮红、水肿,有的有黏液流出。工厂化养猪单体栏内的母猪由于活动空间有限,通常采用人为按压或骑坐的方法,观察其是否出现"静立反射"、外阴是否出现相应特征为主要依据,同时可配合公猪试情法来达到准确鉴定的目的。公猪一般常年均可发情,发情母猪在场的情况下表现更为明显。

二、确定配种时间

精子在母猪生殖道内保持受精能力的时间为10~20h,卵子保持受精能力的时间为8~12h。母猪发情持续时间一般为40~70h,但因品种、年龄、季节不同而异。瘦肉型品种猪发情持续时间较短,地方猪种发情持续时间较长;青年母猪比老龄母猪发情持续的时间要长;春季比秋、冬季节发情持续时间要短。具体的配种时间应根据发情鉴定结果来决定,一般是在母猪发情后的第2~3天。老龄母猪要适当提前做发情鉴定,防止错过配种佳期。青年母猪可在发情后第3天左右做发情鉴定,母猪发情后每天至少进行两次发情鉴定,以便及时配种,本交配种应安排在静立反射产生时;而人工授精的第一次输精应安排在静立反射(公猪在场)产生后的12~16h,第二次输精安排在第一次输精后12~14h。母猪发情期进行了配种,如果没有受孕,则间情期过一段时间之后又进入发情前期;如已受孕,则进入妊娠阶段。但是母猪产后发情却不遵循上述规律,母猪产后有三次发情,第一次发情是在产后1周左右,此次发情绝大多数母猪只有轻微的发情表现,但不排卵,所以不能配种受孕;第二次发情是在产后27~32天,此次既发情又排卵,但只有少数母猪(带仔少或地方猪种)可以配种受孕;第三次发情是在仔猪断奶后1周左右,工厂化养猪场绝大多数母猪在此次发情期内完成配种。母猪在发情期内的变化以及各阶段配种的受胎率变化可参考图2-9-1。

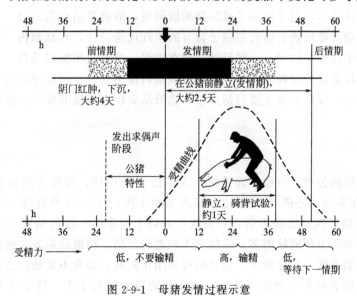

图 2-9-1 母猪发情过程示意

三、选择配种方法

1. 人工辅助交配

人工辅助交配应选择地势平坦、地面坚实而不光滑的地方作配种栏(场),配种栏(场)

地面应使用人工草皮、橡胶垫子、水泥砖、木制地板或在水泥地面上放少量沙子、锯屑以利于公、母猪的站立。配种栏的规格一般为长4.0m、宽3.0m。配种栏（场）周围要安静无噪声、无刺激性异味干扰，防止公、母猪转移注意力。公、母猪交配前，首先将母猪的阴门、尾巴、臀部用0.1%高锰酸钾溶液擦洗消毒，将公猪包皮内尿液挤排干净，使用0.1%的高锰酸钾将包皮周围消毒。配种人员戴上消毒的橡胶手套或一次性塑料手套，准备做配种的辅助工作。当公猪爬跨到母猪背上时，操作人员用一只手将母猪尾巴拉向一侧，另一只手托住公猪包皮，将包皮紧贴在母猪阴门口，这样便于阴茎进入阴道。公猪射精时肛门闪动，阴囊及后躯充血，一般交配时间为10min左右。

当遇到公猪与母猪体重差距较大时，可在配种栏（场）地面临时搭建木制的平台或土台，其高度为10～20cm。如果公猪体重、体格显著大于母猪，应将母猪赶到平台上，将公猪赶到平台下，当公猪爬到母猪背上时，由两人抬起公猪的两前肢协助母猪支撑公猪完成配种；如果母猪体重、体格显著大于公猪，应将公猪赶到台上，而将母猪赶到台下进行配种。需注意的事项有：地面不要过于光滑；把握好阴茎方向，防止阴茎插进肛门；配种结束后不要粗暴对待公、母猪。公、母猪休息0～20min后将公、母猪各自赶回原圈栏，此时公猪注意避免与其他公猪见面接触，防止争斗咬架，然后填写好配种记录表，一式两份，一份办公室存档，另一份现场留存，用于配种效果检查和生产安排；或将配种资料存入计算机，并打印一份，便于现场生产及配种效果检查。

2. 人工授精

详见工作内容十。

工作内容十　人工授精技术

猪的人工授精技术，是采用徒手或特制的假阴道，借助采精台采集公猪精液，采得的精液经检查合格后按精子特有的生理代谢特性，在精液内加入适宜于精子生存的保护剂——稀释液，放在常温、低温或超低温条件下保存，当发情母猪需要配种时，用一根橡胶或塑料输精管，将精液输送到母猪子宫内使母猪受孕的方法。人工授精技术主要包括采精、精液品质检查、精液稀释、输精、精液保存和运输等环节。

一、猪的采精

经训练调教后的公猪，一般1周采精1次，12月龄以后，每周可增加至2次，成年后每周2～3次。在美国，公猪10月龄之前每周采精1次，10～15月龄每2周采精3次，15月龄以上每周采精2次。实践表明，一头成年公猪1周采精1次的精液量比采3次的低得多，但精子密度和活力却要好得多。采精过于频繁的公猪，精液品质差，密度小，精子活力低，母猪配种受胎率低，产仔数少，公猪的可利用年限短；经常不采精的公猪，精子在附睾贮存时间过长，精子畸形率增高或死亡，故采得的精液活精子少，精子活力差，不适合配种，故公猪采精应根据年龄按不同的频率采精，不宜随意采精。

无论采精多少次，一般根据母猪的多少确定采精次数，那么采精的时间就有规律，就不能随意变化。因为精子的形成和成熟，类似于生物钟，有一定的规律，一旦改变，便会影响精液品质。

采精用公猪的使用年限，美国一般为1.5年，更新率高；国内的一般可用2～3年，但饲养管理要合理、规范。超过3年的老年公猪，由于精液品质逐渐下降，一般不予留用。

采精一般在采精室内进行，采精前应进行如下的准备工作：

(1) 准备采精室（图 2-10-1） 采精前先将台畜周围清扫干净，特别是公猪精液中的胶体，一旦残落地面，公猪走动很容易打滑，易造成公猪扭伤而影响生产。采精室内避免积水、积尿，不能放置易倒或易发出较大响声的东西，以免影响公猪的性行为。

图 2-10-1 采精室

(2) 准备假台畜（假母猪） 所谓假台畜，就是供公猪采精用的架子，有四脚和独脚两种。独脚假台畜制作简单，牢固结实，可以升降，使用方便。猪身可用一段粗木做成，上覆盖一张硝制或腌制的有毛的猪皮（也可用麻袋代替），支架上下端与猪身、地面用铁板、螺栓固定，基部可以调高或降低（图 2-10-2、图 2-10-3）。其身长为120cm，背宽32cm，高60cm，公猪踏脚板宽8~10cm。

图 2-10-2 假台畜实物图1　　　　图 2-10-3 假台畜实物图2

(3) 公猪的准备 采精之前，应将公猪尿囊中的残尿挤出，若阴毛太长，则要用剪刀剪短，防止操作时阴毛和阴茎同时被握而影响阴茎的勃起，不利于采精。用水冲洗干净公猪包皮部，并用毛巾或纸巾擦净，避免采精时残液滴入或流入精液中污染精液，同时可以减少疾病传染给母猪的机会，从而降低母猪子宫炎及其他生殖道或尿道疾病的发生，提高母猪的情期受胎率和产仔数。

(4) 集精杯的准备 将盛放精液用的专用聚乙烯袋放进采精用的保温杯中。工作人员只接触留在杯外的袋的开口处,将袋口打开,环套在保温杯口边缘,并将消过毒的专用滤纸(或四层纱布)罩在杯口上,用橡皮筋套住,连同盖子,放入37℃的恒温箱中预热,冬季尤其应注意集精杯中适宜温度的维持。采精时,拿出保温杯,盖上盖子拿到采精室,如果采精室较远,则应将保温杯放入保温箱,然后带到采精室,以减少低温对精子的刺激。

(5) 人员的准备 采精人员及所穿工作服装应尽量固定,以便与公猪建立较稳固的条件反射,同时不可涂抹化妆品等带有刺激性气味的物质,以免分散公猪注意力,操作时注意人畜安全。

二、选择采精方法

公猪精液的获得,目前有两种人工的方法,即假阴道采精法和徒手采精法,最常用的是徒手采精法。另外,还可以利用自动采精系统采集精液。

1. 假阴道采精法

该方法是制造一个类似于阴道的工具,利用假阴道内的压力、温度、湿润度来诱使公猪射精而获得精液的方法。假阴道主要由阴道外筒、内胎、胶管漏斗、气嘴、双连球和集精杯等部分组成。外筒上面有一个小注水孔,可用来注入45~50℃的温水(主要用于调节假阴道内的温度,使其维持在38~40℃),再用润滑剂将内胎由外到内涂均匀,增加其润滑度,后用双连球进行充气,增大内胎的空气压力,使内胎具备类似母猪阴道壁的功能。假阴道一端为阴茎插入口,另一端则装一个胶管漏斗,以便将精液收集到集精杯内。这种采精方法用在猪身上,使用起来比较麻烦,所需设备多,易污染精液,目前使用不多。

2. 徒手采精法

徒手采精法目前已被广泛应用,它是根据自然交配的原理而总结出来的一种简单、方便、可行的方法。使用这种方法,所用设备(如采精杯、手套、纱布等)简单,不需特制设备,操作简便,同时可将公猪射精时最先射出的稀薄精液部分和最后射出的胶体状凝块弃掉,根据需要取得精液;缺点是公猪的阴茎刚伸出和抽动时,容易使阴茎碰到台畜而损伤龟头或擦伤阴茎表皮,操作不当易污染精液。

具体做法为:将公猪赶到采精室,先让其嗅、拱台畜,工作人员用手抚摸公猪的阴部和腹部,以刺激其性欲的提高。当公猪性欲达到旺盛爬上台畜时,将阴茎龟头伸出体外,并来回抽动。此时,若采精人员用右手采精,则要蹲在公猪的左侧,右手抓住阴茎的螺旋龟头,并顺势拉出阴茎,然后用拇指顶住龟头,其余四指则一紧一松有节奏地握住阴茎前端的螺旋部分,刺激公猪,促进公猪射精,射精时用左手持采精杯采集精液(图2-10-4)。

采精人员面对公猪的头部,能够注意到公猪的变化,防止公猪突然跳下伤及采精人员。采精时,若采精人员能发出类似母猪发情时的"呼呼"声,这对刺激公猪的性欲将会有很大的作用,有利于公猪的射精。

操作过程中需要注意以下几个问题:
① 手握阴茎的力度太大或太小都不行,应

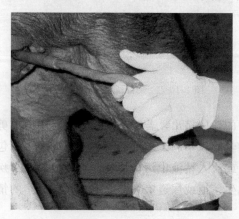

图2-10-4 徒手采精

以不让其滑落并能抓住为准。用力太小，阴茎容易滑脱，采不到精；用力太大，一是容易损伤阴茎，二是公猪很难射出精液。公猪一旦开始射精，手应立即停止捏动，而只是握住阴茎，射精一旦停止，用小指再次刺激龟头，以引起公猪的再次射精。

② 采精时，握阴茎的那只手一般要戴双层手套，最好是聚乙烯制品，用这种手套对精子的损伤较小，当将公猪包皮内的尿液挤出以后，应将外层手套去掉，以免污染精液或公猪的阴茎。

③ 当公猪射精时，起初射出的是较稀的精清部分，应弃去不要，当射出乳白色的液体时，即为浓稠精液，此时要用采精杯收集起来。射精过程中，公猪再次或多次射出的较稀精清，以及最后射出的较为稀薄的部分以及胶体等都应弃去。射精量的多少只是其中的一个衡量指标，精液品质关键要看精子的密度和活力的高低。有的采精人员将公猪射出的较稀的精清和浓份精液全部收集起来计量，以此来衡量精液品质，实际上不恰当。因为同品种的不同公猪及不同品种的公猪在射精量和精子浓度方面都有差异，尤以不同品种公猪之间较为突出，如大约克夏猪的射精量大，但浓度低；杜洛克公猪的射精量小，但浓度高。因此，应以精子密度、活力为主进行评价。

④ 采精杯上若使用 4 层过滤用纱布，使用前一般不用水洗，若用水洗需经烘干后使用，因水洗后，相当于采得的精液进行了部分稀释，即使水分含量较少，也会影响精液的浓度。

⑤ 采完精液后，公猪一般会自动跳下台畜，但当公猪不愿下来时，可能是还要射精，故工作人员应有耐心。对于那些采精后不下来而又不射精的公猪，不要让其形成习惯，应赶下台畜。对于采得的精液，先将过滤纱布及上面的胶体去掉，然后将卷在杯口的精液袋上部撕去，或将上部扭在一起，放在杯外，用盖子盖住采精杯，迅速传递到精液处理室进行品质检查。

3. 自动采精系统

以德国米尼图自动采精系统为例，其主要设备外形见图 2-10-5。

图 2-10-5 自动采精系统

操作步骤见图 2-10-6，具体介绍如下：

① 将精液收集器手柄套在阴茎的尖端，使公猪阴茎由 AC（artificial cervix，人工子宫颈）夹固定在自动采精架上。

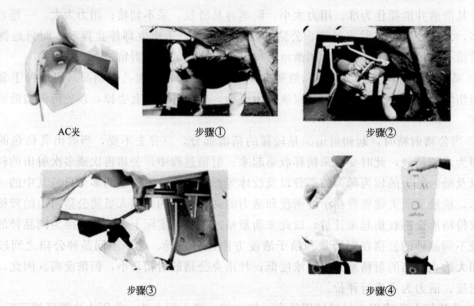

图 2-10-6 自动采精步骤

② 将精液护套连接集合杯,并启动竖立按钮,创建一个封闭的系统,能有效保障卫生条件和提高精液质量。

③ 公猪独立完成射精及精液收集后可以马上对另一头公猪进行采精,公猪阴茎可以自行退出离开 AC 夹。

④ 精液收集在 US 袋(米尼图公司的集精袋商业上称为 US 袋)内安全而清洁,过滤器可过滤出粒子和凝胶。公猪完成射精后,再丢弃过滤器内的袋子。

自动采精系统的优点是:当公猪阴茎固定,密闭系统创建后,公猪会自动完成射精全过程,退出阴茎离开,因此操作人员可同时采集多头公猪的精液,大量减少劳动力(1个采精员可以管理 200 头公猪采精);采精员可以有更多的时间来完成其他任务,如记录、加强公猪的饲养护理等;密闭的系统给精液提供了一个清洁卫生的环境,提高了精液品质。其缺点是:自动采精系统价格比较昂贵;不适用于公猪饲养量比较少的猪场,更适用于种公猪站。

三、检查精液的品质

精液的品质检查、稀释处理和保存,均在精液处理室进行,处理精液时要求严格规范。新采集的精液应转移到 37℃ 水浴锅内水浴,或直接将精液袋放入 37℃ 水浴锅内保温,以免因温度降低而影响精子活力。采集的精液要立刻进行品质鉴定,以便决定可否留用,整个检查要迅速、准确,一般在 5~10min 内完成,从而保证母猪的受胎率和产仔数的提高。检查精液的主要指标有:精液量、颜色、气味、精子密度、精子活力、酸碱度、黏稠度、畸形精子率等。每一份经过检查的公猪精液,都要有详细的检查记录,以备对比及总结。

1. 精液量

后备公猪的射精量一般为 150~200mL,成年公猪的为 200~300mL,有的高达 800~1000mL。精液量的多少因猪品种、品系、年龄、采精间隔、气候和饲养管理水平等不同而异。

2. 颜色

正常精液的颜色为乳白色或灰白色,精子的密度越大,颜色越白,密度越小则颜色越淡。如果精液颜色有异常,则说明精液不纯或公猪有生殖道病变,如呈绿色或黄绿色时则可能混有化脓性物质;呈红色时则可能含有新鲜血液;呈褐色或暗褐色时则可能含有陈旧血液及组织细胞;呈淡黄色时则可能混有尿液等。凡发现颜色有异常的精液,均应弃去不用,同时对公猪进行对症处理、治疗。

3. 气味

正常的公猪精液具有特有的腥味,没有腐败恶臭的气味。有特殊臭味的精液一般混有尿液或其他异物,一旦发现,不应留用,并检查采精时是否有失误,以便下次纠正。

4. 酸碱度

可用pH试纸进行测定。公猪精液的酸碱度一般呈弱碱性或中性,其酸碱度与精子密度呈负相关,pH越接近中性或弱酸性,则精子密度越大,但过酸或过碱都会影响精子的活力。

5. 黏稠度

精子黏稠度的高低,与精子密度密切相关。精子密度大,黏稠度高;精子密度小,黏稠度低。

6. 精子密度

精子密度是指每毫升精液中含有的精子数,它是用来确定精液稀释倍数的重要依据。正常公猪的精子密度为2.0亿~3.0亿个/mL,有的高达5.0亿个/mL。精子密度的检查方法有以下几种。

(1) 白细胞稀释吸管计数法 这种方法是用血细胞计数板来统计精子的密度(图2-10-7~图2-10-9)。目前,该方法在国内应用较多,成本低,计算较准确,主要做法是:先用白细胞稀释管吸取精液到吸管0.5刻度(稀释20倍)或1刻度处(稀释10倍),擦去白细胞稀释管外壁残留的精液,然后再吸取3%氯化钠溶液到11刻度处,用两指(拇指和食指或中指)紧紧压住吸管的两端进行摇动混合均匀,吸取过程中,不要使空气混入吸管,以免影响准确度。将吸管末端的液体擦干,弃去前几滴液体,然后顺着盖有盖玻片的血细胞计数板的边缘,让混合液渗入到计数板内,通过显微镜观察,进行计数。计数室由刻度分成25个正方形大格,共由400个小方格组成。选择的5个位于一条对角线上或四角各取1个,再加

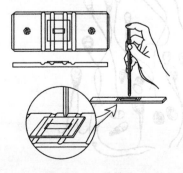  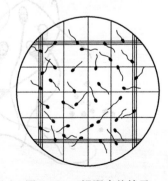

图2-10-7 取精液　　　　　图2-10-8 计数板　　　　　图2-10-9 视野中的精子

上中央1个的正方形大格计数精子。计数时以精子的头部为准，采用"计左不计右、计上不计下"的原则，计出5个大方格的精子数目。精子密度的计算公式为：

原精液的精子密度（精子数/mL）＝5个大方格内的精子总数×5×10×1000×稀释倍数

(2) 目测法 根据显微镜下视野中精子的稠密程度，粗略分为密、中、稀三个等级。密：指在整个视野中精子密度很大，彼此之间空隙很少，看不清各个精子运动的情况，其每毫升精液含精子数在10亿个以上。中：指精子彼此之间的距离约有1个精子的长度，有些精子的活动情况可以清楚地看到，其每毫升所含精子在2亿～10亿个之间。稀：指精子分散于视野内，精子之间空隙超过1个精子的长度，其精液每毫升所含精子在2亿个以下。这种方法简单，但数据测定粗略，常作为日常性的精液指标判定。

(3) 光电比色测定法 又称为分光光度计法。光电比色计的工作过程是光源穿过一套透镜和滤光片形成光柱，然后穿过精液或已作稀释的精液样品。透过的光被光电管测定并以电子信号由电流计的读数指示出来，该读数与事先制作的精液浓度与其透光率的标准曲线换算比对，即可查出精子浓度。光电比色计测定精子密度快捷、准确、方便，是目前最常用方法之一。

7. 精子活力

精子活力是精液品质的一项重要指标，关系到配种母猪受胎率和产仔数的高低，因此，每次采精后或使用精液前，一般均要进行活力检查。

精子活力的检查必须将精液置于37℃左右的环境中或保温板上，一般先将载玻片和盖玻片放在保温板预热至37℃左右，再滴上精液，在显微镜下进行观察。若有条件，可在显微镜上配置一套摄像显示仪，将精子放大到计算机屏幕上进行观察。在我国精子活力一般采用10级制，即在显微镜下观察的精子运动，若全部为直线运动，则为1.0；有90%的精子呈直线运动则活力为0.9；有80%的呈直线运动，则活力为0.8，依此类推。新鲜精液的精子活力以高于0.7为正常（图2-10-10）。用于输精用的液态精液，精子活力不应低于0.6。

8. 畸形精子率

畸形精子（图2-10-11）指断尾、断头、有原生质、头大的、双头的、双尾的、折尾的等精子，一般不能直线运动，受精能力较差。若用显微镜进行畸形精子测定，则需做精液涂片，干燥后用0.5%龙胆紫酒精溶液或墨水染色，然后冲去染料，镜检。公猪的畸形精子率一般不能超过20%。

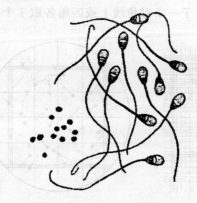

图2-10-10 正常精子

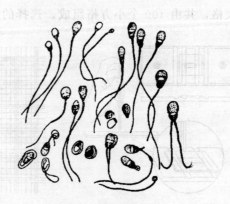

图2-10-11 畸形精子

四、稀释精液

精液稀释的目的是要扩大精液容量，提高精液利用率；提供营养有利于精子体外的生存。目前可采用自行配制稀释液或直接购买成品袋装稀释粉进行配制。自行配制操作相对复杂，适合用量较大的猪场使用，袋装稀释粉只需按要求加入蒸馏水即可，操作方便易行。

1. 稀释液的成分

精液稀释液通常包括以下几类物质，使用时，可根据实际情况酌情添加。

(1) 稀释剂 主要用以扩大精液容量，要求所选用的药液必须与精液具有相同的渗透压。一般用来单纯扩大精液量的物质有等渗的氯化钠、葡萄糖、蔗糖等。

(2) 营养剂 主要为精子体外代谢提供养分，补充精子消耗的能量。如糖类、奶类、卵黄等。

(3) 保护剂

① 缓冲物质 精子在体外不断进行代谢，随着代谢产物（乳酸和二氧化碳）的累积，精液的 pH 值会逐渐下降，甚至会发生酸中毒，使精子不可逆地失去活力。因此，有必要向精液中加入一定量的缓冲物质，以平衡酸碱度。常用的缓冲剂有柠檬酸钠、酒石酸钾钠、磷酸二氢钾等。近些年生产单位采用三羟甲基氨基甲烷（Tris）作为缓冲剂，效果较理想。

② 降低电解质浓度物质 副性腺中的 Ca^{2+}、Mg^{2+} 等离子含量较高，刺激精子代谢和运动加快，促进精子早衰，精液保存时间缩短。为此，需向精液中加入非电解质或弱电解质，以降低精液电解质浓度。常用的非电解质和弱电解质有各种糖类、氨基己酸等。

③ 抗冷物质 在精液保存过程中，常进行降温处理，如温度发生急剧变化，会使精子遭受冷休克而失去活力，因此常加入卵黄、奶类等抗冷物质，使精子免于伤害。

④ 抗冻物质 精液冷冻保存时常加入甘油和二甲基亚砜作为抗冻剂，但由于猪精液通常不采用冷冻保存，所以可以不添加。

⑤ 抗菌物质 在采精和精液处理过程中，难免受到细菌污染，细菌过度繁殖不但影响精液品质，输精后也会使母畜生殖道感染患不孕症。常用的抗菌物质有青霉素、链霉素、氨苯磺胺等。氨苯磺胺不仅可以抑制微生物繁殖，也能抑制精子代谢机能，有利于延长精子的体外生存时间，非常适用于液态精液保存。

⑥ 其他 主要有激素类如催产素、前列腺素等，维生素类如维生素 B_1、维生素 B_2、维生素 B_{12}、维生素 C、维生素 E 等，酶类如过氧化氢酶等，这些物质可间接提高受胎率。

2. 配制稀释液

精液稀释液的种类很多，采用何种稀释液应根据其效果以及稀释液成分是否易得而确定。但配制时要注意下列事项：

① 配制稀释液所使用的一切用具，必须彻底洗涤干净并消毒，用前经稀释液冲洗才能使用。

② 稀释液必须保持新鲜，要现配现用。如条件许可，经过消毒、密封，可在冰箱中存放 1 周。

③ 配制稀释液所用的药品，成分要纯净，称量要准确。药品一般选用分析纯，天平选用 0.01g 感量的。药品充分溶解后再经高压蒸汽消毒。含糖类物质的蒸汽消毒温度不宜高于 115℃，以防糖类物质分解。

④ 对稀释液成分的要求为：构成稀释液的成分最好用化学纯试剂，如果必须使用代用品，可事先测定一下对精子是否有毒性。有的物质可能有数种含有不同数量结晶水的制剂，它们的等渗浓度（百分浓度）是不同的，需要注意。有的物质吸湿性很强，如果在空气中长期暴露，可能因吸附水分而影响稀释液的精度，故应密封保存。

⑤ 配制稀释液用新鲜蒸馏水，最好用三蒸水或超纯水，pH呈中性。沸水对精子一般有不良影响，最好不用。

⑥ 使用的奶类要求新鲜（奶粉以淡奶粉为宜），尤其鲜奶须经过滤，然后在水浴中灭菌（92~95℃）10min，并除去奶皮后方可使用。

⑦ 卵黄要取自新鲜鸡蛋，先将外壳洗净，用75%酒精消毒干燥后，破壳，用吸管吸取纯净卵黄，在室温下加入稀释液，并充分混合使用。

⑧ 抗生素、酶类、激素类、维生素等，必须在稀释液冷却至室温时，按用量临用时加入；氨苯磺胺可先溶于少量蒸馏水（水量计入总量中），单独加热至80℃，溶解后加入稀释液。

目前的商业精液稀释剂已很成熟，可直接购买使用，既方便又能保证稀释后的精子活力。

3. 确定稀释倍数

精液稀释的倍数过大，对精子存活不利且严重影响受胎率；稀释倍数过小，不能充分发挥精液的利用率。精液的稀释倍数应依据母畜每次受精所需的有效精子数、稀释液的种类等确定。公猪的精液一般作1~2倍稀释。

4. 稀释精液

① 新采取的精液应迅速放入30℃保温瓶或水浴锅中，以防止温度变化太大，不利于精子保存。特别是室温低于20℃时，由于冷刺激，精子可能会出现冷休克现象。

② 采精后，精液应尽早稀释，原精液放置时间过长则降低其活力，一般应在半小时以内完成稀释。

③ 稀释液与精液的温度必须调整一致，一般是将稀释液及精液置于30℃左右的保温瓶内片刻作同温处理。

④ 稀释时，使稀释液沿精液瓶壁缓缓加入，并不断缓慢混匀，但不可将精液倒入稀释液内。

⑤ 稀释后将精液瓶轻轻转动，使精液与稀释液混合均匀，切忌剧烈振荡。

⑥ 如作高倍稀释，应分次进行，先低倍后高倍，防止精子所处的环境突然改变，造成稀释打击。

⑦ 精液稀释后即进行镜检，如果活力下降，说明稀释或操作不当。

五、保存和运输精液

1. 保存精液

现行的精液保存方法，可分为常温（15~25℃）保存、低温（0~5℃）保存和超低温（-196~-79℃）保存三种。前两者以液态形式作短期保存，故称液态保存，被普遍应用；后者以冻结形式作长期保存，也称冷冻保存，但由于对猪精液冷冻保存效果差，受胎率低，故不常使用。

(1) 常温保存 常温（15~25℃）保存是将精液保存在一定变动幅度的室温下，所以也称为变温保存或室温保存。常温保存所需的设备简单，便于普及推广，特别适宜于猪全份精液保存。

① 原理 常温保存主要是利用一定范围的酸性环境抑制精子的活动，或用冻胶环境来阻止精子运动，以减少其能量消耗，使精子保持在可逆性的静止状态而不丧失受精能力。常温有利于微生物生长，因此还需用抗菌物质抑制微生物对精子产生有害影响。加入必要的营养和保护物质，隔绝空气，也会有良好作用。

② 猪精液常温保存稀释液 公猪全份精液最适宜在15~20℃下保存。由于保存时间不同，稀释液可分不同种类。采精后立即输精的，可不稀释，1天内输精的，可用单成分稀释液稀释；如果需要保存1~2天，则可用两成分稀释液稀释；如果需要保存3天以上，可用综合稀释液稀释。

(2) 低温保存 各种家畜的精液都宜进行低温保存，一般保存效果比常温保存时间长，但公猪精液不如常温保存效果好。

2. 运输、包装液态精液

为了提高公猪精液的利用率、解决母猪不便于到人工授精站配种的问题、杜绝疾病传播、进行猪群血液更新等，精液运输就成为保证人工授精顺利进行不可缺少的一个环节。液态精液运输时应注意下列事项：

① 按规定进行精液的稀释和保存。运输的精液应附有详细的说明书，标明站名、公猪品种和编号、采精日期、精液剂量、稀释液种类、稀释倍数、精子活力和密度等。

② 包装应妥善、严密，要有防潮、防震衬垫，包装工具可用精液保温箱、广口保温瓶、冰匣等。

③ 运输过程中，必须维持保存的温度，切忌温度变化。

④ 尽量避免在运输过程中剧烈振动和碰撞。

六、输精

1. 子宫颈输精

(1) 确定输精时间 大量研究一致认为，母猪的最适宜输精时间是在发情（以接受公猪爬跨或者进行压背实验而出现静立反射为判定标准）出现后的12~24h。目前行之有效的判定方法，特别是母猪在大群饲养的情形下，仍然必须借助于公猪的试情，或者有公猪在场的情况下用压背法加以确定。试情公猪应结扎输精管以防偷配。为防止贻误输精时间，建议：如果每天只试情1次，应对所有表现发情的母猪都进行输精；如果每天试情2次，应在出现发情后第12小时和第24小时各输精1次。

(2) 准备输精前 输精前，精液要进行镜检，以检查精子活力等。对于活力低于0.7的精液不能使用。对于多次重复使用的输精导管，要严格消毒、清洗，使用前最好用精液稀释液冲洗一次。母猪阴部先用0.1%高锰酸钾液清洗干净，再用毛巾擦干，以防将细菌和水分带入阴道。

(3) 选择输精导管 输精导管有一次性的和多次性的两种（图2-10-12）。一次性的输精管有螺旋头型和海绵头型两种，长度为50~51cm。螺旋头一般用无害的橡胶制成，适合于后备母猪的输精；海绵头一般用质地柔软的海绵制成，通过特制胶与输精导管粘在一起，适

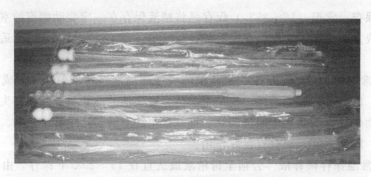

图 2-10-12 输精管

合于经产母猪的输精。选择海绵头输精导管时,第一要注意海绵头粘牢,不牢固则容易脱落到母猪子宫内;二要注意海绵头内输精导管的深度,一般以 0.5cm 为好,因输精导管在海绵头内包含太多,输精时会因海绵体太硬而损伤母猪阴道和子宫壁,包含太少则会因海绵头太软而不易插入或难于输精。

多次性输精导管,一般为特制的胶管。因其成本较低可重复使用而比较受欢迎,但因其头部无膨大部或螺旋部分,输精时易倒流。多次用输精导管每次使用后需清洗、消毒,防止变形。

(4) 确定输精量和输入有效精子数 推荐输精标准:输精量 50~100mL,依母猪体形大小可酌情增减,一次输入有效精子(指直线前进运动的精子)总数不少于 20 亿个。

(5) 输精 猪的人工授精是指用器械采取公猪的精液,经过检查、处理和保存,再用器械将精液输入到发情母猪的生殖道内以代替自然交配的一种配种方法。

生产线的具体操作程序如下:

① 准备好输精栏、0.1% $KMnO_4$ 消毒水、清水、抹布、精液、剪刀、针头、干燥清洁毛巾等。

② 先用消毒水清洁母猪外阴周围、尾根,再用温和清水洗去消毒水,抹干外阴。

③ 将试情公猪赶至待配母猪栏前(注:发情鉴定后,公母猪不再见面,直至输精),使母猪在输精时与公猪有口鼻接触,输完几头母猪更换一头公猪以提高公、母猪的兴奋度。

④ 从密封袋中取出无污染的一次性输精管(手不准触其前 2/3 部),在前端涂上对精子无毒的专用润滑剂,以利于输精导管插入时的润滑。

⑤ 用手将母猪阴唇分开,将输精管斜向上插入母猪的生殖道内,当感觉到有阻力时再稍用一点力(插入 25~30cm),用手再将输精导管逆时针旋转,稍一用力,顶部则进入子宫颈第 2~3 皱褶处,发情好的猪便会将输精导管锁定。回拉时则会感到有一定的阻力,此时便可进行输精(图 2-10-13)。

⑥ 从贮存箱中取出精液,确认标签正确。

⑦ 小心混匀精液,剪去精液瓶盖的瓶嘴,将精液瓶接上输精管,开始输精。

⑧ 轻压输精瓶,确认精液能流出。精液袋输精时,只要将输精导管尾部插入输精袋入口即可。为了便于精液的吸收,可再用针头在瓶底扎一小孔,利用空气压力促进吸收。

⑨ 输精时输精人员同时要对母猪阴户、大腿内侧、乳房进行按摩或压背,增加母猪的性欲,使子宫产生负压将精液吸纳,绝不允许将精液挤入母猪的生殖道内。

⑩ 通过调节输精瓶的高低来控制输精时间,一般 3~5min 输完,最快不要低于 3min,

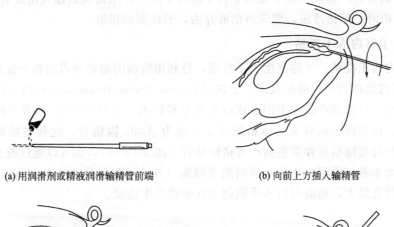

(a) 用润滑剂或精液润滑输精管前端　　(b) 向前上方插入输精管

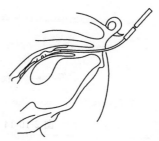

(c) 逆时针方向转动输精管，使输精管前端的螺旋体锁定在子宫颈内　　(d) 将贮精瓶与输精管尾部连接，并抬高贮精瓶，驱使精液自动流入子宫内

图 2-10-13　插入输精管方法、步骤示意

防止吸得快，倒流得也快。

⑪ 输完后在防止空气进入母猪生殖道的情况下，将输精管后端折起塞入输精瓶中，让其留在生殖道内 5min 以上，慢慢滑落，这样既可防止空气进入，又能防止精液倒流。结束后收集好输精管，冲洗输精栏。

⑫ 输完一头母猪后，立即登记配种记录，如实评分。

（6）输精操作要领　输精时，要避免精子遭受低温刺激，要保证精液全部注入子宫腔，防止精液倒流。

① 接近母猪时，动作尽可能和缓，防止惊动母猪。在母猪群中施行输精一般无须保定。后备猪比较胆怯，可在配种前适当进行调教，使之消除恐惧心理。强制输精可能影响受胎率，应当避免。

② 当待输精母猪不安静时，可在待输精母猪前安置一头成年公猪，可以使母猪安静下来，方便输精操作。

③ 在寒冷季节输精，盛放精液的容器应有保温装置，以防止精子因突然降温而遭受冷刺激的伤害。

④ 保存的精液温度均低于体温，应在输精前升温至 35℃ 左右，并予保温。要保证输入的精液不要过凉，否则会刺激子宫收缩，引起精液倒流。

⑤ 输精导管外壁可以涂抹少量润滑剂，缓慢导入，尽可能深插。注射器只可轻轻加压，如果液流不畅，应稍稍移动输精导管，亦可按摩外阴部，促进子宫蠕动而将精液吸入，切不可猛推注射器，强行输入精液，这种做法往往是精液倒流的主要原因。

⑥ 输精结束后，检查残留于输精导管中的精子活力，从而确认输入精液的品质。

⑦ 如输精时，母猪排尿，则应将精液弃去，另换新的精液。

2. 母猪子宫内人工授精

猪子宫内人工授精，又称深度人工授精，是利用特制的输精导管将精子输送到离子宫颈15～20cm子宫腔内的一种输精技术。美国 Absolute Swine Insemination 公司研发出子宫内人工授精产品，目前该产品在美国已获得2项专利技术，并且在世界20多个国家进行技术推广和运用。该美国公司研发的输精管商业上称为 AMG 输精管，这种输精管分为两个类型：红色经产母猪输精管和紫色初产母猪输精管（图2-10-14），也可以通过胶套的长度和海绵头直径的大小辨别类型。该公司特制的受精瓶（称为 AMG 受精瓶）和输精管完全吻合，而且受精瓶的孔径大，精液可以不受限制地在输精管中流动。

图 2-10-14　AMG 输精管和受精瓶

（1）子宫内输精管与普通输精管的区别　AMG 输精管多了一个特制胶套，该特制胶套直接到达子宫深处受精，不必担心两边子宫受精不均匀的问题，这是模拟真实经产母猪和初产母猪的子宫长度而进行特制的。该种特制胶套对母猪子宫不会造成伤害，当发现精子难以注入子宫时，等母猪放松几分钟后再输精。这是因为胶套在精压的作用下会产生鼓胀现象，这也是检测母猪是否放松的最好方法。

普通输精原理是：在子宫颈处输精。猪精子进入母猪的生殖道后，将开始"艰难地跋涉"，精子沿着母猪的生殖道向前行进，密度呈现一个梯度状的减少，在子宫颈部分精子密度最高，达1亿个以上，而到达输卵管的上段精子的密度仅为1000个（受精部位）。猪精子的这种高选择性和运行期间的巨大损耗，使更有生命力、活性更好的精子才有可能到达受精部位，同时也限制了到达受精部位的精子数目，而绝大多数的精子则被白细胞吞噬或杀死。

AMG 子宫内人工授精的原理是：在发情母猪完全放松的状态下，将输精管插入母猪生殖道直至子宫内，把胶套和输精管作为精子的运送载体，在对受精瓶大力挤压的作用下（不能用暴力），让胶套有序地在子宫内伸展开来，以最短的时间把精子运送到卵巢附近与卵子结合。用子宫内输精管，节省精子从子宫颈到达授精部位的时间，精子可以在充沛活力条件下与卵子结合，从而达到高受孕、高分娩和高活仔数的目的。普通输精管与子宫内输精管的效果比较见表2-10-1。

表 2-10-1　普通输精管与子宫内输精管的效果比较

项目	普通输精管	AMG 输精管
受孕率	85%～90%	92%以上
精子到达受孕部位时间	6～7h	15～20min
每次输精的精子数量	(30～40)亿	(20～25)亿

续表

项目	普通输精管	AMG 输精管
平均输精次数	3次	2次
每次输精用时	5~8min	1min 以内
输精过程是否对母猪有刺激	有刺激	无刺激
精液倒流现象	倒流概率高	倒流概率极低

（2）授精方法

① 输精前对母猪阴户的清洁和输精管的插入步骤与普通输精管一样。

② 后备母猪及产过 1~2 胎的经产母猪，用初产母猪输精管（紫色）。第 3 胎之后的母猪用经产母猪输精管（红色）。

③ 输精前可以同时对 10~15 头发情母猪先行插入输精管。先输后备母猪，因为后备母猪的子宫紧且敏感，所以需要放松的时间长（6~8min），而经产母猪放松时间 2~4min，然后再对原先插好的发情母猪进行输精。

④ 输精注意事项

a. 当母猪放松之后，再次检查输精管是否被母猪的子宫颈锁定，可以采用旋转输精管，感觉输精管松紧，判断子宫颈是否被锁定。

b. 取出检测好的精液，打开受精瓶让空气完全进入精液瓶，然后缓慢颠倒摇匀精液，准备输精，取下受精管塞和瓶塞，左手握住受精管，不能使其摇摆不定，以免刺激母猪的子宫，右手对精液瓶大力挤压（不可蛮力），用力时要感觉胶套是有序地在子宫深处伸展开来，取下没打完精液的受精瓶，同时左手按住输精管末端管口，防止精液倒流，向受精瓶内吹气（吹的时候不要碰到受精瓶口），然后继续输精。当感觉有阻力时，切记不可强行输精，再次确认输精管是否被母猪子宫颈锁定，如果输精管是被锁定的，这是由于猪过于紧张造成子宫收缩（后备母猪表现最明显），让母猪放松几分钟再输精，也可以继续对后面的母猪进行输精，最后再对这头母猪进行输精。

⑤ 输精结束后，直接缓慢地取出输精管和输精瓶，并做好发情母猪配种记录。

（3）受精时间 母猪受孕成功与否，除了保证优良的精液和熟练的授精操作方法之外，还必须记录好每头母猪的断奶时间，首先必须每天查情 2 次，上午和下午各一次。输精时间是根据断奶母猪的发情时间来推定的，母猪的排卵是在发情期的后 1/3 时间内，这个时间非常重要，输精太早或太迟，都会影响受孕，所以输入的精子在母猪生殖道内的存活时间必须覆盖整个排卵期才是正确的。

子宫内输精在输精时间上可分为以下三种情况：

① 断奶后 3~4 天发情的母猪，第一次输精是确定母猪发情后 24h 进行，再隔 8~12h 输精一次，共输精 2 次，因为此时的母猪发情越早，排卵的时间就越长。

② 断奶后 5~6 天发情的母猪，第一次输精是确定母猪发情后 12h 进行，再隔 8~12h 输精一次，共输精 2 次。

③ 断奶后 7 天以上发情的母猪、后备母猪和返情母猪，确定发情后立即进行输精，再隔 8~12h 输精一次，共输精 2 次，因为此时的母猪发情越晚，排卵的时间就越短。

（4）总结

① 在使用 AMG 输精管时必须按照上述操作方法去施行，要持之以恒地做好每头发情

母猪的输精及查情工作。

② 母猪查情是非常重要的,输精的操作只是从生疏到熟练的一个过程,随着实践经验而变得熟练,而母猪发情时间掌握不好,直接关系到母猪的受孕率、分娩率、产仔数,所以必须记录好每头断奶母猪的断奶时间及每天进行查情2次。

项目二自测

一、单选题

1. 公猪_____时就可以参加配种。
   A. 达到初情期   B. 达到性成熟期
   C. 达到体成熟期   D. 性成熟和体成熟都达到
2. 引进品种公猪的初配年龄通常为_____。
   A. 5~6月龄   B. 7~9月龄   C. 10~12月龄   D. 13~15月龄
3. 精液中占比最大的物质是_____。
   A. 水分   B. 脂肪   C. 蛋白质   D. 矿物质
4. 采精栏中防护栏的作用是_____。
   A. 防止公猪逃跑   B. 防止公猪伤害人
   C. 防止公猪间打架   D. 防止公母猪打架
5. 配种旺季公猪可以_____。
   A. 不运动   B. 适当少运动   C. 适当多运动   D. 运动与配种无关
6. 下列_____不是母猪发情的征状。
   A. 远离公猪   B. 不停鸣叫   C. 食欲下降   D. 喜爬跨
7. 通常用作判定配种时机的现象是_____。
   A. 阴户有黏液流出   B. 外阴开始红肿
   C. 出现静立反射   D. 开始烦躁不安
8. 对母猪几乎没有催情作用的措施是_____。
   A. 换栏饲养   B. 与经产母猪混群
   C. 与成年公猪接触   D. 增加喂料量
9. 母猪繁殖性能最佳的胎次是_____。
   A. 1~2胎   B. 3~5胎   C. 6~8胎   D. 8胎以上
10. 下列地方品种中繁殖性能最佳的类型是_____。
    A. 江海型   B. 华南型   C. 华中型   D. 西南型
11. "皮薄骨细、肉质鲜嫩、腿臀丰满"指的是_____。
    A. 东北民猪   B. 梅山猪   C. 金华猪   D. 陆川猪
12. 毛色为白色的地方猪种是_____。
    A. 蓝塘猪   B. 藏猪   C. 内江猪   D. 荣昌猪
13. 适合作终端父本的猪品种是_____。
    A. 杜洛克   B. 大约克   C. 长白   D. 长大
14. 用长白、大约克、嘉兴黑猪作三元杂交,适合作第一母本的是_____。
    A. 嘉兴黑猪   B. 长白   C. 大约克   D. 都适合
15. 下列杂交组合中杂交优势最大的是_____。

A. 大×长梅 B. 杜×长大
C. Ⅰ系金华猪×Ⅱ系金华猪 D. 长×大

16. 采精开始前采精员一手戴双层无毒的聚乙烯塑料手套的目的是_____。
   A. 防止阴茎及精液被污染 B. 不会搞破
   C. 防止手被感染 D. 防止精液渗漏

17. 手握法采精待_____时才可以放手终止采精。
   A. 公猪阴茎完全缩回 B. 公猪停止射精
   C. 公猪开始东张西望 D. 公猪有要下假台畜的动作

18. 人工输精时母猪外阴清洁正确的操作程序是_____。
   A. 先用0.1％高锰酸钾水溶液清洁母猪外阴，再用蒸馏水清洗外阴内侧
   B. 先用清水擦洗母猪外阴，再用0.1％高锰酸钾水溶液清洁外阴
   C. 用0.1％高锰酸钾水溶液清洁母猪外阴
   D. 用干净的自来水清洗母猪外阴外侧，再用清水清洁外阴内侧

19. 人工输精时可以挤压输精瓶的输精方式是_____。
   A. 子宫颈输精 B. 子宫内输精 C. 两者都可以 D. 两者都不可以

20. 被誉为"宠物界新秀"的品种是_____。
   A. 米猪 B. 蓝塘猪 C. 合作猪 D. 香猪

21. 容易产生应激反应的引进品种是_____。
   A. 皮特兰 B. 杜洛克 C. 长白 D. 大约克

22. 以下品种中，目前瘦肉率最高的品种是_____。
   A. 藏猪 B. 金华猪 C. 皮特兰 D. 约克夏

23. 与地方猪种相比，属于引进品种特性的是_____。
   A. 瘦肉率高 B. 繁殖力强 C. 耐粗饲 D. 肉质好

24. 精子活力是指_____的比例。
   A. 直线运动的精子 B. 蠕动的精子
   C. 摇摆运动的精子 D. 活的精子

25. 毛色为棕色或棕红色的品种是_____。
   A. 皮特兰 B. 杜洛克 C. 大约克 D. 汉普夏

26. 配种时间应该稍微早一点的是_____。
   A. 青年母猪 B. 老龄母猪 C. 中年母猪 D. 与年龄无关

二、多选题

1. 提高杂种优势的途径有_____。
   A. 选择纯种作亲本 B. 选择遗传差异大的公母猪作亲本
   C. 选择遗传性生产水平高的作亲本 D. 选择地方猪种作父本

2. 精液品质检查时微观检查的项目包括_____。
   A. 色泽 B. 畸形率 C. 活力 D. 密度

3. 精液品质检查的感官检查项目通常包括_____。
   A. 色泽 B. 畸形率 C. 射精量 D. 气味

4. 毛色为白色的引进品种为_____。
   A. 荣昌猪 B. 长白 C. 大约克 D. 汉普夏

5. 采精房或者采精栏要求_____。
A. 宽敞　　　　　　B. 安静　　　　　　C. 平坦　　　　　　D. 清洁
6. 种公猪缺乏运动会直接导致_____。
A. 体况过肥　　　　　　　　　　B. 性欲下降
C. 精液品质下降　　　　　　　　D. 食欲下降
7. 母猪年生产力的影响因素有_____。
A. 胎产活仔数　　　　　　　　　B. 哺乳期长短
C. 断奶前仔猪死亡率　　　　　　D. 断奶至发情间隔

三、简答题

1. 我国地方猪种分为哪六个类型？指出各类型的代表品种1~2个。
2. 我国地方猪种有哪些共同特性，如何利用和保种？
3. 目前在养猪生产中使用的我国地方品种有哪些？
4. 简述外来的主要品种猪的产地、品种特征、生产性能。
5. 简述外来品种猪的共同特性及利用途径。
6. 简述国内培育的主要猪种的产地和分布、品种特征、生产性能。
7. 怎样才能获得较高的杂种优势？在理论上与实践上有哪些规律？
8. 举例说明当地常用猪的杂交方式有哪几种。
9. 种公猪、种母猪的外貌评定要点有哪些？
10. 种猪生产性能评定指标有哪些？怎样进行测定？
11. 种猪在不同阶段的选择有哪些要点？
12. 选种的方法有哪些？
13. 选配应遵循哪些原则？
14. 猪选配的方法有哪些？

实践活动

一、识别猪的品种

【活动目标】　通过现场观察使学生熟悉与掌握几种常见本地区优良品种、培育品种及外来的主要品种猪的外貌特征和生产性能，并掌握其种质评定。

【材料、仪器、设备】　多媒体猪品种幻灯片（或录像带）、挂图、模型及公、母猪若干头。

【活动场所】　多媒体教室、学校教学实习牧（猪）场、附近种猪场，或具有一定规模的养猪专业户猪场的猪群。

【方法步骤】

（1）在多媒体教室利用猪品种幻灯片（或录像带）、挂图、模型等进行猪品种特征的观察与了解，由教师进行讲解。

（2）选择品种较多的种猪场，让学生现场观察现有品种的外貌特征，了解其来源、适应性、生产性能和主要优缺点。

【作业】　根据多媒体猪品种幻灯片（或录像带）、挂图、模型等的观察和现场猪群的观察，归纳当地常见猪的品种要点和生产性能要点。

二、测定公猪性能

【活动目标】 通过实习了解公猪性能测定的指标及方法，掌握使用测膘仪（A超）测定猪活体背膘的方法。

【材料、仪器、设备】 测膘仪、单体笼等。

【活动场所】 兽医院。

【方法步骤】

1. 外貌鉴定

（1）看总体

① 检查猪体质是否结实，结构是否匀称，各部结合是否良好。

② 检查品种特征。看毛色、耳型是否符合品种要求，公猪是否眼明有神，反应是否灵敏，是否具有本品种的典型雄性特征。

③ 检查身体。要求体躯长，背腰平直，肋骨开张良好，腹部容积大而充实，腹底成直线，大腿丰满，臀部发育良好，尾根附着要高。

④ 检查四肢。要求四肢端正，骨骼结实，着地稳健，步态轻快。

⑤ 检查被毛。要求被毛短、稀而富有光泽，皮薄而富有弹性。

（2）看第二性征

① 检查睾丸。睾丸左右对称，大小匀称，轮廓明显，没有单睾、隐睾或赫尔尼亚。

② 检查包皮。包皮大小是否适中，包皮有无积尿。

2. 背膘测定

见项目五的实践活动。

【作业】

（1）记录操作步骤和测定结果。

（2）对测定公猪进行品质评价。

三、母猪发情鉴定及配种时间确定

【活动目标】 了解母猪发情症状，掌握判断母猪最适配种时间的方法。

【材料、仪器、设备】 待测母猪。

【活动场所】 校办实训猪场或基地（自繁自养场）。

【方法步骤】

1. 公猪试情法

将公猪赶到母猪栏，如果待测母猪主动接近公猪，嗅闻其包皮，则可判断母猪已发情。如果母猪栏里有多头母猪，则可观察公猪对哪只母猪感兴趣，公、母猪相互感兴趣则说明母猪已发情。

2. 行为及外部观察

（1）看母猪的体表变化。外阴先变红肿，红肿逐渐变松弛，分开外阴部可见到阴道分泌的黏液。由此可基本判断母猪发情。

（2）看母猪行为变化。如果表现出烦躁不安，当其他母猪休息时，却表现出闹栏、爬跨另一头母猪、鸣叫、食欲减退、（部分猪）流泪。由此可判断母猪已发情。

3. 压背试验

用双手按压其背部或人骑在母猪背上，如果母猪站立不动，同时表现为耳竖起、背弓起、尾竖起、颤抖、对外阴和侧腹部的刺激敏感，则可判断母猪已经发情。如果母猪拒绝人员接近，则可判断母猪未发情。

4. 确定母猪配种时间

（1）根据静立反射确定。当出现静立反射时即可以配种，如果还没有出现静立反射，过 6~8h 再次检查，一旦出现静立反射，如果是老龄母猪可以马上进行首次配种，如果是青年母猪，过 8~12h 再首次配种。

（2）根据母猪黏液变化确定。当母猪外阴红肿稍退，逐渐变松弛，再验证黏液是否由稀变稠（分开外阴部用一手的食指蘸取黏液，然后用大拇指和食指合作测试黏液是否能拉成丝，如果能拉成丝就说明已变稠），如果黏液变稠就可以马上实施首次配种。

【作业】

（1）说明发情鉴定的方法及鉴定结果。

（2）根据实际操作，谈谈确定最适配种时间的注意事项。

四、猪人工授精技术现场操作

【活动目标】 掌握猪的精液采集、处理和精液品质检查、稀释以及输精等猪人工授精技术关键环节。

【材料、仪器、设备】 假台猪 1 个、数显恒温箱 1 台、集精杯 1 个、集精袋若干、一次性塑料手套 1 盒、专用滤纸或医用纱布若干、橡皮套若干、0.1% 高锰酸钾溶液（温度 37℃左右）、毛巾、面盆、低倍显微镜 1 台、载玻片 1 盒、盖玻片 1 盒、数显恒温电热板 1 台、恒温水浴锅 1 台、pH 试纸若干或 pH 测定仪 1 台、玻璃搅拌棒 2 根、分光光度仪一台、95% 酒精、龙胆紫、蓝墨水、试管刷 5 把、染色缸、温度计 1 支、蒸馏水 25L、精制葡萄糖粉、柠檬酸钠、青霉素、链霉素（市售精液稀释粉 1 袋）、普通天平 1 台、500mL 量筒 2 个、200mL 烧杯 5 个、滤纸 1 盒、消毒蒸锅 1 口、恒温冰箱、50mL 贮精瓶 10 个、输精管 10 根、专用润滑剂 1 瓶、医用乳胶手套等。

【活动场所】 校办实训猪场或基地（自繁自养场）。

【方法步骤】

1. 采精

（1）把经过采精训练成功的公猪赶到采精室台猪旁。

（2）戴上双层一次性塑料手套，将公猪包皮内尿液挤出去，并将包皮及台猪后部用 0.1% 高锰酸钾溶液擦洗消毒。

（3）待公猪爬跨台猪后，蹲在台猪的左后侧或右后侧，脱掉外层手套，导出阴茎，用拇指轻轻拨动阴茎龟头，其余四指则一紧一松有节奏地握住阴茎前端的螺旋部分。

（4）待公猪射出较浓稠的乳白色精液时，立即用另一只手持在恒温箱中预热过的集精杯（内置集精袋，袋口用橡皮套固定并附有专用滤纸或 4 层医用纱布过滤精液），在距阴茎龟头斜下方 3~5cm 处将其精液通过过滤后，收集在集精袋内，并随即将滤纸或纱布上的胶状物弃掉，以免影响精液滤过。

（5）待公猪射精完毕，顺势用手将阴茎送入包皮中，并把公猪轻轻地由台猪上驱赶下来，不得以粗暴态度对待公猪。

2. 精液品质检查

(1) 将采集的精液马上拿到 20~30℃的室内,并迅速置于 32~35℃的恒温水浴锅内,等待检查。

(2) 检查数量。把采集的精液倒入经消毒烘干预热的量杯中,读数。

(3) 检查 pH 值。用万用试纸比色测定,也可用 pH 仪测定。

(4) 检查气味。用鼻子嗅闻精液。

(5) 检查颜色。

(6) 检查活力。用玻璃棒蘸取一滴精液,滴于载玻片的中央,盖上盖玻片,置于显微镜下,载玻片下部垫以恒温电热板,放大 400~600 倍目测评估,分 10 个等级。所有精子均作直线运动的评为 1 分,90%作直线运动的为 0.9 分,80%者为 0.8 分,以此类推。

(7) 检查精子形态。用玻璃棒蘸取一滴精液,滴于载玻片一端;然后用另一张载玻片将精液均匀涂开、自然干燥;再用 95%酒精固定 2~3min 后,放入染色缸内,用蓝墨水(或龙胆紫)染色 1~2min;最后用蒸馏水冲去多余的浮色,干燥后放在 400~600 倍显微镜下进行检查。

(8) 检查密度。用分光光度仪进行测定,按要求进行一定比例稀释后测定并读数,然后与随仪器所附带的精子密度对照表进行比对。

3. 精液稀释

(1) 配制稀释液。用天平称取精制葡萄糖粉 0.5g、柠檬酸钠 0.5g,量取新鲜蒸馏水 100mL,将三者放在 200mL 烧杯内,用玻璃棒搅拌充分溶解,用滤纸过滤后以蒸汽消毒 30min。待溶液凉至 35~37℃时,将青霉素钾(钠)5 万单位、链霉素 5 万单位倒入溶液内搅拌均匀备用。

(2) 稀释精液。根据精子密度、活力、需要输精的母猪头数、贮存时间等参数确定稀释倍数。加热稀释液,当其温度与精液温度相同时,将稀释液沿瓶壁慢慢倒入原精液中,并且边倒边轻轻摇匀。稀释完毕,用玻璃棒蘸取一滴进行精子活力检查,验证稀释效果。

(3) 精液保存。将稀释好的精液分装在 50mL 的贮精瓶内,要求装满不留空气,封好。在 15℃左右恒温冰箱内保存。

4. 输精

(1) 输精员戴上医用乳胶手套,用 0.1%的高锰酸钾溶液将母猪外阴及尾巴擦洗消毒。

(2) 在输精管前端的螺旋形体或膨大处涂上专用润滑剂。

(3) 输精员一只手分开待输精母猪的阴门,另一只手将输精管螺旋形体的尖端紧贴阴道背部插入阴道,开始向斜上方插入 10cm 左右后,再向水平方向插入。

(4) 边插边按逆时针方向捻转,待感到螺旋形体已锁住子宫颈时(轻拉输精管而取不出),停止捻转插入。

(5) 将贮精瓶与输精管连接,此时腾出一只手有节奏地按摩母猪的阴门或乳房。

(6) 精液完全输入后可将贮精瓶摘下固定于输精管上,让输精管留在母猪体内 3~5min。

(7) 按顺时针方向将输精管慢慢取出,并用手拍打一下母猪臀部,防止精液逆流。

(8) 让母猪安静地停留在输精场 20min 左右,慢慢将母猪赶回。

(9) 填写好输精配种记录,重复使用的器械应进行消毒备用。

【作业】 根据实际操作,谈谈猪人工授精技术关键环节的注意事项。

项目三　怀孕母猪舍猪的饲养管理

　知识目标

1. 了解怀孕母猪的行为及生理特点，掌握怀孕母猪的营养需求特点。
2. 掌握怀孕母猪的饲养体制，掌握怀孕母猪的饲养方式。

　技能目标

1. 能够利用外部观察法、公猪试情法等方法对母猪进行妊娠诊断。
2. 能够根据怀孕母猪所处阶段，采取正确的饲养管理措施。

　预备知识

一、怀孕母猪的行为生理特点

妊娠母猪行动逐渐安稳，食欲增加，妊娠期过半时腹部增大，乳房发育，妊娠后期显示胎动，手触可感觉到胎儿的蠕动，到妊娠末期，阴部松弛，妊娠母猪于分娩前1~2日，乳房更加膨胀，手挤可流出浓稠的初乳，临产母猪叼草做窝、粪尿排泄频繁。

1. 胚胎生长发育规律

精卵结合在输卵管上1/3处的壶腹部（在受胎的猪中，大约只有5%的卵子未受精），合子在输卵管部位呈游离状态，在输卵管内停留2天左右，借助输卵管上皮层纤毛转向子宫方向的颤动，及输卵管的分节收缩，使合子不断向子宫移动，在子宫角游离生活5~6天，第9~13天开始着床，第18天左右着床完成，第四周左右可与母体胎盘进行物质交换。在这之前是很危险的时期，此时胚胎死亡率占受精率的30%~40%。

胚胎在妊娠前期（1~40天）是组织器官的发育，绝对增重很小，40胚龄时不足初生重的1%；中期（41~80天）增重亦不大，80日龄胚胎重约400g，约占初生重的30%；而后期（81天至出生）特别是最后20天生长最快，仔猪初生重的60%~70%是在此期生长的。

2. 胚胎死亡规律及其原因

(1) 胚胎死亡规律

① 三个死亡高峰　第一个高峰，在配种后9~13天，这是受精卵附植初期，即胚胎着床初期；第二个高峰是配种后3周，这是器官形成期，这两个时期胚胎死亡共占合子的30%~40%；第三个死亡高峰为配种后60~70天，是胎儿迅速生长期。此时胎盘发育停止，而胎儿迅速生长，相互排挤，造成营养供应不均，致使又一批胚胎死亡。此期死亡占受精卵的15%。此外，母猪配种后3周特别是第一周内，如遇高温天气，即使32~39℃仅持续24h，也会使产仔数减少或产死胎。

② 母猪的化胎、死胎和流产　胚胎死亡发生在早期（36天前），则不见任何东西排出

而被子宫吸收，叫化胎；若发生在中期，胎儿不能被母体吸收而形成僵尸，叫"木乃伊"（黑仔）；如胎儿死亡发生在后期，且随同活仔一起产出，叫死胎；如果胎盘失去功能早于胎儿死亡，就很快发生流产。

(2) 胚胎死亡原因及防治措施

① 遗传因素　公猪或母猪染色体畸形引起胚胎死亡；不同品种的子宫乳（子宫内壁的腺体制造肝糖原与糖蛋白等营养成分，通常称为子宫乳或子宫奶）成分不同，对合子滋养效果不同（梅山猪胚胎成活率达100%，大白猪只有46%）；近亲繁殖使胚胎生命力降低。

② 营养因素　日粮中缺少维生素和微量元素（维生素A、维生素E、维生素D、维生素B_1、维生素B_2、维生素B_6、维生素B_{12}、泛酸、叶酸、胆碱、硒、锰、碘、锌等）会导致胚胎死亡、出现畸形或是早产、假妊娠等，而且，妊娠前期能量水平过高，母猪过胖，引起子宫壁血液循环受阻，会导致胚胎死亡。

③ 环境因素　温度超过32℃、通风不畅、湿度过大时，引起母猪应激，体内促肾上腺素和肾上腺素骤增，从而抑制垂体前叶促性腺激素的释放，母猪卵巢功能紊乱或减退；高温下导致母猪内环境发生不良变化，造成胚胎附植受阻。高温应激常发生在7月、8月、9月三个月配种的母猪群中，可添加抗应激物质如维生素C、维生素E、硒、镁等，同时注意降温。

④ 疾病因素　母猪患生殖疾病、高热（如猪瘟、猪繁殖障碍与呼吸综合征、细小病毒病、口蹄疫等）等，易造成胚胎死亡。

⑤ 其他因素　如铅、汞、砷、有机磷、霉菌毒素、龙葵素中毒，药物使用不当、疫苗反应、核污染、公猪精液品质不良或配种时机不当、长期不运动等。

只要针对以上原因，采取相应措施，就能减少胚胎死亡。

二、怀孕母猪的营养需求特点

根据胚胎发育的规律性，母猪妊娠前期、中期不需要高营养水平，但营养必须保持全价，特别是保证各种维生素和矿物元素的供给；同时保证饲料的品质优良，不喂发霉、变质、有毒、有害、冰冻饲料及饮冰水。母猪妊娠后期必须提高营养水平，适当增加蛋白质饲料，同时要保证饲粮的全价性。

母猪妊娠后期新陈代谢旺盛，在喂等量的饲料情况下，妊娠母猪相比于空怀母猪不仅可以生产一窝仔猪，还可以增加体重，这种生理现象叫"妊娠合成代谢"状态。研究表明，母猪饲料消耗量在妊娠期与哺乳期呈相反关系，妊娠期采食量增加1倍，哺乳期采食量下降20%。母猪妊娠期适度的增重比例：初产母猪体重的增加量为配种时体重的30%~40%，经2次妊娠和泌乳，可达到体成熟；经产母猪体重增加量则为20%~30%。

怀孕母猪的饲养，必须从保持母猪的良好体况和保证胎儿正常发育两个方面去考虑。所以必须满足其营养需要，特别是对热能、蛋白质、矿物质、维生素的需要。

1. 能量需要

母猪在怀孕前期，对热能的需要是很少的，一般多喂些青粗饲料，就可以满足它的需要。但从母猪怀孕的第三个月起，体内沉积热能迅速增加，特别是怀孕的最后一个月，对热能的需要量是很多的。如果加上母猪怀孕后期因代谢增强（一般代谢率可提高25%~40%）而消耗的热能，其需要量就更多。因此，对怀孕后期的母猪，必须加强饲养，增加营养，除了保证供给青饲料之外，主要应当减少粗饲料，增加精料，充分满足其需要。

2. 蛋白质需要

母猪在怀孕期间，需要供给大量品质良好的蛋白质，因为它们的胎儿和子宫内容物的干物质中含有65%～70%的蛋白质，而且其中含有各种必需氨基酸。一般一窝仔猪的初生体重为6～15kg，根据猪体成分组成可知，需要蛋白质为0.96～1.6kg，饲料中所含蛋白质的生物学价值为60%～65%，则母猪生产一窝仔猪额外需要1.47～2.70kg可消化纯蛋白质。此外，母猪本身在怀孕期间所贮备的蛋白质，往往比胎儿所含的蛋白质还要多，就按相同数量计算，母体和胎儿共需要4～6kg可消化纯蛋白质。如果再把此数换算成饲料中的蛋白质，则母猪每产一窝仔猪就需要更多的饲料蛋白质，才能满足整个怀孕期内母体本身及胎儿生长发育的需要。

3. 矿物质需要

矿物质，特别是钙和磷，也是怀孕母猪不可缺少的营养物质。因为胎儿的骨骼形成需要矿物质，如初生仔猪平均含矿物质3.0%～4.3%，其中主要是钙和磷（约占矿物质的80%）；同时母猪本身在怀孕期间体内也需要贮备大量的钙和磷，一般为胎儿需要量的1.5～2倍。因此饲料中缺乏钙和磷时，势必影响胎儿骨骼的形成和母猪体内钙和磷的贮备，甚至导致胎儿发育受阻、流产、死胎或幼猪生活力不强，出现先天性骨软化症以及母猪健康恶化，产后容易发生瘫痪，缺奶或患骨质疏松症等。因此，对于怀孕母猪，必须从饲料中供给充足的钙和磷，而且要求比例适当，即怀孕母猪钙磷比以（1～1.5）：1为较好。

4. 维生素需要

维生素特别是维生素A、维生素D、维生素E，它们不仅是怀孕母猪体内强烈代谢活动的保证，同时也能直接影响到胎儿的发育。如果猪饲料中胡萝卜素或维生素A缺乏，往往会引起子宫、胎盘的角质化或坏疽，因而影响胎儿对营养物质的吸收，造成母猪流产或产死胎，或者出现胎儿畸形、怪胎、眼病、抗病力和生活力降低等；维生素D缺乏时，母猪和胎儿的钙、磷代谢障碍，营养不足，直接影响胎儿骨骼的正常形成，甚至造成流产、早产、畸形或死胎；维生素E缺乏时，胚胎会早期被吸收，或胎盘坏死、出现死胎等。因此，维生素A、维生素D和维生素E对于怀孕母猪非常重要，必须注意充足供给。

工作目标

1. 通过科学的饲养，使胎儿在母体内得到充分的生长发育，降低胎化、流产、死胎和弱仔的发生，提高配种分娩率。

2. 根据怀孕母猪不同阶段的不同管理，提高母猪窝产仔数，提高仔猪初生重，使仔猪体格健壮、均匀整齐。

3. 合理供给全价营养饲料，减少应激的影响，保证母猪在妊娠期有适度的膘情，为哺乳期的泌乳打下良好的基础，对初产母猪还要保证正常生长发育。

工作内容

工作内容一　早期妊娠诊断

妊娠诊断是母猪繁殖管理工作的一项重要内容。配种后，尽早检测出空怀母猪，减少无效饲养天数，缩短非生产天数，从而提高母猪繁殖效率和经济效益。有关母猪早期妊娠诊断技术方面的研究很多，目前较成熟、简便，并具有实际应用价值的早期妊娠诊断技术有如下四种。

一、外部观察法

母猪配种后经 21 天左右，如不再发情，贪睡觉、食欲旺、易上膘、皮毛光、性温驯、行动稳、夹尾走、阴门缩，则表明已妊娠。相反，如果母猪精神不安，阴户微肿，则是没有受胎的表现，应及时补配。个别的母猪配种后 3 周出现假发情，发情不明显，持续 1~2 天，虽稍有不安，但食欲不减，对公猪反应不明显。

二、超声波早期诊断法

超声诊断法是利用超声波的物理特性，将其和动物组织结构的声学特点密切结合的一种物理学诊断法。其原理是利用孕体对超声波的反射来探知胚胎的存在。目前用于猪妊娠诊断的超声诊断仪主要有 A 型、B 型和 D 型 3 种。

1. A 型超声诊断仪

A 型超声诊断仪体积较小，如一般手电筒大小（图3-1-1），操作简便，适合基层猪场使用。

图 3-1-1　A 型超声诊断仪

具体操作方法为：利用超声波感应效果测定猪的胎儿心跳数，从而进行早期妊娠诊断。打开电源，在母猪腹底部后侧的腹壁（最后乳头上 5~8cm）处涂些植物油，将探触器贴在测量部位，若诊断仪发出连续响声（电话通了），说明已妊娠，若发出间断响声（电话占线），几次调整方位均无连续响声，说明没有妊娠（图3-1-2）。实验证明，配种后 20~29 天诊断的准确率约为 80%，40 天以后的准确率为 95% 以上。

2. B 型超声诊断仪

B 型超声诊断仪可通过图像直接判断是否有胎儿及其数量等情况（图3-1-3）。在配种后的不同天数进行孕检，其准确率不一样（表3-1-1）。B 超仪价格比 A 超仪价格高，但性价比较高。

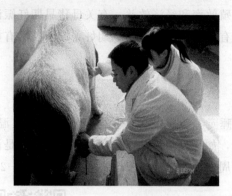
图 3-1-2 用 A 型超声测定

图 3-1-3 超声孕检示意

表 3-1-1 配种后不同天数用 B 超孕检的准确率

配后天数/d	15	20	21	22~25	26~30	31~35	36~40	41~45	46~50	51~60	61后
检测头数/头	1	9	7	50	75	67	88	69	60	64	22
受孕头数/头		3	5	46	63	58	70	64	47	45	13
未孕头数/头				2	7	5	11	3	13	17	9
可疑头数/头	1	6	2	2	5	4	1	2	0	2	0
准确率/%		33	71.4	96	93.3	94.0	92.0	97.1	100	96.9	100

注：引自刘宇飞等，集约化养猪用 B 超进行早期妊娠监测好 [J]. 中国兽医杂志，1997，23（2）：30-31。

3. 多普勒超声诊断仪（D 型）

该仪器可通过测定胎儿和母体血流量、胎动等做较早期诊断。张寿利用北京产 SCD-Ⅱ型兽用超声多普勒仪对配种后 15~60 天母猪进行检测，结果显示为 51~60 天的准确率可达 100%。

三、激素注射诊断法

1. 孕马血清促性腺激素（PMSG）法

配种后 14~26 天时，在被检母猪颈部注射 700IU 的 PMSG 制剂，5 天内不发情为妊娠；5 天内出现正常发情，并接受公猪交配者判定为未妊娠。该法确诊率可达到 100%，且该法不会造成母猪流产，母猪产仔数及仔猪发育均正常，具有早期妊娠诊断和诱导发情的双重效果。

2. 己烯雌酚法

在母猪配种后 16~17 天，耳根皮下注射 3~5mL 人工合成的雌性激素，5 天内不发情的为妊娠，发情的为未妊娠。要注意，使用此法时间必须准确，若注射时间太早，会扰乱未孕母猪的发情周期，延长黄体寿命，造成长期不发情。

四、尿液检查法

尿液碘化检查法：在母猪配种 10 天以后，采集被检母猪早晨第一次尿液 20mL 放入烧杯中，再加入 5% 碘酊 2mL 摇匀，然后将烧瓶置于火上加热，煮沸后观察烧杯中尿液颜色。

如呈现淡红色,说明此母猪已妊娠;如尿液呈现淡黄色或绿色,说明此母猪未妊娠。据报道,该法准确率达98%。

工作内容二 配制怀孕母猪的饲料

根据妊娠母猪的饲料摄入量对母猪产后泌乳的影响,母猪妊娠期采食量过大,则该母猪哺乳期采食量就会有所下降。因此,一般猪场会考虑采用母猪妊娠期适量饲喂、哺乳期充分饲喂的体制,即充分利用母猪哺乳期新陈代谢旺盛的特点,妊娠期只保证供给胎儿所需营养物质和母猪适当增加体重的营养物质,然后到哺乳期增加营养充分饲养,争取多产奶,提高仔猪的哺育成活率。

一、妊娠母猪的饲养方式

怀孕母猪可细分为三个阶段:怀孕前期(0~30天)、怀孕中期(怀孕30~85天)、怀孕后期(85天至产前3天)。不同的妊娠时期饲养管理上有区别。总体来说怀孕母猪的饲养方式有如下几种。

1. 抓两头带中间的饲养方式

适于断奶后膘情差的经产母猪。具体做法为:在配种前10天到配种后20天的一个月时间内,提高营养水平,日均饲喂量在妊娠前期饲养标准的基础上增加15%~20%,这有利于体况恢复和受精卵着床;体况恢复后改为妊娠中期一般饲粮;妊娠80天后,再提高营养水平,即日均饲喂量在妊娠前期喂量的基础上增加25%~30%,这样就形成了一个高→低→高的营养水平。

2. 步步登高的饲养方式

适于初产母猪和哺乳期间配种及繁殖力特别高的母猪。因为初产母猪不仅需要维持胚胎生长发育的营养,而且还要供给本身生长发育的营养需要。具体做法为:在整个妊娠期间,可根据胎儿体重的增加,逐步提高日粮营养水平,到分娩前1个月达到最高峰。

3. 前粗后精的饲养方式

适于配种前体况良好的经产母猪。妊娠初期,不增加营养,到妊娠后期,胎儿发育迅速,增加营养供给,但不能把母猪养得太肥。

上述三种饲养方式有一个共同的基本原则,即饲养妊娠母猪要根据母猪的膘情与生理特点,以及胚胎的生长发育区别对待,决不能按统一模式来饲养。

二、配制妊娠母猪的饲料

妊娠母猪的饲料供给可以分为:购买全价料直接饲喂;购买浓缩料按厂家指导比例,添加玉米、麦麸等原料饲喂;购买饲料原料自行配制三种。这里介绍后两种渠道的一些实例。

1. 浓缩料

一般情况下各饲料厂家的浓缩料配制比例基本相同,按浓缩料:玉米:糠麸=15:65:20。

2. 自配料

以下是几种自配料的配方(见表3-2-1~表3-2-4),供参考。

表 3-2-1 中的饲料配方如在北方使用，稻谷粉可改用玉米粉。没有维生素添加剂时，应以青绿多汁饲料代替。

表 3-2-1 妊娠前期饲料配方举例（南方地区）

饲料配方/%		每千克中营养成分含量	
稻谷粉	41.0	消化能/MJ	11.92
小麦麸	20.0	粗蛋白/%	12.4
米糠	14.0	消化粗蛋白/g	85
槐叶粉或豆叶粉	10.0	粗纤维/%	10.7
花生饼	7.0	钙/%	0.80
蚕豆粉	5.0	磷/%	0.58
贝壳粉	2.0	赖氨酸	0.51
食盐	1.0	蛋氨酸+胱氨酸/%	0.54

表 3-2-2 中多种维生素添加剂每 50g 含有：维生素 A 4200000IU，维生素 D 31000000IU，维生素 E 2.5g，维生素 B_{12} 4.0mg，维生素 B_2 3.0mg，维生素 K 21.0g，维生素 B_1 3.05g，烟酸 5.0g，右旋泛酸钙 3.0g，其他为载体。

表 3-2-2 妊娠后期母猪的饲料配方举例

饲料类别	配合比例/%	每千克饲料中营养成分含量	
玉米	50.5	消化能/MJ	12.97
大麦	16.0	粗蛋白/%	15
高粱	5.0	钙/%	0.9
豆饼	8.0	磷/%	0.8
葵花仁饼	3.0	添加剂 多维添加剂 50g/t 亚硒酸钠 3g/t 硫酸锌 200g/t 硫酸亚铁 300g/t 硫酸铜 50g/t	
麻籽粉	4.0		
麸皮	8.0		
叶粉	3.0		
骨粉	2		
盐	0.5		

表 3-2-3 妊娠母猪饲料配方举例 1

阶段	妊娠前期	妊娠后期
玉米/%	35	40
豆饼/%	10	20
麦麸/%	13	8
高粱糠/%	40	30
贝壳粉/%	1.6	1.5
食盐/%	0.4	0.5
青饲料/[kg/(头·天)]	2.39	1.16
营养成分	妊娠前期	妊娠后期

续表

阶段	妊娠前期	妊娠后期
消化能/(MJ/kg)	12.51	12.80
粗蛋白/%	12.76	15.16
钙/%	0.71	0.67
磷/%	0.41	0.43
赖氨酸/%	0.58	0.77
蛋氨酸+胱氨酸/%	0.52	0.59

表 3-2-4 妊娠母猪饲料配方举例 2

原料	妊娠前期	妊娠后期
玉米/%	67.3	60
高粱/%	15.7	21.1
麦麸/%	7	10
豆饼/%	5	4
菜籽饼/%	4	3.9
骨粉/%	0.5	0.5
食盐/%	0.5	0.5
营养成分	妊娠前期	妊娠后期
消化能/(MJ/kg)	13.76	13.63
粗蛋白/%	11.58	11.37
钙/%	0.23	0.24
磷/%	0.41	0.44
赖氨酸/%	0.43	0.42
蛋氨酸+胱氨酸/%	0.56	0.50

工作内容三 饲养及管理怀孕前期母猪

一、妊娠前期母猪的饲养

本时期是受精卵附植期，是怀孕母猪饲养的第一个关键时期，主要目的是保胎。这时受精卵附植在子宫不同部位发育，从 12 日龄开始至怀孕 24~30 日龄结束，并逐步形成胎盘，在胎盘未形成之前，胚胎呈游离状态，易被吸收或死亡。本阶段应限饲，从配种后第一日就开始使用怀孕母猪料，每日采食量不能超过 1.8~2.0kg，尤其是配种后 7 日内的母猪不要过量饲喂，妊娠早期过量饲喂会导致胚胎死亡率增加。因为这时随饲料摄入增加会引起血流增加和肝脏性激素代谢增加，从而导致外周的性激素减少，特别是孕酮减少，使受精卵的存活率减少。但这阶段在每吨饲料中增加 250~500g 的各种维生素可以提高受胎率，同时要注意的是对于消瘦的母猪（不足 2.5 分膘）配种后可适当增加采食量，这对提高受胎率是有益的。

二、预产期推算

母猪配种时要详细记录配种日期和与配公猪的品种及号码,配种后详细记录配种情况,包括母猪耳号、与配公猪号、配种日期、预产期(按母猪的妊娠期为110~120天,平均为114天计)。

推算母猪预产期均按114天进行,目前有以下几种推算方法。

(1) 三、三、三法 为便于记忆,可把母猪的妊娠期记为三个月、三个星期零三天。

(2) 月加4日减6法 母猪预产期可用"月加4日减6的方法"计算,例如在5月20日配种,则为5+4等于9,日期20-6=14,那么预产期应为9月14日,但月份有"大""小"之分,需要适当调整,故预产期应是9月12日。

(3) 配种月加3,配种日加20法 即在母猪配种月份上加3,在配种日子上加20,所得日期就是母猪的预产期,例如4月2日配种、预产期为7月22日,6月11日配种、预产期为10月1日。

(4) 查表法 利用母猪预产期推算表(表3-3-1)可以直接查出母猪的妊娠日期。如某母猪3月6日配种,经查表后,其预产期为6月28日。

表3-3-1 母猪预产期推算表(上行为交配日期,下行为产仔日期)

1月	1	2	3	4	5	6	7	8	9	10	11	12	13	14	15	16	17	18	19	20	21	22	23	24	25	26	27	28	29	30	31	
4月	25	26	27	28	29	30	1	2	3	4	5	6	7	8	9	10	11	12	13	14	15	16	17	18	19	20	21	22	23	24	25	5月
2月	1	2	3	4	5	6	7	8	9	10	11	12	13	14	15	16	17	18	19	20	21	22	23	24	25	26	27	28	29			
5月	26	27	28	29	30	31	1	2	3	4	5	6	7	8	9	10	11	12	13	14	15	16	17	18	19	20	21	22	23			6月
3月	1	2	3	4	5	6	7	8	9	10	11	12	13	14	15	16	17	18	19	20	21	22	23	24	25	26	27	28	29	30	31	
6月	23	24	25	26	27	28	29	30	1	2	3	4	5	6	7	8	9	10	11	12	13	14	15	16	17	18	19	20	21	22	23	7月
4月	1	2	3	4	5	6	7	8	9	10	11	12	13	14	15	16	17	18	19	20	21	22	23	24	25	26	27	28	29	30		
7月	24	25	26	27	28	29	30	31	1	2	3	4	5	6	7	8	9	10	11	12	13	14	15	16	17	18	19	20	21	22		8月
5月	1	2	3	4	5	6	7	8	9	10	11	12	13	14	15	16	17	18	19	20	21	22	23	24	25	26	27	28	29	30	31	
8月	23	24	25	26	27	28	29	30	31	1	2	3	4	5	6	7	8	9	10	11	12	13	14	15	16	17	18	19	20	21	22	9月
6月	1	2	3	4	5	6	7	8	9	10	11	12	13	14	15	16	17	18	19	20	21	22	23	24	25	26	27	28	29	30		
9月	23	24	25	26	27	28	29	30	1	2	3	4	5	6	7	8	9	10	11	12	13	14	15	16	17	18	19	20	21	22		10月
7月	1	2	3	4	5	6	7	8	9	10	11	12	13	14	15	16	17	18	19	20	21	22	23	24	25	26	27	28	29	30	31	
10月	23	24	25	26	27	28	29	30	31	1	2	3	4	5	6	7	8	9	10	11	12	13	14	15	16	17	18	19	20	21	22	11月
8月	1	2	3	4	5	6	7	8	9	10	11	12	13	14	15	16	17	18	19	20	21	22	23	24	25	26	27	28	29	30	31	
11月	23	24	25	26	27	28	29	30	1	2	3	4	5	6	7	8	9	10	11	12	13	14	15	16	17	18	19	20	21	22	23	12月
9月	1	2	3	4	5	6	7	8	9	10	11	12	13	14	15	16	17	18	19	20	21	22	23	24	25	26	27	28	29	30		
12月	24	25	26	27	28	29	30	31	1	2	3	4	5	6	7	8	9	10	11	12	13	14	15	16	17	18	19	20	21	22		1月
10月	1	2	3	4	5	6	7	8	9	10	11	12	13	14	15	16	17	18	19	20	21	22	23	24	25	26	27	28	29	30	31	
1月	23	24	25	26	27	28	29	30	31	1	2	3	4	5	6	7	8	9	10	11	12	13	14	15	16	17	18	19	20	21	22	2月
11月	1	2	3	4	5	6	7	8	9	10	11	12	13	14	15	16	17	18	19	20	21	22	23	24	25	26	27	28	29	30		
2月	23	24	25	26	27	28	1	2	3	4	5	6	7	8	9	10	11	12	13	14	15	16	17	18	19	20	21	22	23	24		3月
12月	1	2	3	4	5	6	7	8	9	10	11	12	13	14	15	16	17	18	19	20	21	22	23	24	25	26	27	28	29	30	31	
3月	25	26	27	28	29	30	31	1	2	3	4	5	6	7	8	9	10	11	12	13	14	15	16	17	18	19	20	21	22	23	24	4月

三、管理妊娠前期母猪

1. 单栏或小群饲养

单栏饲养是母猪从妊娠到产仔前，均饲养在限位栏内。小群饲养是将配种期相近、体重大小和性情强弱相近的 4~6 头母猪，放在同一栏内饲养。占地面积为 1.5~2m²/头，有足够的饲槽（槽长与全栏母猪肩宽等长），饮水器高度为平均肩高加 5cm，一般为 55~65cm。

2. 创造良好环境

环境卫生、清洁，地面不能过于光滑，坡度为 3‰左右，舍温 15~20℃，要做好防暑降温工作，尤其是妊娠前期。对夏季的怀孕母猪，猪舍应配有遮阴、通风等设备，防止中暑及其他热应激疾病的发生，热天可向舍内喷洒凉水，但不要直接洒在母猪身上，在气温达到 30℃以上时，可采取安装空调、电风扇等措施，迅速降温，以防造成死胎。

3. 饲料质量控制

严禁喂发霉、变质、冰冻、有毒和有害的饲料；生饲并供足饮水。

4. 适当运动

前期限制运动，防止造成流产。

5. 防止流产

对妊娠母猪要态度温和，避免惊吓、打骂，经常触摸其腹部；对初产母猪，产前进行乳房按摩；每天刷拭猪体保持皮肤清洁；每天注意对母猪的观察，观察其采食、饮水、粪尿和精神状态的变化，预防疾病发生和机械刺激，如挤、斗、咬、跌、躁动等，防止流产。

工作内容四 饲养及管理妊娠中期母猪

一、饲喂妊娠中期的母猪

怀孕中期（怀孕 30~85 天）母猪的饲养目的是调整好母猪的体况，该期的饲养实行限饲，每日采食量为 1.8~2.0kg，根据母猪体况调整给料量，使母猪在妊娠 30~85 天能保持背膘厚度达到 16~18mm，目测评分为 3 分膘的水平，即"看不见，但能明显摸到椎边骨"的中等体况，分娩时的背膘厚度达到 18~20mm，目测评分为 3.5~4 分偏肥体况（见图 3-4-1）。妊娠中期母猪不要过量饲喂，这会抑制大脑的食欲中枢从而减少食量，最终导致产乳量下降。妊娠中期的母猪需适当供给低能量的高纤维日粮，如草粉、青料等，这既可以锻炼和增大胃肠容积，又可防止母猪肥胖，减少便秘，增加泌乳期的采食量。

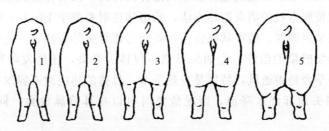

图 3-4-1 母猪体况评分示意图

二、管理妊娠中期的母猪

同怀孕前期的管理,但中期可适当运动,有利于增强体质和胎儿发育。

工作内容五　饲养及管理妊娠后期母猪

一、饲喂妊娠后期母猪

妊娠后期是胎儿生长发育最快期,仔猪出生重量的70%~80%是在此期实现的。母猪本身还要在此期贮存大量营养,为产后哺乳做准备。此期的目的只有一个,就是尽量让母猪吃好、多吃。要实现这一目标,要做好下列工作。

(1) 提供高营养的母猪料　即日粮能量、蛋白质等营养水平要高,同时强调日粮的适口性和消化性,即母猪要肯吃。

(2) 采取方法尽量让母猪多吃　如调整饲喂时间、增加饲喂次数、给母猪创造一个安静舒适(适宜的温湿度和空气新鲜)的猪舍环境等。定时饲喂,每餐以基本吃完为准,一般母猪每天投料量为3.5~4.5kg/头,保证仔猪初生重大而健壮。这里要注意有少数怀孕后期母猪因胎儿活动引起母体不适而食欲较差甚至不吃,这是由于妊娠期饲喂过量,母猪吃得过饱,影响了腹中的胎儿,引起母猪发热,致强烈疼痛而引起。此时在给母猪喂一些开胃剂的同时,可以用药治疗,如青霉素(80万国际单位)6~10支、双黄连(10mL、20%)2支、维生素B_1(10mL、0.1g)2支,混合注射,每日2次。

妊娠后期的母猪易患便秘,导致母猪分娩困难、分娩时间延长,仔猪可能会因缺氧窒息,死胎数量增加,同时便秘会使母猪发热,因应激加上分娩会使母猪易感染产后无乳综合征(乳腺炎-子宫炎-无乳综合征),缓解便秘可使用青绿多汁饲料(能大大增强粪便运行),但青绿饲料含水分多、体积大,与妊娠母猪需要大量营养,而肠、胃容积有限相互矛盾,故不可多喂。近年来矿物质轻泻剂受到普遍欢迎,饲粮中加0.75%氯化钾或1.00%的硫酸镁作为轻泻剂较好。

在分娩前5~7天,对体况良好的母猪,减少日粮中10%~20%的精料,以防母猪产后患乳房炎或仔猪下痢;对体况较差的母猪,在日粮中添加一些富含蛋白质的饲料;分娩当天,可少喂或停喂,并提供适量的温麸皮盐水汤。如母猪膘情较差,乳房干瘪,则不但不应减料,还要加喂豆饼等蛋白质催乳饲料,防止母猪产后无奶。

在炎热夏季母猪采食量普遍下降,也要引起饲养者的高度注意。采取的措施是:防暑降温是第1位;增加饲料营养浓度(添加植物油);调整喂料时间、增加饲喂次数,也是有效的操作方法。在具体操作时:①必须测量体温(正常体温38.5~39.0℃),并观察母猪有无其他伴发症状,然后才采取处理措施。如果只是体温升高,没有伴发其他症状,那么母猪可能有炎症,这时就按照常规的消炎退热方法,给母猪注射畜炎宁10mL+氟欣安8mL。如果母猪体温升高,眼结膜潮红,精神状况较差,就要考虑母猪是否感冒,这时给予母猪抗感冒治疗。再辅以抗继发感染的治疗。②如果母猪不仅体温升高,还伴发呼吸困难、眼结膜潮红,那就要考虑怀孕舍是否通风,特别是炎热季节,母猪的热应激不容忽视,这时不要急着用药,而是给母猪头颈部浇水降温,情况危急时可以扎耳静脉放血,同时在耳根搽酒精散热。

二、管理妊娠后期母猪

在做好怀孕前期、中期管理措施的基础上还应做好下述工作。

1. 除体外寄生虫

如发现母猪身上有虱或疥癣，要用伊维菌素等驱虫药灭除，以免分娩后传给仔猪。

2. 转群

按照预产期在产前一周将母猪转移至产房，并做好登记和交接。转栏时，应对母体全身清洁甚至清洗消毒。此期转群的目的是让母猪尽快适应新环境，正常采食，以便安全顺利产仔。

3. 产前免疫

产前免疫目的在于保证仔猪通过吸食母猪初乳获得母源被动性免疫，一般产前3~4周适合于大多数疫苗的预防注射，为防止新生仔猪感染大肠杆菌引起下痢，要在分娩前1个月和分娩前21天分别注射K88、K99疫苗和仔猪红痢疫苗以控制仔猪黄白痢和红痢的发生。

项目三自测

一、单选题

1. 母猪的发情周期平均为_____。
   A. 21天 B. 14天 C. 45天 D. 114天
2. 早期妊娠测定的部位和方向是_____。
   A. 母猪腹部中间向上90°方向
   B. 母猪腹部和后腿连接的三角区斜向前45°方向
   C. 母猪腹部和后腿连接的三角区斜向后45°方向
   D. 母猪腹部中间斜向上45°方向
3. 用超声波进行早期妊娠测定时，母猪最佳姿势为_____。
   A. 左边侧躺 B. 右边侧躺 C. 腹部卧地 D. 自然站立
4. 弱仔、死胎等现象通常发生在_____。
   A. 着床期 B. 妊娠中期 C. 重胎期 D. 整个妊娠期
5. 仔猪初生体重的60%是在妊娠_____天完成的。
   A. 最初的20~25 B. 中间20~25 C. 最后20~25 D. 因猪而异
6. 妊娠后期的母猪一般会提前_____天左右被转入分娩舍。
   A. 7 B. 2 C. 15 D. 30
7. 妊娠母猪适宜采取的饲养方式是_____。
   A. 限制饲养 B. 自由采食
   C. 先自由采食后限制饲养 D. 先限制饲养后自由采食
8. 超声波妊娠诊断时只能听到声音，不能显示图像的是_____。
   A. B型超声波 B. A型超声波
   C. A型、B型都可以 D. A型、B型都不可以
9. 妊娠母猪的着床期是指_____。

A. 配种后 18 天内　　　　　　B. 配种后 28 天内
C. 配种后 38 天内　　　　　　D. 配种后 48 天内
10. 不能给母猪饲喂霉变饲料的时期是_____。
A. 着床期　　B. 妊娠中期　　C. 重胎期　　D. 整个妊娠期
11. 母猪的平均妊娠期是_____天。
A. 21　　　　B. 52　　　　　C. 114　　　　D. 280
12. 通常情况下胚胎的死亡率为 20%～40%，这些死亡大多发生在_____。
A. 着床期　　　　　　　　　　B. 妊娠中期
C. 重胎期　　　　　　　　　　D. 整个妊娠期均匀分布

二、判断题

1. 母猪配种后即怀孕，不必再查情。（　　）
A. 正确　　　　B. 错误
2. 为了提高受孕率和产仔数，一个情期尽可能配多次，最好 4 次以上。（　　）
A. 正确　　　　B. 错误
3. 着床是指受精卵在孕酮的作用下附植在子宫角的内膜上，并形成胎盘。（　　）
A. 正确　　　　B. 错误
4. 为防止母猪流产，妊娠母猪有体表寄生虫时不能进行驱虫处理。（　　）
A. 正确　　　　B. 错误
5. 怀孕中期的母猪适当运动有利于增强母猪体质和胎儿发育。（　　）
A. 正确　　　　B. 错误

三、简答题

1. 怀孕母猪有哪些行为特点？
2. 简述猪胚胎生长发育规律。
3. 胚胎死亡的原因有哪些？如何避免？
4. 怀孕母猪的饲养方式有哪些？如何选择？
5. 怀孕母猪在前期、中期、后期都应饲喂多少饲料？
6. 简述怀孕母猪的饲养管理要点。

实践活动

母猪早期妊娠测定

【活动目标】　了解确定母猪是否妊娠的方法，重点掌握超声波妊娠测定仪的使用方法及注意事项。

【材料、仪器、设备】　待测母猪，妊娠测定仪，耦合剂等。

【活动场所】　校办实训猪场或基地（自繁自养场）。

【方法步骤】

1. 外部观察法

母猪配种后经 21 天左右，如不再发情、贪睡觉、食欲旺、易上膘、皮毛光、性温驯、行动稳、夹尾走、阴门缩，则表明已妊娠。

若母猪精神不安、阴户微肿，则是没有受胎的表现，应及时补配。

2. 超声波早期诊断法

打开 A 超测定仪电源，促使母猪自然站立，在母猪腹底部后侧的腹壁上（最后乳头上 5～8cm）处涂耦合剂，将探触器贴在测量部位，若诊断仪发出连续响声（电话通了），说明已妊娠，若发出间断响声（电话占线），几次调整方位均无连续响声，说明没有妊娠。

【作业】

（1）根据操作训练，谈谈对猪早期妊娠测定的注意事项。

（2）分析导致测定结果不准确的原因有哪些。

项目四 分娩舍猪的饲养管理

 知识目标

1. 了解哺乳母猪母性行为及哺乳仔猪的生理特点。
2. 了解哺乳母猪及哺乳仔猪的营养需要。

 技能目标

1. 生产实践中能利用母猪的母性和哺乳行为及哺乳仔猪的生理特点促进生产,提高养猪经济效益。
2. 生产中能根据哺乳母猪和哺乳仔猪的营养需要合理配制日粮,并能控制产房环境。
3. 能根据母猪的临产症状判断母猪分娩时间。
4. 会判断母猪是否难产,并及时进行正确的助产护理。

 预备知识

一、哺乳母猪的生理特点

1. 哺乳母猪的母性行为及利用

母性行为主要是分娩前后母猪的一系列行为,如絮窝、哺乳及其抚育和保护仔猪的行为。

母猪在分娩前1~2天,通常衔取干草或树叶等造窝的材料,如果栏内是水泥地面而无垫草,只好用蹄子扒地来表示。分娩前24h,母猪表现神情不安,频频排尿,摇尾,拱地,时起时卧,不断改变姿势。分娩多选择在安静时间,一般多在下午4点以后,特别是夜间产仔多见。

母猪分娩时多侧卧,呼吸加快,皮温上升。当第一头仔猪产出后,母猪不去咬断仔猪的脐带,也不舔仔猪,并且在生出最后一个胎儿以前多半不去注意自己产出的仔猪。有时母猪还会发出尖叫声,当小猪吸吮母乳时,母猪四肢伸直亮出乳头,让初生仔猪吃奶。母猪整个分娩过程中,自始至终都处在放奶状态,并不停地发出哼哼声音。母猪乳头饱满,甚至乳汁流出,使仔猪容易吸吮。母猪分娩后以充分暴露乳房的姿势躺卧,引诱仔猪挨着母猪乳房躺下。哺乳时常采取左侧卧或右侧卧姿势,一次哺乳中间不转身,母仔双方都能主动引起哺乳行为,母猪以低度有节奏的哼叫声呼唤仔猪哺乳,有时是仔猪以它的召唤声和持续地轻触母猪乳房以刺激放乳,一头母猪哺乳时母仔的叫声,常会引起同舍内其他母猪也哺乳。

仔猪吮乳过程可分为四个阶段,开始仔猪聚集乳房处,各自占据一定位置,以鼻端拱摩乳房,吸吮,仔猪身向后,尾紧卷,前肢直向前伸,此时母猪哼叫达到高峰,最后排乳完毕。

在分娩过程中母猪如果受到干扰，则其会站在已产的仔猪中间，张口发出急促的"呼呼"声，表示防护性的威吓。经产母猪一般比初产母猪安稳。分娩过程为3～4h，初产母猪比经产母猪快；放养的猪比舍饲的母猪快。脐带由仔猪自己挣断。强壮的仔猪用自身的活动很快便把胎膜脱掉；而弱仔猪则往往带在身上。胎盘如不取走，多被母猪吃掉。

母、仔猪之间是通过嗅觉、听觉和视觉来相互识别和联系的。在实行代哺或寄养时，必须设法混淆母猪的辨别力，最有效的办法是在外来仔猪身上涂抹母猪的尿液或分泌物，或者把它同母猪所生的仔猪混在一起，以改变其体味。猪的叫声是一种联络信号，仔猪遇有异常情况时通过叫声向母猪发出信号，不同的刺激原因发出不同的叫声。哺乳母猪和仔猪的叫声，根据其发声的部位（喉音或鼻音）和声音的不同可分为嗯嗯声（母仔亲热时母猪叫声）、尖叫声（仔猪的惊恐声）和鼻喉混声（母猪护仔的警告声和攻击声）三种类型，以此不同的叫声，母仔互相传递信号。

正常的母子关系，一般维持到断奶为止。母猪非常注意保护自己的仔猪，在行走、躺卧时十分谨慎，不致踩伤、压死仔猪。母性好的母猪躺卧时多选择靠近栏角处并不断用嘴将仔猪拱离卧区后而慢慢躺下，一旦遇到仔猪被压，只要听到仔猪的尖叫声，马上站起，防压动作再重复一遍，直到不压住仔猪为止。带仔母猪对外来的侵犯先发出警惕的叫声，仔猪闻声逃窜或者伏地不动，母猪会用张合上下颚的动作对侵犯者发出威吓，或以蹲坐姿势负隅抵抗。中国的地方猪种，护仔的表现尤为突出，因此有农谚"带仔母猪胜似狼"，在对分娩母猪进行人工接产以及初生仔猪进行护理时，母猪甚至会表现出强烈的攻击行为。现代培育品种，尤其是高度选育的瘦肉猪种，母性行为有所减弱。

2. 母猪的泌乳

(1) 母猪乳腺结构及泌乳特点 母猪乳房没有乳池，不能随时挤出乳汁。每个乳头有2～3个乳腺，每个乳腺有一个小乳头管通向乳头，各乳头之间互不联系。一般前部乳头的乳头管较后部多，所以，前部乳房比后部乳房泌乳量高。

(2) 母猪的泌乳特点 母猪每昼夜平均泌乳22～24次，每次相隔约1h，母猪放奶时间很短，只有十几秒到几十秒时间。

(3) 反射性排乳 猪乳的分泌在分娩后最初2～3天是连续的，以后属反射性放乳，即仔猪用鼻、嘴拱揉乳房，产生放奶信号，信号通过中枢神经，在神经和内分泌激素的参与下形成排乳。

(4) 泌乳量 指哺乳母猪在一个泌乳期的泌乳总量，通常用泌乳力表示。在自然状态下，母猪的泌乳期为57～77天。在人工饲养条件下，一般为28～60天，我国多为45～60天。但近年来的工厂化养猪，泌乳期多为20～35天。泌乳量按60天计算，一般为300kg。通常在产后4～5天泌乳量逐渐上升，20～30天达到高峰，然后逐渐下降。

不同乳头泌乳量不同，前边3对乳头泌乳量多，约占总泌乳量的67%，而后边4对乳头的泌乳量占33%。如表4-0-1所示。

表4-0-1 每对乳头占总泌乳量的百分比

乳头	第1对	第2对	第3对	第4对	第5对	第6对	第7对	合计
所占百分比/%	22	23	19.5	11.5	9.9	9.2	4.9	100

(5) 猪乳成分 猪乳可分为初乳和常乳。母猪产后3天内所分泌的乳为初乳，3天后所分泌的乳为常乳。

初乳与常乳的不同之处包括：①初乳营养丰富。初乳中蛋白质（白蛋白、球蛋白和酪蛋白）含量高，乳糖少；维生素A、维生素D、维生素C、维生素B_1、维生素B_2相当丰富；酸度高。②初乳中含免疫抗体。蛋白质中含有大量免疫球蛋白，仔猪可从初乳中获得抗体。③初乳中还含有多量的镁盐，有利于胎便排出。如表4-0-2所示。

表4-0-2 猪的初乳和常乳成分比较

项目	水分	蛋白质	脂肪	干物质	乳糖	灰分
初乳/%	77.79	13.33	6.23	22.21	1.97	0.68
常乳/%	79.68	5.26	9.97	20.32	4.18	0.91

3. 影响母猪泌乳量的因素

(1) 品种 品种不同泌乳力也不同，大型肉用型猪和兼用型猪泌乳力较高，小型脂用型猪泌乳力较低。瘦肉型品种长白猪和大约克夏猪，泌乳能力也很强大。巴克夏和中约克夏猪泌乳力较差。

(2) 年龄（胎次） 母猪乳腺的发育与哺育能力，是随胎次增加而提高的。初产母猪的泌乳力一般比经产母猪要低，因此母猪在产第一胎时乳腺发育还不完全，产第二、第三胎时，泌乳力上升，以后保持一定水平。总的来说，母猪胎次与泌乳量一般存在如下关系：以各胎次的平均泌乳量作为100，那么初产时泌乳量为80，二胎时泌乳量为95，3～5胎为100～120，5～7胎以后逐渐下降。因此产仔8～10胎以后的母猪应考虑淘汰。

(3) 带仔数 母猪产仔头数与其泌乳量有密切关系，一般情况下，窝仔数多的母猪其产乳量高，窝仔数少的母猪产乳量较低。

(4) 泌乳次数 母猪泌乳阶段不同，其泌乳量也不同，一昼夜泌乳次数也不同，前期次数比后期次数多，夜间安静泌乳次数较白天多。

(5) 饲料品质和饲养环境 饲料品质和饲养环境是影响泌乳量的主要因素。营养水平的高低不仅影响泌乳量，也直接影响奶的品质，如果没有充足和高质量的饲料，泌乳量不会多而持久。猪在泌乳期内需要大量营养，要保证母猪能分泌充足的乳汁，就得根据母猪的泌乳量来满足其营养需要。哺乳期内营养状况良好的母猪产奶量高，营养较差的母猪产奶量低。此外，营养的供给除了考虑母猪本身的营养需要外，还要注意到哺乳仔猪的头数。

日常管理对母猪的泌乳量也有较大影响，随意更改饲喂次数、环境嘈杂、对母猪粗暴哄赶、使母猪受到惊吓等，都会影响正常的泌乳量。

二、哺乳仔猪的生理特点

1. 生长发育快

猪出生后生长发育特别快。一般仔猪初生重在1kg左右，10日龄时体重达出生重的2倍以上，30日龄达5～6倍，60日龄增长10～13倍或更多，体重达15kg以上。如按月龄的生长强度计算，第一个月比初生重增长5～6倍，第二个月比第一个月增长2～3倍。

仔猪出生后的强烈生长，是以旺盛的物质代谢为基础的。仔猪对营养物质和饲料品质要求都较高，对营养不全的反应敏感。因此，仔猪补饲或供给全价日粮尤为重要。

2. 消化器官不发达，消化功能不完善

初生仔猪消化道相对重量和容积较小，机能发育不完善。初生时胃重4~5g，容积为25~40mL，以后才随年龄的增长而迅速扩大，到20日龄时，胃重增长到35g左右，容积扩大3~4倍。小肠在哺乳期内也强烈生长，长度约增5倍，容积扩大50~60倍。由于胃的容积小，胃内食物排空的速度快，15日龄时约为1.5h，30日龄为3~5h，60日龄为16~19h。因此，仔猪易饱、易饿。所以要求仔猪料容积要小、质量要高，适当增加饲喂次数，以保证仔猪获得足够的营养。

仔猪消化器官发育的晚熟，导致消化酶系统发育较差，消化机制不完善。同时，初生仔猪胃腺不发达，不能分泌盐酸，20日龄前胃内无盐酸，20日龄以后，盐酸浓度也很低。因此，其抑菌、杀菌能力弱，容易发生下痢，且不能消化蛋白质，特别是植物性蛋白质。随着仔猪日龄的增长和食物对胃壁的刺激，盐酸的分泌不断增加，到40日龄时，胃蛋白酶才表现出对乳汁以外的多种饲料的消化能力。此外，由于初生仔猪胃和神经系统之间的联系还没有完全建立，缺乏条件反射性的胃液分泌，只有食物进入胃内直接刺激胃壁后，才能分泌少量胃液；而成年猪由于条件反射的作用，即使胃内没有食物，同样能大量分泌胃液。在胃液的组成上，哺乳仔猪在20日龄内胃液中仅有足够的凝乳酶，而胃蛋白酶很少，为成年猪的1/4~1/3，到仔猪3月龄时，胃液中的胃蛋白酶才增加到成年猪的水平。为此，要给仔猪早开食、早补料，以促进消化液的分泌，进一步锻炼和完善仔猪的消化功能。

3. 缺乏先天免疫力，易得病

猪的胚胎构造复杂，在母猪血管与胎儿脐血管之间被6~7层组织隔开（人三层，牛、羊五层），限制了母猪抗体通过血液向胎儿转移。因而，仔猪出生时先天免疫力较弱。只有吃到初乳后，靠初乳把母体的抗体传递给仔猪，并过渡到自体产生抗体而获得免疫力。母猪初乳中蛋白质含量很高，每100mL中含总蛋白15g以上，但维持的时间较短，三天后即降至0.5g。仔猪出生后24h内，由于肠道上皮对蛋白质有通透性，同时乳清蛋白和血清蛋白的成分近似，因此，仔猪吸食初乳后，可将其直接吸收到血液中，免疫力迅速增加。肠壁的通透性随肠道的发育而改变，36~72h后显著降低。因此仔猪出生后应尽早吃到初乳。

仔猪10日龄以后才开始自产免疫抗体，到30~35日龄前数量还很少，直到5~6月龄才达成年猪水平（每100mL含γ-球蛋白约65mg）。因此，14~35日龄是免疫球蛋白的青黄不接阶段，最易患下痢，也是最关键的免疫期。同时，仔猪这时已采食较多，胃液又缺乏游离盐酸，对随饲料、饮水进入胃内的病原微生物抑制作用较弱，从而成为仔猪多病的原因之一。

4. 体温调节能力差，行动不灵活，反应不灵敏

仔猪神经发育不健全，体温调节能力差，再加上初生仔猪皮薄毛稀，皮下脂肪少，因此特别怕冷，容易冻昏、冻僵、冻死，特别是生后第一天。初生仔猪反应迟钝，行动不灵活，也容易被踩死、压死。

三、哺乳母猪的营养需要

1. 哺乳母猪的能量营养

肉脂型能量需要为12.1MJ/kg，瘦肉型为11.66~12.36MJ/kg。析因法估计其能量需要应包括维持需要、泌乳需要以及泌乳期增重的需要。由于受母猪营养水平、哺乳期体重、

产仔数、哺乳期长短不一的影响,其能量需要量也不一致。

2. 粗蛋白质需要

肉脂型为 14%,瘦肉型为 15%,若日粮中加入鱼粉、胎衣、小鱼虾等动物性蛋白质饲料,则有利于提高泌乳量与仔猪断奶窝重。此外,品质好的青绿多汁饲料含游离氨基酸较多,有利于提高泌乳量。

3. 矿物质需要

母猪泌乳两个月可排出 2~2.5kg 矿物质。猪乳的含钙量约为 0.25%,含磷量约为 0.166%。一头哺育 10 头仔猪的母猪,每天排出 13g 左右的钙和 8~9g 的磷。若钙磷的利用率为 50%,则每天产乳需 26g 钙和 16~18g 的磷。另外,猪维持正常的代谢还需要一定量的钙、磷。如果日粮中钙与磷不足,母猪就要动用自身骨骼中贮备的钙、磷,长期下去,就会使母猪食欲减退、产乳量下降,还会发生骨质疏松症。母猪日粮中还应供给食盐,以提高食欲与维持体内酸碱平衡。日粮中骨贝粉应占 2%,食盐占 0.25%~0.30%。

4. 维生素需要

缺乏维生素 A,会造成泌乳量和乳品质的下降。缺乏维生素 D,会造成产后瘫痪。因此,在哺乳母猪的日粮中,应适当多喂一些青绿多汁饲料,以补充维生素和提高泌乳力。

四、哺乳仔猪的营养需要

1. 能量需要

哺乳仔猪所需能量有两方面来源,一个是母乳,另一个是仔猪料。这给仔猪日粮能量需要的确定带来了困难,因为每头母猪泌乳量及乳质不同,每日提供的能量就不同,在这种情况下,只好按仔猪生长速度来考虑其能量供给问题。但仔猪营养需要方面将哺乳仔猪能量需要单独罗列起来还很少,大多是借鉴生长猪 3~10kg 阶段的能量需要数据,而 3~10kg 阶段生长猪的能量需要只是最低需要量,和现实生产中仔猪生长的速度相比,还存在很大差距,因此这些数据只是在饲粮配合时的一个参考依据,这些数据最初也是根据仔猪维持营养需要和生长需要计算出来的。

剖析仔猪生长所需能量时,应考虑氮沉积、脂肪沉积以及骨骼、皮肤等组织的增长,一般是以骨骼生长、瘦肉生长和脂肪生长的顺序进行沉积和增长。仔猪用于沉积蛋白质和脂肪的能量效率高于生长肥育猪,所以人们在配合仔猪饲粮时应与生长肥育猪有一定的区别。经测定,沉积 1kg 蛋白质需要 DE 52.72MJ,沉积 1kg 脂肪需要 DE 52.3MJ。其他组织的增长所需能量不多,一般只需要 DE 14.2MJ。仔猪在不断地生长发育,其维持能量需要和生长能量需要也在不断变化。实际生产中只能根据体重和预期的增重值考虑能量供给,美国 NRC(2012)标准是 3~5kg 阶段生长猪日粮中消化能含量为 14212kJ/kg、日采食量 250g、日摄取消化能 3553kJ,摄取这些能量预期日增重为 250g 左右。5~10kg 阶段要求日粮中消化能含量仍为 14212kJ/kg、日采食量 500g、日摄取消化能 7106kJ,期望日增重 450g 左右。但在实际生产中,仔猪生长速度比美国 NRC(2012)介绍得要快一些,加上不能确定哺乳仔猪所居环境温度是否处在 28~25℃。因为环境温度不适将导致哺乳仔猪对能量需求发生变化,温度偏低由于体热散失过多,用于生长能量减少,为了保证其生长速度,要增加能量供给数量;温度偏高仔猪食欲降低,影响日摄取能量总量,同时高温环境也会增加体热能损失,结果同样使维持能量增加,生长能量减少,要想使仔猪日采食较多的能量,可以通过增加日粮中能量含量的方法来满足哺乳仔猪对能量的需要。具体做法是向哺乳仔猪日粮中添加动物脂肪3％～5％，动物脂肪与植物脂肪相比，其饱和脂肪酸含量高，易于被仔猪吸收，同时也能减少腹泻。

2. 蛋白质、氨基酸的需要

哺乳仔猪健康迅速地生长发育，首先要保证能量需求，第二是保障蛋白质、氨基酸的供给，不同的品种、年龄、体重阶段以及不同的生产水平对蛋白质、氨基酸需求有差异，美国NRC（2012）标准为3～5kg阶段粗蛋白为26％，赖氨酸为1.5％，5～10kg阶段，粗蛋白为23.7％、赖氨酸为1.35％。哺乳仔猪除由日粮中摄取的蛋白质和氨基酸外，母乳还可以提供一定数量的蛋白质和氨基酸，以每头哺乳仔猪每日吮乳500g计算，每日由母乳提供的蛋白质约30g。在能量供给充足的情况下，再供给充足的蛋白质和氨基酸等营养物质，即可保证哺乳仔猪迅速生长。反之，能量供给不充足，蛋白质水平再高，氨基酸平衡再好，哺乳仔猪照样将蛋白质和氨基酸经脱氨基作用氧化产热，加重肝肾负担，浪费蛋白质资源，增加饲料成本。哺乳仔猪乃至其他猪，之所以将能量需要作为生长的第一需要，是因为猪是恒温动物，始终以能量需要作为第一要素，这一生理特性在营养供给上应引起充分重视，以便于科学利用营养资源。

哺乳仔猪日粮中蛋白质水平不足以全面评价其质量优劣，应以日粮中仔猪所需的必需氨基酸，特别是一些限制性氨基酸在日粮中的含量作为评价哺乳仔猪日粮的重要依据。玉米-豆粕-乳清粉型的哺乳仔猪饲粮，赖氨酸是一种限制性氨基酸，如果赖氨酸不足，一则生长速度受限，二则会增加哺乳仔猪腹泻发病率。所以说单纯看仔猪日粮蛋白质水平高低是不全面的，有时日粮中过多使用植物性蛋白质，往往会出现哺乳仔猪消化道免疫反应损伤，从而引起腹泻。如果把日粮中蛋白质水平降低2％～3％，增加0.1％～0.3％的赖氨酸，会大大降低哺乳仔猪腹泻的发生。以上所提及的蛋白质、氨基酸在饲粮配合过程中均要由具体饲料原料得以实现，因此在选择饲料原料时，要特别注意作为哺乳仔猪日粮的饲料原料品质，应根据哺乳仔猪蛋白质、氨基酸需要特点，选择必需氨基酸含量高，特别是限制性氨基酸含量高的饲料原料，如进口鱼粉等。但鱼粉资源世界范围内日益锐减，并且价格较高，所以有些生产场已改用氨基酸平衡法来配合哺乳仔猪日粮，既科学又经济。最后指出的是氨基酸水平不是越高越好，关键是各种氨基酸间的平衡，所以应根据美国NRC（2012）标准中各种氨基酸推荐数量酌情添加，进行日粮配合，以优良的氨基酸组合保证哺乳仔猪快速生长，反之会使哺乳仔猪生长速度变慢，饲料转化率降低，有时还会引发哺乳仔猪健康问题。

3. 矿物质需要

哺乳仔猪骨骼、肌肉生长较快，对矿物质营养需要量较大，过去非封闭式饲养情况下人们已注意钙、磷的补给，而忽视了其他矿物质营养的供给，导致哺乳仔猪生产水平较低，这些做法的初衷是由于骨骼中主要成分是钙、磷所致，当哺乳仔猪日粮中缺乏钙、磷，首先暴露的问题是生长速度变慢、体形变形等。美国NRC（2012）标准是：3～5kg阶段钙0.90％，总磷0.70％，有效磷0.56％；5～10kg阶段钙0.80％，总磷0.65％，有效磷0.40％。以上数据是使用玉米-豆粕型日粮时，保证最大增重速度和饲料利用率的最低需要量，而实际配合日粮时要高于这个数字，特别是钙超出饲养标准更多。究其原因，第一个是预混料中所用的稀释剂或载体多选用含钙高的石粉或石膏。第二个是由于高钙、高磷日粮有利于封闭状态下，采光系数较低的舍内猪对钙、磷的需求。第三个原因是根据哺乳仔猪将来用途而设计，将来用于种用的哺乳仔猪日粮中高钙、高磷，可以增加其骨骼密度，防止骨质疏松，增强抗碎强度。有研究证明，母猪在幼龄阶段高钙、高磷可以延长繁殖寿命。鉴于此种情况，在配合哺乳仔猪日粮时应高出标准0.1%。第四个原因是，哺乳仔猪日粮中主要原料来源于植物谷类，植物谷实普遍存在着钙含量少，而有些饲料磷的含量较高，但60%左右是以植酸磷形式存在的，猪对植酸磷在无外源酶情况下利用率很低。综合近年来研究结果，猪对植物磷的利用率只有30%左右。掌握这一点便于对哺乳仔猪进行日粮配合时作重要参照。

掌握了钙、磷需要量的同时，还应注意钙、磷比例，便于提高日粮中钙、磷吸收利用效果。研究表明，3～5kg阶段猪，钙与有效磷最佳比例为1.6∶1；5～10kg阶段猪，钙与有效磷最佳比例为2.0∶1。高于以上比例，对仔猪有害而无益，表现出采食量、增重速度、饲料转化率和骨骼质量下降等不良后果。为了提高钙、磷利用效果，实际配合日粮时多选用石粉作为钙源，以磷酸氢钙作为磷源。

在矿物质营养中还应注意钾、钠、氯的需要与供给问题，植物饲料中钠不足而钾过量，在这种情况下重点考虑钠、氯需要量，美国NRC（2012）推荐哺乳仔猪对钾、钠、氯的需要量分别是3～5kg阶段日采食量250g，应摄取钾0.75g、钙0.63g、氯0.63g，5～10kg阶段日采食量500g，应摄取钾1.4g、钠1g、氯1g。根据该标准，向哺乳仔猪日粮中添加0.3%的食盐即可以满足哺乳仔猪对钠和氯的需要，防止钾、钠、氯缺乏，出现电解质不平衡，影响仔猪生长发育和饲料转化率，严重时仔猪会出现食欲减退、被毛粗糙、消瘦、行动懒惰、运动失调等不良后果。但也要注意钾、钠、氯在日粮中含量过高可引起中毒，特别是饮水设施不完善的情况下，应引起充分重视。据资料报道，在饮水充足情况下，哺乳仔猪可以耐受日粮高水平的食盐及钾；当饮水受限时，过量食盐会使仔猪出现神经过敏、虚弱、蹒跚、癫痫、瘫痪和死亡等中毒症状。钾中毒主要表现心电图失常。

硫和镁对于哺乳仔猪虽然完全可以由含硫氨基酸和母乳中得以满足，一般不需要另外添加，但对于生长速度快、瘦肉率高的猪种，添加一定量的镁可以减少应激过敏。

至于其他微量元素如铁、铜、锌、硒是近几年来人们普遍关注的，美国NRC（2012）标准要求铁为60mg/kg。但实际应用中，哺乳仔猪开食料中其添加量为100～160mg/kg，究其原因是由于其他微量元素超标准添加，铁必须首先超标准添加，从而缓解中毒。常用铁源有$FeSO_4·4H_2O$、$FeSO_4·7H_2O$。

铜是近十年内添加量和添加效果研究的热点。美国NRC（2012）标准3～10kg阶段为3～6mg/kg。这个数值完全可以保证仔猪正常生长发育的最低需要。但实际饲料生产中，人们在哺乳仔猪日粮中铜的添加量为150～300mg/kg。高剂量添加铜，基于两个方面，一个是高剂量铜可以促进仔猪生长；另一个是满足过去有些人的所谓黑粪要求，实际上是不科学的，一些欧美国家从环保角度和资源合理利用角度考虑，其饲粮中铜的含量要求控制在125mg/kg以下。仔猪缺铜，可以出现缺铜性贫血，母猪乳中铜含量较低，但是可以通过给妊娠母猪高铜饲料，增加初生仔猪体内铜的贮量。常用铜源多选择$CuSO_4·5H_2O$。

锌的需要量受饲粮中钙、磷、铜含量，干饲与湿饲，阳光直射曝晒的时间和强度，猪的毛色等影响较大。美国NRC（2012）标准推荐3～10kg阶段仔猪锌为100mg/kg饲粮，但是饲粮中钙、磷、铜超标，干饲，阳光曝晒，无色猪将增加对锌的需要量，防止出现相对缺锌引发皮肤不全角化症。实际配合仔猪日粮时多选用$ZnSO_4·H_2O$、$ZnSO_4·7H_2O$、$ZnCO_3$。锌添加量一般为150～180mg/kg。

硒的需要量受地区、敏感猪群两方面影响，我国北方大部分地区过去属缺硒地区，但随着含硒饲料、含硒肥料的广泛使用，这种情况将有所改变。生长速度快、瘦肉率高的猪种对缺硒敏感。幼龄猪缺硒主要发生在生长速度快、体格健壮的仔猪上，轻者应激反应过敏，重者患白肌病、营养性肝坏死、桑葚心，使仔猪死亡率增加，给仔猪培育带来一定的损失。美国 NRC（2012）标准 3～10kg 阶段硒为 0.3mg/kg。由于添加的原料多为 Na_2SeO_3，其毒性较大，不需要超标准太多添加，缺硒地区一方面在母猪妊娠期注重日粮硒的添加；另一方面仔猪出生后第 1 天肌内注射硒 0.5mg。仔猪饲粮中添加硒时一定要搅拌均匀，谨防中毒。

锰作为多种与糖类、脂类和蛋白质代谢有关酶的组成成分发挥作用，同时锰是骨有机质黏多糖组成成分。锰在美国 NRC（2012）标准推荐量为 4mg/kg，锰很容易穿过胎盘，所以妊娠猪缺锰会导致初生仔猪缺锰，哺乳仔猪的锰可以由母乳和饲粮中获得，以免影响骨骼生长发育。常用锰源为 $MnSO_4 \cdot H_2O$。

4. 维生素需要

哺乳仔猪所需要的维生素量应根据仔猪日粮类型、日粮营养水平、饲料加工方法、饲料贮存环境和时间、维生素预处理、哺乳仔猪饲养方式、仔猪生长速度、饲料原料组成、仔猪健康状况、药物使用、体内维生素贮存状况等因素综合考虑。美国 NRC（2012）标准中的各种维生素需要量只是最低需要量。实际配合饲粮时，维生素水平至少是标准需要量的 5～8 倍，才能保证最大生产成绩。哺乳仔猪所需维生素来源于母乳和日粮，根据玉米-豆粕-乳清粉型日粮特点考虑添加的维生素，有维生素 A、维生素 D、维生素 E、维生素 K、维生素 B_1、维生素 B_2、泛酸、烟酸、维生素 B_{12}、胆碱、维生素 B_6、生物素、叶酸等。

维生素 A、维生素 D 过量时毒性较大。一般维生素 A 在饲料中的添加量不超过 20000IU/kg，维生素 D 不超过 2000IU/kg。维生素 A 缺乏，往往是母猪饲粮缺乏造成的，使得初生仔猪免疫力下降，生长发育受阻。维生素 D 缺乏会影响钙、磷的吸收，使仔猪出现佝偻病影响生长。维生素 E 是哺乳仔猪最容易缺乏的，有几方面原因，一是饲料中含量少，并且极易被空气氧化破坏；二是价格昂贵，添加量不是几倍于标准添加；三是仔猪日粮中添加脂肪，特别是一些不饱和脂肪酸易使维生素 E 氧化；四是生长速度快、瘦肉率高的品种仔猪对维生素 E 量敏感。基于上述原因，应向哺乳仔猪日粮中添加维生素 E 40～100mg/kg。而美国 NRC（2012）维生素 E 推荐量为 10mg/kg。根据资料报道，高水平添加维生素 E（150～300mg/kg 饲粮）可以增强仔猪的免疫力，有利健康。

维生素 K 对于哺乳仔猪是必需的，因为哺乳仔猪肠道内微生物少，不能合成自身所需要的维生素 K。因此在其饲粮中应添加 2mg/kg 维生素 K。

哺乳仔猪日粮中由于其植物饲料中含有较丰富的水溶性维生素，故应按美国 NRC（2012）标准至少 2 倍左右添加，防止出现缺乏症。

值得指出的是，胆碱对维生素 A、维生素 D_3、维生素 K 和泛酸等易起破坏作用，因此在多维预混剂中，应不包括胆碱，待配合饲粮时加入。其他维生素要想增加保存时间，均应进行抗氧化包埋处理。健康状况不佳的仔猪，应酌情增加维生素添加量。饲料加工过程中加温应增加维生素给量，生长速度快的猪应增加维生素添加量。

5. 水的需要

仔猪生后 1～3 天就需要供给饮水。其所需数量受仔猪体重、健康状况、饲粮组成、环境温度和湿度等因素影响。哺乳仔猪对水质要求较高，要求符合饮水卫生标准，同时要有完善的饮水设施。现代养猪生产多选用饮水器或饮水碗，一般认为哺乳仔猪习惯使用饮水碗。但要保证饮水碗的清洁卫生。使用饮水器要安装好高度，一般为15~20cm，水流量至少250mL/min。据资料报道，水中含有硝酸盐或硫酸盐易引起仔猪腹泻。生产实践中，发现水中氟含量过高，会使猪出现关节肿大，锰含量过高，仔猪出现后肢站立不持久，出现节律性抬腿动作。

五、哺乳母猪和哺乳仔猪适合的产房环境

一般情况下，产房的温度在18~23℃，当环境温度高于23℃时，哺乳母猪采食量会下降，影响母猪的泌乳量。夏季可以采取滴水降温、湿帘和机械通风等方式控制产房温度；冬季可以采取采暖的措施控制产房温度。而新生仔猪的适宜环境温度为30~34℃，因此在产房应采取局部采暖的方式给新生仔猪进行取暖，控制适宜的温度。产房适宜的湿度为60%~75%。同时要控制气流，尤其是冬季要防止贼风侵袭。

工作目标

1. 按计划完成哺乳阶段母猪饲养管理任务。
2. 哺乳期仔猪成活率在95%以上，经产母猪每窝断奶仔猪数不少于9头，初产不少于7头。
3. 仔猪3周龄断奶时平均采食乳猪料500g以上，平均体重≥6kg，4周龄断奶体重7.5kg以上。
4. 商品猪场仔猪断奶时不能发现未去势及有阴囊疝的仔猪。
5. 断奶时瘦肉型母猪背膘不低于18mm。
6. 断奶时母猪不能发现有子宫炎及肢体残疾的个体。
7. 确保断奶过渡期（断奶一周内）仔猪不掉膘或每头仔猪不少于200g的增重。
8. 工作过程中无重大责任事故发生。

工作内容

工作内容一　产前准备

一、准备产房

产房任务是保障母猪分娩安全，仔猪全活健壮，准备的重点是保温与消毒，空栏一周后进猪。工厂化猪场实行流水式的生产工艺，均设置专门的产房。在产前要空栏彻底清洗，检修产房设备，之后用消毒威、2%氢氧化钠等消毒药连续消毒两次，晾干后备用，第二次消毒最好采用火焰消毒（非塑料设备）或熏蒸消毒。

产房要求：温暖干燥，清洁卫生，舒适安静，阳光充足，空气新鲜。温度在20~23℃，最低也要控制在15~18℃，相对湿度为65%~75%，产栏安装滴水装置，夏季头颈部滴水降温，冬春季节要有取暖设备，尤其仔猪局部保温应在30~35℃。产房内温度

过高或过低、湿度过大是仔猪死亡和母猪患病的重要原因。产房及产床见图 4-1-1 和图 4-1-2。

图 4-1-1　产房

图 4-1-2　产床

二、准备用具

产前应准备好接产用具如干净毛巾、细线、剪牙钳、断尾钳、秤、照明用灯等，冬季还应准备仔猪保温箱、红外线灯或电热板等；药品应准备 5％的碘酒、2％～5％来苏尔、催产药品和 25％的葡萄糖（急救仔猪用）等。

三、准备待产母猪

1. 营养

应根据母猪的膘情和乳房发育情况采取相应的措施。产前 10～14 天逐渐改用哺乳期饲料。对膘情及乳房发育良好的母猪，产前 3～5 天应减料，逐渐减到妊娠后期饲养水平的 1/2 或 1/3，并停喂青绿多汁饲料，以防母猪产后乳汁过多而发生乳房炎，或因乳汁过浓而引起仔猪消化不良，产生拉稀。发现临产征兆，停止饲喂。若母猪膘情不好，乳房膨胀不明显，产前不仅不应减料，还应加喂含蛋白质较多的催乳饲料。

2. 管理

产前 2 周，对母猪进行检查，若发现疥癣、虱子等体外寄生虫，应用 2％敌百虫溶液喷雾消毒，以免产后感染给仔猪。产前 3～7 天应停止驱赶运动或放牧，让其在圈内自由运动。安排好昼夜值班人员，密切注意，仔细观察母猪的征兆变化，做好随时接产准备。

3. 转移

产前一周将妊娠母猪赶入产房，以适应新环境。进产房前应对猪体进行清洁消毒，用温水擦洗腹部、乳房及外阴部，然后用 2％～5％的来苏尔消毒，做到全身洗浴消毒效果更佳。同时要注意减少母猪对产栏的污染。

四、接产人员准备

分娩舍应有饲养员昼夜值班，因多数母猪在夜间分娩。接产人员应剪短指甲、磨光，不戴戒指、手镯等首饰，消毒双手，准备接产。

工作内容二　接产、助产

一、判断母猪产仔时间

1. 乳房变化

产前15~20天乳房膨大，呈两条带状隆起，皮肤发红、发亮，乳头呈八字形外展。

2. 乳汁出现

当母猪前面乳头能挤出乳汁，将在24h内产仔；当母猪中间乳头能挤出乳汁，约在12h内产仔；当母猪后面乳头能挤出乳汁，在4~6h内产仔；当最后一对乳头能挤出乳汁，并且呈放线状，还有1~2h产仔或即将产仔。

3. 外阴变化

产前3~5天，阴唇红肿，尾根两侧下陷。

4. 行为改变

临产母猪叼草絮窝；产前1h，躺卧，四肢伸直，阵缩渐快。当母猪阴户流出白色或混有血液的稀薄液体（羊水）时，说明分娩马上开始。

二、接产

母猪的妊娠期平均为114天，变化幅度较小，一般提前或错后1~2天均属正常。由于母猪分娩多在夜间，为避免死胎和假死现象的发生，使母猪正常分娩，并缩短产程，要求有专人看管，每天注意观察母猪分娩征兆，母猪分娩时，必须有饲养员在场接产，严禁人员离开现场。而且许多母猪往往在夜间分娩，所以饲养人员应克服困难、不怕苦、不怕累，做好夜间值班和守护工作。同时在整个接产过程中保持产房安静，动作迅速而准确。

母猪分娩的持续时间为30min到6h，平均为2.5h，平均出生时间间隔为15~20min。产仔间隔越长，仔猪就越弱，早期死亡的危险性越大。对于有难产史的母猪，要进行特别护理。

母猪分娩时一般不需要帮助，但出现烦躁、极度紧张、产仔时间间隔超过45min等情况时，就要考虑人工助产。

接产步骤如下：

(1) 擦黏液　一般母猪在破水后30min内即会产出第一头小猪。仔猪出生后，应立即将其口鼻黏液掏除，并用清洁抹布将口鼻和全身的黏液抹干，涂上爽身粉，以利仔猪呼吸和减少体表水分蒸发，避免发生感冒。个别仔猪在出生后胎衣仍未破裂，应立即撕破胎衣，避免发生窒息死亡。

(2) 断脐　仔猪离开母体时，一般脐带会自行扯断，但仍有20~40cm长，应及时进行人工断脐。先将脐带内的血液向仔猪腹部方向挤压，然后在距离腹部4cm处（手掌横过来的宽度）将脐带用手指掐断，再离断点1~2cm处用消毒过的棉线扎紧，断处再用碘酒消毒。若断脐时流血过多，可用手指捏住断头3~5min，直到不出血为止。考虑到链球菌病在多数猪场存在，最好用在碘酒中浸泡过的结扎线扎紧，否则开放的脐带断端会成为链球菌侵入猪体的有效门户，许多猪场仔猪发生关节炎和脓肿与此有关。留在仔猪腹壁上的脐带经 3～4 天即会干枯脱落。如图 4-2-1。

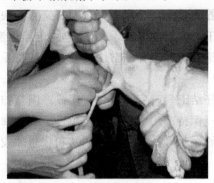

图 4-2-1 断脐

(3) 剪犬齿 用剪齿钳将初生仔猪上、下共 8 颗尖牙（图 4-2-2）剪断，剪时应干净利落，不可扭转或拉扯，以免伤及牙龈。断面要平滑整齐，并用 2% 碘酒涂抹断端，以减少细菌感染。如图 4-2-3。据报道，每窝仔猪中最弱小的仔猪不剪牙，能提高弱小仔猪的成活率，提高整窝仔猪的整齐度。现在国内外有部分大规模猪场已经不剪牙。

(4) 断尾 为防止日后咬尾，仔猪出生时应在尾根 1/3 处用钝钳夹断，断尾后须止血消毒，如用高温烙铁，既可消毒又可止血。剪尾点：雄性猪尾端离睾丸尖端 2/3 处；雌性猪为阴户尖。如图 4-2-4。

图 4-2-2 犬齿

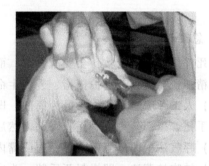

图 4-2-3 剪犬齿

图 4-2-4 断尾

图 4-2-5 称重

(5) 接种 必要时做猪瘟弱毒苗乳前免疫,剂量3头份。切记凡进行乳前免疫的仔猪应在注射疫苗后1~2h再吃奶。

(6) 及时吃上初乳 仔猪出生后10~20min内,应将其抓到母猪乳房处,协助其找到乳头,吸上乳汁,以得到营养物质和增强抗病力,同时又可加快母猪的产仔速度。

(7) 保温 应将仔猪置于保温箱内(冬季尤为重要),箱内温度控制在32~35℃。

(8) 做好产仔记录 种猪场应在产仔24h之内进行个体称重(图4-2-5),并剪耳号(见工作内容五)。

(9) 及时清理现场 产仔结束后,应及时将产床或产圈打扫干净,特别是母猪排出的血水、胎衣等污物要随时清理,保持产房干净,以避免发生疾病和母猪吃胎衣养成吃仔猪的恶癖。用消毒水擦洗母猪臀部的血水,减少细菌的繁殖和仔猪舔咬后感染。

三、急救假死仔猪

仔猪出生后全身发软,张口抽气,甚至停止呼吸,但心脏仍然在跳动,用手指轻压脐带根部感觉仍在跳动的仔猪称为假死仔猪。

1. 分析造成仔猪假死的原因

① 仔猪在产道内停留的时间过长,吸进产道内的羊水或黏液,造成窒息。

② 仔猪在母猪产道内停留时间过长的原因是母猪年老体弱,或母猪长期不运动,腹肌无力,分娩无力。

③ 胎儿过大并卡在产道的某一部位,母猪产道狭窄等。

④ 冬天没有保温设施,导致分娩舍温度过低,仔猪离开母猪产道后受到冷应激导致假死。

2. 急救假死仔猪

假死仔猪不及时抢救就会变成真死。而假死仔猪急救需要急救人员具备不怕脏、不怕臭的职业精神,需要具有爱护仔猪、爱护生命的职业道德。

(1) 人工呼吸法 此方法最为简便,即饲养员把仔猪放在麻袋或垫草上,仔猪的四肢朝上,一手托着肩部,另一手托着臀部,然后一屈一伸反复进行,直到仔猪叫出声后为止。

(2) 呼气法 即向假死仔猪鼻内或嘴内用力吹气,促其呼吸。

(3) 拍胸拍背法 即提起两后腿,头向下,用手拍胸拍背,促其呼吸。

(4) 药物刺激法 即在鼻部涂酒精等刺激物或针刺的方法,促其呼吸。

(5) 捋脐法 具体操作方法是:尽快擦净胎儿口鼻内的黏液,将头部稍高置于软垫草上,在脐带2~3cm处剪断;术者一手捏紧脐带末端,另一手自脐带末端捋动,每秒1次,反复进行不得间断,直至救活。一般情况下,捋30次时假死仔猪出现深呼吸,40次时仔猪发出叫声,60次左右仔猪可正常呼吸。特殊情况下,要捋脐120次左右,假死仔猪方能救活。

不管采用哪种方法,在急救前必须先把口、鼻内的黏液或羊水用手捋出并擦干后,再进行急救,而且急救速度要快,否则假死会变成真死。

四、给难产母猪助产

难产可能发生在临产刚刚开始时,也可能发生在分娩过程中。难产会导致母猪产程过长,仔猪的活力就会减弱,发生早期死亡的风险就加大,因此对难产母猪及时助产非常重要。

1. 分析母猪难产原因

难产在猪生产中较为常见,由于母猪骨盆发育不全、产道狭窄、子宫收缩弛缓、胎位异常、胎儿过大或死胎引致分娩时间拖长所致,如不及时处置,可能造成母仔死亡。

母猪过肥可造成产道狭窄,过瘦则体弱分娩无力;妊娠期母猪营养过度,造成胎儿过大;近亲繁殖,使胎儿畸形;妊娠期由于缺乏运动,造成胎位不正;产仔时,人多杂乱,其他动物如狗、猫进入猪圈,使母猪神经紧张;母猪因先天性发育不良,或配种过早而发育不良,曾经开过刀有伤疤等情况,造成产道狭窄;母猪年老体衰,子宫收缩力弱,以及患其他病,致使母猪体弱而分娩无力等,都能促成母猪难产。

2. 难产的判断

① 超过预产期3~5天,仍无临产症状之母猪。

② 如果母猪有发现胎衣破裂、羊水流出以及母猪强烈努责等产仔症状,但1~2h后仍然没产仔。

③ 母猪产出1~2头仔猪后,仔猪体表已干燥且活泼,而间隔60min内仍不见后一仔猪出生,也没有胎衣排出,可以判断母猪难产。

3. 人工助产技术

① 有难产史的母猪临产前1天肌内注射律胎素或氯前列烯醇。

② 临产母猪子宫收缩无力或产仔间隔超过半小时者可注射缩宫素,但要注意在子宫颈口开张时使用(即在至少产仔1头后使用)。

③ 注射催产素仍无效或由于胎儿过大、胎位不正、骨盆狭窄等原因造成难产应立即人工助产。

④ 人工助产时,先将指甲磨光,取下戒指等尖锐物件。先用肥皂水洗净手及手臂,再用2%来苏尔或0.1%高锰酸钾水将手及手臂消毒,涂上凡士林或油类等润滑剂。然后将手指捏成锥形,随着子宫收缩节律慢慢伸入,触及胎儿后,根据胎儿进入产道部位,抓仔猪的两后腿或下颌部将小猪拉出(图4-2-6)。若出现胎儿横位,应将头部推回子宫,捉住两后肢缓缓拉出;若胎儿过大,母猪骨盆狭窄,拉小猪时,一要与母猪努责同步,二要摇动小猪,慢慢拉动。拉出仔猪后应帮助仔猪呼吸。助产过程中,动作必须轻缓,注意不可伤及产道、

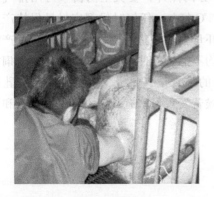

图4-2-6 助产

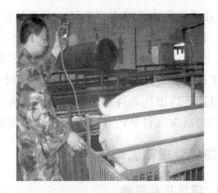

图4-2-7 灌注青霉素

子宫，待胎儿胎盘全部产出后，于产道局部抹上青霉素粉，或灌注青霉素（图4-2-7），以防发生子宫炎、阴道炎。考虑到公共卫生安全，助产人员最好先戴上专用助产手套后，经润滑处理再伸入产道进行助产。

⑤ 对难产的母猪，应在母猪卡上注明发生难产的原因，以便下一产次的正确处理或作为淘汰鉴定的依据。

工作内容三 配制哺乳母猪的饲料

哺乳母猪日粮配方实例见表4-3-1。

表4-3-1 哺乳母猪日粮配方实例

配方类型	玉米/%	豆粕/%	麸皮/%	鱼粉/%	蚕蛹粉/%	预混料/%
豆粕配方	64	26	6			4
鱼粉配方	65	20	8	3		4
蚕蛹粉配方	65	20	6		5	4

工作内容四 饲养及管理哺乳母猪

一、饲养管理产后母猪

为了保证母猪的健康和旺盛的采食欲望，分娩前10~12h最好不再喂料，但应满足饮水，冷天水要加温。或喂热麸皮盐水（麸皮250g、食盐25g、水2kg）。母猪分娩后第1天，若无食欲，则不要强迫喂食，让其躺卧休息。千万不可马上喂给大量浓厚的精饲料，特别是大量饼类饲料，以免引起消化不良和乳汁过浓而发生乳房炎和仔猪拉稀。若有食欲，可喂少量饲料（每天喂0.5~1kg）。第2天所有分娩母猪都要赶起站立，并投喂饲料，喂料量依母猪的食欲、有无乳房炎和便秘等情况而定，以后逐天增加，到产后第7天，按规定的喂料量投喂饲料。日喂3~4次，饲喂量增加到每天6kg以上。在母猪增料阶段，应注意母猪乳房的变化和仔猪的粪便。在分娩时和泌乳早期，饲喂抗生素能减少母猪子宫炎和分娩后短时间内偶发缺乳症的发生。产前、产后日粮中加0.75%~1.5%的电解质、轻泻剂（小苏打、芒硝等）以预防产后便秘、消化不良、食欲不振，夏季日粮中添加1.2%的$NaHCO_3$可提高采食量。母猪分娩后，除天气十分闷热外，要关上门窗（可用排气扇通风）。注意产房内不能有穿堂风，室温最好控制在25℃左右。任何时候都应尽量保持产房的安静，饲养员不得在产房内嬉戏打闹，不得故意惊吓母猪及仔猪。要尽量保持产房及产栏的清洁、干燥，做到冬暖夏凉。任何时候栏内有仔猪均不能用水冲洗产栏，以防仔猪下痢；平时除工作需要外，不能踏入产栏内。随时观察母猪的采食量、呼吸、体温、粪便和乳房情况，以防产后患病，特别是患高热的疾病。任何时候若发现母猪有乳房炎、食欲不振和便秘时，都要减少喂料量，并对母猪作治疗处理。

二、饲养管理哺乳母猪

1. 满足营养需要

日粮应优质全价，为了提高泌乳力，哺乳母猪饲粮应以能量、蛋白质为主，哺乳母猪的能量需要为 12.13MJ/kg，粗蛋白 14%，同时要保证各种氨基酸、矿物质和维生素的需要。

2. 饲喂

饲料应多样配合，保证母猪全价饲粮。原料要求新鲜优质、易消化、适口性好、体积不宜过大。有条件时，加喂优质青绿饲料或青贮饲料，如用籽粒苋青贮。

母猪刚分娩后，处于高度的疲劳状态，消化机能弱。开始应喂给稀粥料，1~2 天后，改喂湿拌料，并逐渐增加，分娩后第 1 天喂 0.5kg、第 2 天喂 2kg、第 3 天喂 3kg，5~7 天后，达到采食高峰。

饲喂要遵循少给勤添的原则，采用生湿拌料或颗粒饲料饲喂。一般每天 3~4 次，达泌乳高峰时，可视情况在夜间加喂一次。产房内设置自动饮水器，保证母猪随时饮足清水。

3. 管理哺乳母猪

(1) 提供安静舒适的环境 圈内应干燥、清洁，温度适宜，阳光充足，空气新鲜，垫草勤换、勤垫、勤晒，以防弄脏乳房引起乳房炎与仔猪下痢。

(2) 合理运动和观察 母猪适量的运动可促进食欲，增强体质，提高泌乳量。饲养员在日常管理中，应经常观察母猪采食、粪便、精神状态及仔猪的生长发育和健康表现，若有异常，及时采取措施，妥善处理。

(3) 保护好乳房和乳头 母猪乳腺的发育与仔猪的吮吸有很大的关系，特别是头胎母猪，一定要使所有的乳头都能均匀利用，以免未被利用的乳头萎缩，甚至影响以后的哺乳能力。当带仔数少于乳头数时，可以训练一个仔猪吃两个乳头的乳。

工作内容五 饲养及管理哺乳仔猪

一、饲养管理初生仔猪

仔猪出生后的生存环境发生了根本的变化，从恒温到常温，从被动获取营养和氧气到主动吮乳和呼吸来维持生命，导致哺乳期死亡率明显高于其他生理阶段。据报道，仔猪生后的损失与死亡，有 85% 是在 30 天以前，其中以第一周死亡所占比例最大，主要原因是冻死、压死、病死等。仔猪的死亡，不仅影响猪苗来源，而且还造成了很大的经济损失。搞好仔猪生后第一周的养育和护理是关系到仔猪多活全壮的关键阶段。

1. 仔猪编号

仔猪编号是规模化养猪场必须要做的工作，耳号是该猪名字的代号。

(1) 耳缺法（打耳号法） 就是用耳号钳按照一定的规律，在猪左、右耳朵的上、下沿及耳尖打上缺口，在耳中间打一洞，每一缺口或洞代表某一数字，其总和即为仔猪的个体号。仔猪编号通常在出生后 24h 内进行。现介绍两种生产上常用的耳缺编号法。

① 小数编号法 如图 4-5-1(a) 所示。原则是"左大右小，上一下三（或上三下一），公单母双，右尖 100 左尖 200，右孔 400 左孔 800，然后将两个耳朵上的所有数字相加即得耳号"。此法为传统的编号方法，所打的耳缺少，标记和识读较准确，但用此法耳号最多只能表示到 1599，只适用于中小型猪场使用。

② 个十百千法 如图 4-5-1(b) 所示。原则是"左大右小，根三尖一，公单母双"。此法是随着规模化养猪生产的发展在小数编号法的基础上发展起来的一种编号方法。该法读数

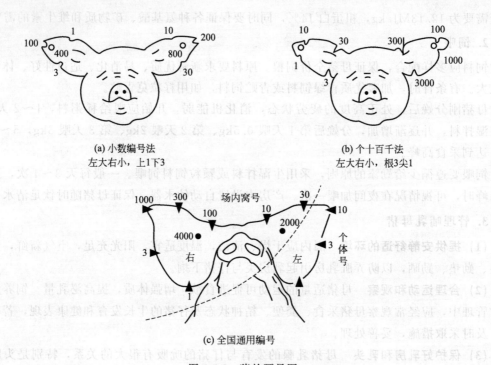

图 4-5-1 猪的耳号图

简单,从左耳下开始,按逆时针方向到左耳上,到右耳上,再到右耳下,依次从千、百、十到个位进行编号。这种方法可以编出相对较大的数字,因而可以在一定范围内防止猪只个体编号的重复与交叉,但某些数字需要打的缺口较多(如8号要在耳朵一边打4个缺口)。另外,在标记和识读时还易出错,如"根"和"尖"弄混。

③ 全国通用编号 根据《全国遗传评估方案》的规定,采用"窝号+个体号"的方法进行仔猪编号[图4-5-1(c)所示]。右边为场内窝号,左边为窝内的个体号。这种编号方法能有效区分同窝仔猪,便于登记仔猪号和相关育种工作的开展。

(2) 耳标法 耳标法就是在仔猪的一侧耳朵上订上一个写有该仔猪号码的耳标(见图4-5-2、图4-5-3)。该方法操作简单,读数方便,现已被我国多数种猪场使用。但该方法的缺点是因购买耳标而增加了生产成本,另外因仔猪打架、咬耳等行为会导致耳标脱落。

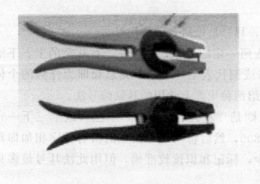

图 4-5-2 耳标钳

图 4-5-3 耳标

(3) 耳刺法 耳刺法就是用文身的方法将仔猪编号文到仔猪一侧耳朵上。生产上有专用耳刺钳和耳刺墨（见图 4-5-4～图 4-5-6）。该方法的操作不如耳标法和剪耳法简单，但读数方便，而且号码永久不会脱落，也不会褪色。

图 4-5-4　耳刺钳

图 4-5-5　专用耳刺墨水

（4）电子耳牌　用一个小的脉冲转发器，插入猪的耳朵后松弛的皮肤下，它所携带的信息可以用一种手提阅读器接收。它可以包含个体的号码，转译出个体的出生信息、品种系谱等更多的信息，甚至个体的体温。阅读器从脉冲转发器中得到的信息可以直接读出，或者送回到计算机程序，从而得到一张信息单，技术人员就可以使用，或者在屠宰线上得到号码，加工者可以得出肉的等级和价格。

以上 4 种方法在生产中使用比较普遍，且各有优缺点，生产上最好不要只用一种方法编号，而应任选其中的两种，保证耳号正确无误。第 4 种方法

图 4-5-6　耳标与耳刺

目前只在一些母猪饲养体系和公猪测定站中使用，将来这种识别方法会成为许多畜禽个体号码记录方式。

2. 固定乳头

初生仔猪不具备先天性免疫能力，必须通过吃初乳获得免疫力。仔猪出生 6h 后，初乳中的抗体含量下降一半，因此应让仔猪尽可能早地吃到初乳、吃足初乳，这是初生仔猪获得抵抗各种传染病抗体的唯一有效途径，推迟初乳的采食，会影响免疫球蛋白的吸收。初乳中除含有足够的免疫抗体外，还含有仔猪所需要的各种营养物质、生物活性物质。初乳中的乳糖和脂肪是仔猪获取外源能量的主要来源，可提高仔猪对寒冷的抵抗能力；初乳对促进代谢，保持血糖水平有积极作用。仔猪出生后随时放到母猪身边吃初乳，能刺激消化器官的活动，促进胎粪排出，增加营养产热。初生仔猪若吃不到初乳，则很难养活。而母猪的乳房各自独立，互不相通，自成一个功能单位。各个乳房的泌乳量差异较大，一般前部乳头奶量多于后部乳头。每个乳房由 1～3 个乳腺组成，每个乳腺有一个乳头管，没有乳池贮存乳汁。因此，猪乳汁的分泌除分娩后最初 2 天是连续分泌外，以后是通过刺激有控制地放乳，不放乳时仔猪吃不到乳汁。仔猪吸乳时，先拱揉母猪乳房，刺激乳腺活动，然后放乳，仔猪才能吸到乳汁，母猪每次放乳时间很短，一般为 10～20s，哺乳间隔约为 1h，后期间隔加大，日哺乳次数减少。

仔猪有固定乳头吮乳的习性，开始几次吸食某个乳头，直到断奶时不变。仔猪出生后有

寻找乳头的本能。初生重大的仔猪能很快地找到乳头，而较弱小的仔猪则迟迟找不到乳头，即使找到乳头，也常常被强壮的仔猪挤掉，这样易引起互相争夺，而咬伤乳头或仔猪颊部，导致母猪拒不放乳或个别仔猪吸不到乳汁。

为使同窝仔猪生长均匀，放乳时有序吸乳，在仔猪生后2天内应进行人工辅助固定乳头，使其吃足初乳。在分娩过程中，让仔猪自寻乳头，待大多数仔猪找到乳头后，对个别弱小或强壮争夺乳头的仔猪再进行调整，把弱小的仔猪放在前边乳汁多的乳头上、体大强壮的放在后边的乳头上。固定乳头要以仔猪自选为主、个别调整为辅，特别要注意控制抢乳的强壮仔猪，帮助弱小仔猪吸乳。

3. 保温防压

新生仔猪对于寒冷的环境和低血糖极其敏感，尽管仔猪有利用血糖储备应付寒冷的能力，但由于初生仔猪体内的能源储备有限，调节体温的生理机制还不完善，这种能源利用和体温调节都是很有限的，初生仔猪皮下脂肪少，保温性差，体内的糖原和脂肪储备一般在24h之内就会消耗殆尽。在低温环境中，仔猪要依靠提高代谢效率和增加战栗来维持体温，这更加加快了糖原储备的消耗，最终导致体温降低，出现低血糖症。因此，初生仔猪保温具有关键性意义。

母猪与仔猪对环境温度的要求不同。新生仔猪的适宜环境温度为30～34℃，而成年母猪的适宜温度为15～19℃。当仔猪体温为39℃时，在适宜环境温度下，仔猪可以通过增加分解代谢产热，并收缩肢体以减少散热。当环境温度低于30℃时，新生仔猪受到寒冷侵袭，必须依靠动用糖原和脂肪储备来维持体温。寒冷环境有碍于体温平衡的建立，并可引发低温症。在17℃的产仔舍内，高达72%的仔猪体温会低于37℃，其活动受到影响，哺乳活动变缓、变弱，导致初乳摄入量下降，体内免疫抗体水平也低于正常摄入初乳量的仔猪。

仔猪体重小且有较大的表面积与体重比，出生后体温下降比个体大的猪快。因此，单独给仔猪创造温暖的环境是十分必要的。仔猪保温可采用保育箱，箱内吊250W或175W的红外线灯，距地面40cm，或在箱内铺垫电热板，都能满足仔猪对温度的需要。在产栏内吊红外线灯取暖要比铺垫式取暖对个体较小的仔猪更显优越性，因为可使相对较大的体表面积更易于采热。

因母猪卧压而造成仔猪死亡的现象是非感染性死亡中最常见的，大约占初生仔猪死亡数的20%，绝大多数发生在仔猪生后4天内，特别是在出生后第一天最易发生，在老式未加任何限制的产栏内会更加严重。在母猪身体两侧设护栏的分娩栏，可有效防止仔猪被压伤、压死，头一周内仔猪死亡率可从19.3%下降至6.9%。若再采用吊红外线灯取暖，使仔猪头一周死亡率降至1.1%。

目前生产上常用的保温设备有保温灯（图4-5-7）、电热板（图4-5-8）、保温箱（图4-5-9）等，可明显减少仔猪的死亡。

4. 仔猪补铁

母乳能够保证供给1周龄仔猪全面而理想的营养，但微量元素铁含量不够。初生仔猪体内铁的贮存量很少，每千克体重约为35mg，仔猪每天生长需要铁7mg，而母乳中提供的铁只是仔猪需要量的1/10，若不给仔猪补铁，仔猪体内贮备的铁将很快消耗殆尽。仔猪缺铁时，血红蛋白不能正常生成，从而导致营养性贫血征。给母猪饲料中补铁不能增加母乳中铁的含量，只能少量增加肝脏中铁的储备。由于圈养仔猪的快速生长，对铁的需要量增加，在

图 4-5-7 保温灯

图 4-5-8 电热板

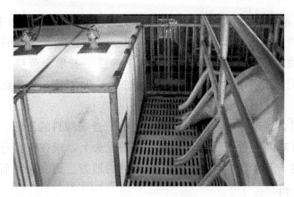
图 4-5-9 保温箱

3～4 日龄即需要补充。缺铁会造成仔猪对疾病的抵抗力减弱，患病仔猪增多，死亡率提高，生长受阻。

补铁的方法很多，目前最有效的方法是给仔猪肌内注射铁制剂，如右旋糖酐铁注射液等，一般在仔猪 3 日龄时肌内注射 200mg 铁。

在严重缺硒地区，仔猪可能发生缺硒性下痢、肝脏坏死和白肌病，宜于生后 3 天内注射 0.1% 的亚硒酸钠、维生素 E 合剂，每头 0.5mL，10 日龄补第二针。

5. 选择性寄养

在母猪产仔过多或无力哺乳自己所生的部分或全部仔猪时，应将这些仔猪移给其他母猪喂养。影响哺乳仔猪死亡率的主要原因是仔猪的初生体重，当体重较小的仔猪与体重较大的仔猪共养时，较小仔猪竞争力就处于劣势，其死亡率会明显提高。据试验发现，出生重在 800g 左右的仔猪，如果将其寄养在比其体重较大的仔猪窝中共养时，死亡率高达 62.5%；而若将其寄养在与其体重相当的其他窝里时，死亡只有 15.4%。

在实践中，最好是将多余仔猪寄养到迟 1～2 天分娩的母猪，尽可能不要寄养到早 1～2 天分娩的母猪，因为仔猪哺乳已经基本固定了乳头，后放入的仔猪很难有较好的位置，容易造成弱仔或僵猪。在同日分娩的母猪较少，而仔猪数多于乳头数时，为了让仔猪吃到初乳，可将窝中体重大较强壮的仔猪暂时取出，以留出乳头给寄养的仔猪使其获得足够的初乳。这种做法可持续 2～3 天。对体重较小的个体，应人工补喂初乳或初乳代用品，同时施以人工取暖。

为了使寄养顺利实施，可在被寄养的仔猪身上涂抹收养母猪的尿或其他有良好气味的液体,同时把寄养仔猪与收养母猪所生的仔猪合养在一个保育箱内一定时间,干扰母猪的嗅觉,使母猪分不出它们之间的气味差别。

6. 对弱仔及受冻仔猪要及时抢救

瘦弱的仔猪,在气温较低的环境中,首先表现行动迟缓,有的张不开嘴,有的含不住乳头,有的不能吮乳。此时,应及时进行救助。可先将仔猪嘴巴慢慢撬开,用去掉针头的注射器吸取温热的25%葡萄糖溶液,慢慢滴入猪嘴中。然后将仔猪放入一个临时的小保温箱中,并放在温暖的地方,使仔猪慢慢恢复。等快到放奶时,再将仔猪拿到母猪腹下,用手将乳头送入仔猪口中。待放奶时,可先挤点奶让仔猪舔吸,当奶进入仔猪口中时,仔猪会有较慢的吞咽动作,有的也能慢慢吸吮。这样反复几次,精心喂养,该仔猪即可免于冻昏、冻僵和冻死,由此提高仔猪成活率。

7. 诱食补料

仔猪5～7日龄开始对其进行诱食,目前有推迟补料的趋势,比如于10天开始补料。规模猪场可选择合适的诱食料,农户养猪可选择香甜、清脆、适口性好的饲料,如将带甜味的南瓜、胡萝卜切成小块,或将炒熟的麦粒、谷粒、豌豆、玉米、黄豆、高粱等喷上糖水或糖精水,裹上一层配合饲料或拌少许青饲料,最好在上午9点至下午3点之间放在仔猪经常去的地方,任其采食。

刚开始仔猪将粒料含到嘴里咬咬,以后就咬碎咽下尝到粒料的滋味,便主动到补料间去找食吃。也可以将带有香味的诱食饮料拌湿涂在母猪的乳头上,或在仔猪吃奶前,直接涂在仔猪嘴巴里。也可用开食盘,开食盘应放在仔猪容易接触的地方。诱食大约需要一星期时间。

8. 新型乳猪教槽料

(1) 教槽料定义 教槽料是给初生7日龄至断奶后14天左右的小猪饲喂的一种含有高营养成分的专用饲料。教槽料不仅仅是给乳猪补充营养,提高乳猪断奶体重,更重要的是让乳猪逐步适应植物性饲料,最大限度地减少乳猪断奶后面临的由于饲料品种、饲喂方式、生活环境、营养代谢等的变化所产生的各种应激,保证小猪继续多吃快长,在短时间内出栏。教槽料也称补料或开口料。

(2) 教槽料的营养指标 可消化能15.4MJ/kg,粗蛋白20%～22%,赖氨酸1.38%～1.50%,钙0.9%,总磷0.75%,有效磷0.55%。

(3) 教槽料的选择 评价教槽料一般看使用后,乳猪采食量、生长速度是否持续增加,腹泻率是否降低。采食教槽料后乳猪表现为"喜欢吃、消化好、采食量大",尤其是教槽料结束过渡到下一产品后的一周内,营养腹泻率低于20%,饲料转化率为1.2∶1左右,日平均增重250g以上,采食量日平均为300g以上。

(4) 教槽料配方实例 教槽料配方实例见表4-5-1。

表4-5-1 教槽料配方实例

原料	配比/%	原料	配比/%
玉米(CP8.0%)	51.28	磷酸氢钙	1.08
大豆粕(CP43%)	27.62	石粉	0.46
进口鱼粉(CP60%)	6.00	盐	0.25
乳清粉(CP4%)	6.00	植酸酶5000	0.01
酸化剂	5.00	乳猪预混料	1.00
豆油	1.29		

9. 给小公猪去势

肉猪场的小公猪以及种猪场里不留作种用的小公猪要行阉割术（去势）。去势不能太早，因睾丸太小，去势时睾丸容易被捏碎，使睾丸不能完全去除；但去势也不能过晚，因睾丸随着仔猪体重的增加而增大，去势时切口面积大，增加了后期愈合的难度，加大细菌感染的风险，有时还会出现流血过多的现象，严重时可导致死亡。所以，仔猪适宜的去势时间为7~10日龄。手术时先用5%碘酊对小公猪的阴囊消毒，用手捏紧小公猪一侧睾丸，用手术刀切开一个小切口，顺势挤出睾丸，割断精索；再以同样的方法摘除另一侧睾丸。手术后再用5%的碘酊消毒伤口。切忌开口过大及硬拉精索。

二、饲养管理1周龄以后的哺乳仔猪

母猪泌乳量一般在产后第20~30天就可达到高峰，但许多试验表明，自产后第20天左右开始，乳量已不能满足仔猪增长的营养需要；产后第28天左右，乳量只能满足仔猪增长的营养需要的80%左右。为了保证仔猪的健康生长，从仔猪3周龄至断奶期间的护理，应达到以下要求。

1. 提供充足的营养

(1) 合理配制日粮 饲料要新鲜，适口性要好，营养平衡，易消化。每次投喂时可加少量切碎的菜叶，也可以在熟马铃薯和甘薯中加混合饲料饲喂，但要注意薯类喂量要适当，否则吃多了会拉稀，影响采食量。仔猪20日龄后可在饲料中加入1%~2%的酸化剂（如甲酸钙、柠檬酸、富马酸等）以增加肠道酸度，提高胃蛋白酶活性，同时抑制有害菌繁殖，促进生长。还可加入适量酶以帮助消化。在有条件的猪场，乳猪料中可使用一定量的膨化大豆。

饮水条件较好的猪场，仔猪可采用生湿料；饮水条件较差时，应训练仔猪吃半热稠粥料，青饲料切碎另加，尤其是冬春季，用热的稠粥料喂仔猪，不仅可减轻饮水不足造成的危害，且适口性好，易消化，可防止体热过多的消耗。

为增进仔猪食欲，便于投料，经验证明，在投料时结合开展声响训练，建立采食条件反射，是一个有效方法。

(2) 增加补料次数和采食量 早期补饲是现代养猪技术中应用广泛的一种实用技术，一般现代化养猪场从5日龄就开始用乳猪料（又称教槽料）补饲，尽管10日龄前采食很少，但对消化系统的生长发育极为有利。21~30日龄仔猪每天的补料次数应在前段的基础上，上午和下午各增加一次，达到6次，在30日龄左右时也可以在仔猪每哺完一次乳就补一次；同时由于仔猪的消化机能逐渐完善，日采食量会明显增加，30日龄采食量几乎是开食时的5~10倍；平均日增重也相应逐日增加，30~60日龄平均增重会达到30日龄前的3倍左右。因此，应根据采食情况，随时对饲喂量作出调整，但也不应盲目增量，投放的饲料，要求尽可能一次吃光。仔猪投料量的增加可参考表4-5-2。

表 4-5-2 不同日龄的仔猪投料量

日龄	11~20	21~30	31~40	41~50	51~60	全期总量/kg
投料量/g	12	43	235	525	975	17.9

2. 管理1周龄后的哺乳仔猪

① 严格控制仔猪环境温度、减小昼夜温差。

② 改善猪舍卫生条件，勤换垫草，保持圈舍干燥、通风。

③ 给仔猪适当补水。哺乳仔猪生长迅速，代谢旺盛，母猪乳中和仔猪补料中蛋白质含量较高，需要较多的水分，生产实践中经常看到仔猪喝尿液和脏水，这是仔猪缺水的表现。及时给仔猪补喂清洁的饮水，不仅可以满足仔猪生长发育对水分的需要，还可以防止仔猪因喝脏水而导致下痢。因此，在仔猪 3~5 日龄，给仔猪开食的同时，一定要注意补水，最好是在仔猪补料栏内安装仔猪专用的自动饮水器或设置适宜的水槽。

④ 做好疾病预防

a. 在饮水中或拌料时添加维生素 C 粉和抗生素药物如氟哌酸散、庆大霉素、卡那霉素等，预防疾病。

b. 控制仔猪下痢。

c. 做好仔猪和母猪的免疫处理。如仔猪进行猪瘟、猪丹毒、仔猪副伤寒等疫苗的免疫；母猪传染性胃肠炎（TGE）、大肠杆菌病的免疫接种等。

工作内容六　仔猪断奶

仔猪断奶前和母猪生活在一起，平时有舒适而熟悉的环境条件，遇到惊吓可躲到母猪身边，有母猪的保护。其营养来源为母乳和全价的仔猪料，营养全面。同窝仔猪也十分熟悉。而断奶后，母仔分开，仔猪失去母猪的保护，光吃料、不吃奶，开始了独立生活。因此，断奶是仔猪生活中营养方式和环境条件变化的转折。如果处理不当，仔猪想念母猪，鸣叫不安，吃睡不宁，易掉膘，再加上其他应激因素，很容易发生腹泻等疾病，严重影响仔猪的生长发育。因此，选好适宜的断奶时间、掌握好断奶方法、搞好断奶仔猪饲养管理十分重要。

一、确定断奶时间

断奶时间直接关系到母猪年产仔窝数和育成仔猪数，也关系到仔猪生产的效益。目前，国内不少地方仍为 40 日龄以后断奶，哺乳期偏长。规模化养猪场多于 21~28 日龄断奶。总的趋势是适当提早断奶，这样，仔猪很早就能采食饲料，不但成活率高、发育整齐，而且由于较早地适应独立采食的生活，到育成期也容易饲养。规模化猪场在早期补饲条件具备的情况下，可实行 21 日龄断奶。

提早断奶应注意以下问题：

① 要抓好仔猪早期开食、补料的训练，使其尽早地适应以独立采食为主的生活方式。

② 早期断奶仔猪的饲料一定要全价。断奶的第一周要适当控制采食量，避免过食，以免引起消化不良而发生下痢。

③ 断奶仔猪应留在原圈饲养一段时间，以免因换圈、混群、争斗等应激因素的刺激而影响仔猪的正常生长发育。

④ 注意保持圈舍干燥暖和，搞好圈舍卫生及消毒。

⑤ 将预防注射、去势、分群等应激因素与断奶时间错开。

二、确定断奶方法

仔猪断奶可采取一次性断奶、分批断奶、逐渐断奶和间隔断奶的方法。

1. 一次性断奶法

一次性断奶即到断奶日龄时，一次性将母仔分开。具体可采用将母猪赶出原栏，留全部仔猪在原栏饲养。此法简便，并能促使母猪在断奶后迅速发情。不足之处是突然断奶后，母猪容易发生乳房炎，仔猪也会因突然受到断奶刺激，影响生长发育。因此，断奶前应注意调整母猪的饲料，降低泌乳量；细心护理仔猪，使之适应新的生活环境。

2. 分批断奶法

将体重大、发育好、食欲强的仔猪及时断奶，而让体弱、个体小、食欲差的仔猪继续留在母猪身边，适当延长其哺乳期，以利弱小仔猪的生长发育。采用该方法可使整窝仔猪都能正常生长发育，避免出现僵猪。但断奶期拖得较长，影响母猪发情配种。

3. 逐渐断奶法

在仔猪断奶前4~6天，把母猪赶到离原圈较远的地方，然后每天将母猪放回原圈数次，并逐日减少放回哺乳的次数，第1天4~5次，第2天3~4次，第3~5天停止哺育。这种方法可避免引起母猪乳房炎或仔猪胃肠疾病，对母、仔猪均较有利，但较费时、费工。

4. 间隔断奶法

仔猪达到断奶日龄后，白天将母猪赶出原饲养栏，让仔猪适应独立采食；晚上将母猪赶进原饲养栏（圈），让仔猪吸食部分乳汁，到一定时间全部断奶。这样，不会使仔猪因改变环境而惊惶不安，影响生长发育，既可达到断奶目的，也能防止母猪发生乳房炎。

项目四自测

一、单选题

1. 一只4月10日配种的母猪其预产期为_____。
   A. 7月2日　　　B. 7月12日　　　C. 8月2日　　　D. 8月12日
2. 母猪临产前乳房膨胀和乳头产乳的先后顺序是_____。
   A. 乳房由后向前开始膨胀，最前一对乳头先出乳
   B. 乳房由后向前开始膨胀，最后一对乳头先出乳
   C. 乳房由前向后开始膨胀，最前一对乳头先出乳
   D. 乳房由前向后开始膨胀，最后一对乳头先出乳
3. 仔猪产出后第一项工作，也是关键性的工作是_____。
   A. 剪脐带　　　B. 三擦一破　　　C. 剪牙　　　D. 断尾
4. 分娩时仔猪头先出来为正生位，后肢先出来为倒生位，那么_____。
   A. 正生位为正常生位，倒生位为异常生位
   B. 正生位为异常生位，倒生位为正常生位
   C. 正生位和倒生位都属于正常生位
   D. 正生位和倒生位都属于异常生位
5. 可注射适量催产素进行助产的情况是_____。
   A. 母猪子宫松弛，阵缩无力　　　B. 仔猪头部卡在母猪耻骨下面
   C. 母猪发育不良，耻骨过紧　　　D. 两只仔猪一起挤在产道里
6. 母猪产后子宫及产道受到损伤的弥补措施是_____。
   A. 搞好猪舍卫生　　　B. 提高母猪采食量
   C. 抗菌消炎　　　D. 降低产房温度
7. 母猪分娩时体力消耗很大，体液损失多，为此通常对产后母猪_____。

A. 增加喂料量 B. 注射适量的催产素
C. 给母猪输液 D. 提供温热的1‰盐水

8. 下列_____对提高母猪采食量几乎没有促进作用。
A. 保持产房温度舒适 B. 饲喂干粉料
C. 妊娠期限量饲喂 D. 提供充足的清洁饮水

9. 关于仔猪剪牙，比较合理的做法是_____。
A. 整窝都剪 B. 整窝都不剪 C. 弱仔不剪 D. 壮仔不剪

10. 有的人不赞成仔猪断尾，其原因之一是_____。
A. 断尾不利于动物福利 B. 断尾不利于仔猪咬尾
C. 断尾不利于猪群卫生 D. 断尾不利于提高饲料利用率

11. 在断处必须要消毒的断尾方法是_____。
A. 烧烙断尾法 B. 高温断尾 C. 牛筋绳紧勒法 D. 剪断法

12. 下列_____不是剪牙与断尾的共同缺陷。
A. 都影响食用价值 B. 都有感染的风险
C. 都不利于动物福利 D. 都有应激

13. 最传统、最经济的仔猪编号方法是_____。
A. 耳缺法 B. 耳标法 C. 耳刺法 D. 电子耳标法

14. 固定乳头时应将弱小的仔猪放在_____。
A. 最后面乳头 B. 中间乳头
C. 最前面的乳头 D. 仔猪最先认定的乳头

15. 仔猪首次补铁的适宜时间是_____。
A. 刚出生时 B. 3日龄 C. 7日龄 D. 10日龄

16. 仔猪补铁的剂量为每头仔猪补_____铁。
A. 100mL B. 100mg C. 200mL D. 200mg

17. 仔猪寄养时为了使寄入母猪接受寄入仔猪的措施是_____。
A. 尽早寄养 B. 只寄养壮仔
C. 吃过初乳后再寄养 D. 预先混味

18. 下列不属于仔猪采食特点的是_____。
A. 喜欢单只猪吃 B. 喜欢吃甜食
C. 喜欢吃颗粒料 D. 喜欢吃有奶香味的料

19. 小公猪去势比较适宜于_____进行。
A. 1～3日龄 B. 7～10日龄 C. 断奶时 D. 断奶后

20. 会引起仔猪假死的原因有_____。
A. 仔猪在产道停留时间太长 B. 产房温度太低
C. 母猪夜间分娩 D. 窝产仔数太少

21. 假死仔猪的特征是_____。
A. 心脏停止跳动，呼吸仍在继续 B. 呼吸几乎停止，心脏仍在跳动
C. 呼吸和心跳都已停止 D. 呼吸和心跳都在进行

二、多选题
1. 下列属于新生仔猪生理特点的是_____。

A. 体温调节能力差 B. 免疫力低
C. 消化系统发育不完善 D. 生长发育慢
2. 妊娠母猪采食过多的不良后果包括_____。
A. 母猪哺乳期食欲下降 B. 难产概率提高
C. 母猪产后泌乳性能差 D. 哺乳仔猪死亡率高
3. 下列可以用来判断母猪难产的征状有_____。
A. 胎衣破裂，羊水流出
B. 能挤出乳汁，但仍未见仔猪产出
C. 羊水流出，母猪有强烈的阵缩和努责，但1~2h后仍无仔猪产出
D. 母猪产出1~2只仔猪，间隔1h后仍不见仔猪或胎衣产出
4. 属于母性行为的是_____。
A. 临产前絮窝 B. 哺乳前呼叫仔猪
C. 哺乳时设法露出所有乳头 D. 保护仔猪
5. 初乳的特点有_____。
A. 水分含量高 B. 干物质含量高
C. 含有免疫球蛋白 D. 含有镁盐
6. 影响母猪泌乳量的因素包括_____。
A. 猪舍环境 B. 年龄 C. 带仔数 D. 饲料营养
7. 寄养时寄出和寄入母猪的分娩时间要_____。
A. 寄入母猪比寄出母猪早分娩 B. 寄出母猪比寄入母猪早分娩
C. 寄入、寄出母猪同时分娩 D. 寄入、寄出母猪在分娩时间上无任何要求

三、简答题

1. 哺乳仔猪的生理特点有哪些？
2. 哺乳母猪的泌乳特点及影响母猪泌乳的因素有哪些？
3. 围产期母猪的饲养管理要点是什么？
4. 母猪产前需做哪些工作？
5. 如何根据母猪临产征兆判断产仔时间？
6. 简述仔猪接生全过程。怎样判定是否需要助产？怎样助产？
7. 什么是假死仔猪？如何急救？
8. 哺乳仔猪的培育措施有哪些？
9. 如何判定仔猪断奶时间？仔猪断奶的方法有哪些？

实践活动

一、接产、助产及初生仔猪护理现场操作

【活动目标】

（1）观察母猪的分娩与接产全过程，掌握母猪的分娩接产各项准备工作。

（2）熟悉和了解母猪的临产症状、分娩接产及假死仔猪的处理等方法，熟悉和掌握初生仔猪的护理技术等。

【材料、仪器、设备】 待产母猪，消毒药品，干净毛巾，细线，剪牙钳，断尾钳，秤，

照明灯，耳号钳，毛巾，母猪分娩卡等。

【活动场所】 校办实训猪场或基地（自繁自养场）。

【方法步骤】

1. 接产准备

① 用刷子刷去母猪身上的脏物及粪便，重点是擦洗腹部、乳房及阴门附近，然后用2％～5％的来苏尔消毒，做到全身洗浴消毒效果更佳。

② 备好有关物品和用具，如消毒药品、干净毛巾、细线、剪牙钳、断尾钳、秤、照明灯、耳号钳、毛巾、抗生素、催产素、母猪分娩卡等。

2. 观察母猪临产症状

① 母猪临产前腹部大而下垂，阴户红肿、松弛，成年母猪尾根两侧下陷。

② 乳房膨大下垂，红肿发亮，产前2～3天，奶头变硬外张，用手可挤出乳汁。待临产4～6h前最后一对乳头能挤出黏稠乳白色乳汁。

③ 母猪神经敏感、紧张不安、突然停食、时起时卧、呼吸急促、频频排粪、拉小而软的粪便、每次排尿量少但次数频繁。有的母猪还出现衔草絮窝或拱草扒地现象。一般在6～12h可分娩。

④ 阵缩待产，即母猪由闹圈到安静躺卧，并开始有努责现象，从阴户流出黏性羊水时（即破水），1h内可分娩。

3. 人工接产

① 当母猪出现阵缩待产征状时，用0.1％高锰酸钾擦洗腹部、乳房及阴门附近，同时要注意及时清除母猪对产栏的污染物。

② 仔猪产出后，用左手抓住仔猪躯干，右手掏出口鼻黏液，并用清洁抹布或垫草，擦净全身黏液。

③ 用左手抓住脐带，右手把脐带内的血向仔猪腹部挤压几次，然后左手抓住仔猪躯干，用中指和无名指夹住脐带，右手在离腹部4cm处把脐带捏断，断处用碘酒消毒，若断脐流血不止，要用手指捏住断头片刻。最好用细线结扎脐带后剪断。

④ 确认分娩结束，清点胎衣数与仔猪数是否相符，清理胎衣，擦干母猪后躯污物，再一次给母猪乳房消毒，记录分娩卡。

4. 难产助产

① 将指甲磨光，先用肥皂水洗净手及手臂，再用2％来苏尔或0.1％高锰酸钾溶液将手及手臂消毒，涂上凡士林或油类。

② 将手指捏成锥形，随着子宫收缩节律慢慢伸入，触及胎儿后，根据胎儿进入产道部位，抓仔猪的两后腿或下颌部将小猪拉出。

③ 若出现胎儿横位，则将头部推回子宫，捉住两后肢缓缓拉出。

④ 若胎儿过大，母猪骨盆狭窄，拉小猪时，一要与母猪努责同步，二要摇动小猪，慢慢拉动。

⑤ 拉出仔猪后应帮助仔猪呼吸。

⑥ 当母猪子宫收缩无力或产仔间隔超过半小时，并确定母猪子宫颈口开展的，则可注射缩宫素。

⑦ 对难产的母猪，应在母猪卡上注明发生难产的原因，以便下一产次的正确处理或作为淘汰鉴定的依据。

5. 仔猪假死急救

① 实行人工呼吸：仔猪仰卧，一手托着肩部，另一手托着臀部，作一曲一伸运动，直到仔猪叫出声为止。或先吸出仔猪喉部羊水，再往鼻孔吹气，促使仔猪呼吸。

② 提起仔猪后腿，用手轻轻拍打仔猪臀部。

③ 用酒精涂在仔猪的鼻部，刺激仔猪恢复呼吸。

6. 护理初生仔猪

① 吃初乳　用高锰酸钾溶液清洗乳房，再在吃初乳前应用手挤压各乳头，弃去最初挤出的乳汁，并检查乳量、浓度和各乳头泌乳情况。将刚出生的仔猪抓到母猪乳房处，协助其找到乳头，吸上乳汁，对弱仔可人工辅助吃1～2次的初乳。

② 保温　用150～250W红外灯，吊在距仔猪躺卧处40～50cm处，箱内铺设柔软垫料（草），并通过观察窗判定温度是否适宜。

③ 寄养　选择两窝仔猪出生日期、体重大小相似的仔猪。将被寄养的母猪尿液涂于寄养的仔猪身上，以达到混味的目的后将仔猪放入。也可以先将寄入仔猪与寄养母猪的仔猪一起关在仔猪保温箱里，约20min后放出，也能达到混味的作用。

④ 剪齿　左手抓住仔猪头部后方，用拇指及食指捏住口角将口腔打开，用剪齿钳从根部剪平即可。

⑤ 断尾　用断尾钳将仔猪尾巴在离尾根1/3处夹断；断面消毒。也可用细线在断尾处扎紧，几日后，尾巴会掉落。

⑥ 编号　编号规范，耳号钳要锋利，消毒后操作，尽量避开血管，剪后缺口处用碘酊消毒。

⑦ 补铁补硒　2日龄仔猪补铁，可注射血康或富来血、牲血素等铁剂1～1.5mL；分别在3天、7天、21天注射亚硒酸钠维生素E 0.8mL/头、1mL/头、2mL/头，促进仔猪生长。

【作业】　操作后写一份心得体会。

二、仔猪断奶现场操作

【活动目标】　通过参加仔猪断奶现场操作，使学生掌握仔猪断奶技术，减少仔猪断奶应激。

【材料、仪器、设备】　秤（测仔猪断奶体重），记录卡等。

【活动场所】　校内外猪生产基地。

【方法步骤】

① 断奶时间：一般于仔猪21～28日龄时进行断奶，采用一次性断奶方法，将母猪转移到空怀舍，仔猪逐只称重后转移到保育舍。如果需要，仔猪称重后可留在原栏一周左右再转移。

② 断奶前后连喂3天开食补盐料以防应激，以后自由采食，勤添、少添，每天添料3～4次。

③ 转移到保育舍的仔猪按体重大小、强弱进行分群分栏。每群的头数视猪圈面积大小而定，一般为4～6头或10～12头一圈。

④ 训练猪群吃料、睡觉、排便"三定位"。用一块栏板将仔猪赶到排泄处，进行第一次排泄后再放开自由活动，而且排泄区的粪便暂时不清扫，诱导仔猪来排泄。仔细观察猪群，如果看到不到指定地点排泄的仔猪，立即用小棍轰赶，并将已排出的粪便立即清除干净。

⑤ 注意观察猪群排粪情况；喂料时观察食欲情况；休息时检查呼吸情况，发现病猪，对症治疗。严重病猪隔离饲养，统一用药。

⑥ 提供合理的温度：冬季要采取保温措施，安装取暖设备，如暖气、热风炉或煤火炉等，也可采取火墙供温。夏季则要防暑降温，可采取喷雾、淋浴、通风等降温方法。

【作业】 根据实际操作，谈谈如何减少猪的断奶应激。

项目五　保育舍猪的饲养管理

 知识目标

1. 了解猪的采食行为、性行为、群居行为、后效行为和排泄行为。
2. 了解猪异常行为产生的原因和克服的方法。
3. 掌握保育猪的饲养管理技术。

 技能目标

1. 在生产实际中能利用猪的行为特性促进保育猪生产，并能克服异常行为的发生。
2. 能熟练地饲养保育猪，降低保育猪的死亡率，提高生长速度。

预备知识

一、保育猪的行为及生理特点

行为就是动物的行动举止，是动物对某种刺激和外界环境适应的反应。动物的行为习性，有的取决于先天遗传内在因素，有的取决于后天的调教、训练等外部因素，是二者复合而形成的反应和习惯。猪和其他动物一样，对其生活环境、气候条件和饲养管理条件等，在行为上都有其特殊的表现，而且有一定的规律性。根据猪的行为特点，制订合理的饲养工艺，设计新型的猪舍和设备，最大限度地创造适于猪习性的环境条件，就能提高猪的生产性能，以获得最佳的经济效益。

1. 采食行为

猪的采食行为包括摄食与饮水，具有各种年龄特征。

(1) 拱土觅食　拱土觅食是猪采食行为的一个突出特征，这是祖先遗留下来的本性，可以从土壤中获取食物以补充蛋白质、微量元素等。尽管现代养猪多喂以全价平衡的饲料，减少了猪的拱土觅食行为，但在每次喂食时仍出现猪只抢占有利的位置、前肢踏入食槽采食等现象，个别猪甚至钻进食槽以吻突拱掘饲料，抛洒一地。

(2) 采食具有选择性　仔猪特别喜爱甜、香、湿性、粒状和带腥味的食物。颗粒料和粉料相比，猪爱吃颗粒料，因为仔猪牙齿生长迅速，牙槽发痒，采食颗粒料有解痒的效果；猪只对鱼粉、酵母、小麦粉和大豆等饲料也有偏爱；干料与湿料相比，猪更爱吃湿料，且采食花费时间少。

(3) 采食时有竞争性　猪采食时具有竞争性，采食时会相互争抢，抢夺有利位置，并不断驱赶其他猪只，因此群饲的猪比单饲的猪吃得多、吃得快，增重也高。

(4) 采食具有时间性　仔猪每昼夜吸吮为15~25次，占昼夜总时间的10%~20%。大猪采食量和摄食频率随体重增大而增加。猪在白天采食6~8次，比夜间多1~3次，每次采食持续时间10~20min，限饲时少于10min，自由采食不仅采食时间长，而且能表现每头猪的嗜好和个性。若饲料中脂肪、粗纤维、盐分等的含量增高，猪发病以及环境温度升高等，则会使猪的采食量下降。

(5) 采食与饮水同时进行　猪的饮水量随体重、环境温度、饲料性质和采食量等因素而变化，一般饮水量为干料的2~3倍。仔猪出生后就需要饮水，主要是来自母乳中的水分。自由采食的猪只采食与饮水交替进行，直到满意为止；限制饲喂猪则在吃完料后才给予饮水。

2. 排泄行为

在良好的管理条件下，猪是家畜中最爱清洁的动物，不在吃睡的地方排粪尿，除非过分拥挤或外温过冷、过热。

猪排粪尿具有定时、定位的特点，一般多在采食前后、饮水后或起卧时，选择阴暗潮湿、低洼凹处、靠近水源或污浊的角落排粪尿，且受邻近猪的影响。据观察，猪在饲喂前多为先排尿后排粪，在采食过程中不排粪，饱食后约5min开始排粪1~2次，多为先排粪后再排尿，其他时间里排尿多而排粪很少，夜间一般排粪2~3次，早晨的排泄量最大，猪的夜间排泄活动时间占昼夜总时间的1.2%~1.7%。

根据猪的排泄行为，在猪进入新圈后的头三天应认真调教，做到睡觉、采食和排便"三点定位"，以保证猪舍清洁卫生，减少猪病发生，减轻饲养员的劳动强度。但要注意猪群密度不能过大，避免建立的排泄习性受到干扰，无法表现其好洁性，一般每圈以10~20头为宜。

3. 群居行为

猪的群体行为是指猪群群居中个体之间发生的各种交互作用，即相互认识、联系、竞争及合作等现象。猪有较强的合群性，但也有竞争习性，如具有大欺小、强欺弱和欺生的好斗特性，猪群越大，这种现象越明显。

每一猪群均有明显的等级，它使某些个体通过斗争在群内占有较高的地位，在采食、休息、占地和交配等方面得以优先。猪群等级最初形成时，以攻击行为最为多见，等级顺位的建立，受品种、体重、性别、年龄和气质等因素的影响。一般体重大的、气质强的猪占优位，年龄大的比年龄小的占优位，公比母、未去势比去势的猪占优位。群居情况下猪群的强弱位次序列见图5-0-1。

一个稳定的猪群，个体之间和睦相处，相安无事，猪的增重就快。当重新组群时，需按优势序列原则，通过争斗决定个体在群内的位次，重新组成新的社群结构，而且猪群密度过大、个体体重差异悬殊时，其争斗更激烈，甚至造成猪的伤亡。生产中，要控制猪群的饲养密度，并根据猪的品种、类别、性别、性情等进行分群饲养，防止以大欺小、以强欺弱。

4. 争斗行为

争斗行为是动物个体间在发生冲突时的反应，包括进攻防御、躲避和守势的活动。猪的争斗，双方多用头颈，以肩抵肩，以牙还牙，或抬高头部去咬对方的颈和耳朵。

在生产中能见到的争斗行为一般是为争夺饲料和争夺地盘所引起的。新合群的猪群，主要是争夺群居位次，而并非以争夺饲料为主，只有当群居结构形成后，才会更多地发生争食和争地盘的格斗。

当一头陌生的猪进入一群猪中，这头猪便成为全群猪攻击的对象，攻击往往是激烈的，

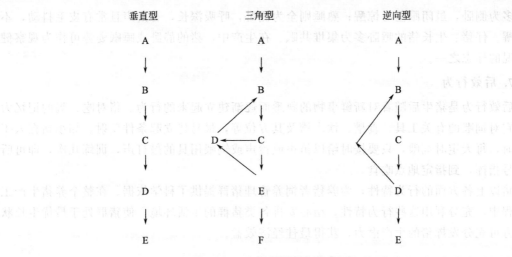

图 5-0-1 猪群的强弱位次序列

轻者伤皮肉，重者造成死亡。母猪之间的争斗，只是互相咬斗，而无激烈的对抗。陌生公猪间的争斗则是激烈的，发出低沉的吼叫声，并突然用嘴撕咬，最后屈服的猪嚎叫着逃离争斗现场。猪的争斗行为多受饲养密度的影响，当猪群密度过大，每头猪所占空间下降时，群内咬斗次数和强度增加，从而影响采食量和增重。这种争斗形式一是咬对方的头部，二是在舍饲猪群中咬尾争斗。

因此，在饲养实践中，应注意合理的饲养密度、合理分群并群、同窝育肥、仔猪剪牙和断尾、种公猪独圈饲养等技术和方式的使用，避免争斗行为的发生，造成猪生长发育不整齐。在组群时，可使用镇静剂和能掩盖气味的气雾剂，以减少猪只混群时的对抗和攻击行为。

5. 探究行为

猪的一般活动大部分来源于探究行为，通过看、听、嗅、啃、拱等行为进行探究，有时是针对具体的事物或环境，如在寻求食物、栖息场所等，有时探究并不针对某一种目的，而只是其表现的一种反应，如遇到新事物、新环境时所表现出的"好奇"反应。

探究行为在仔猪中表现明显，仔猪出生后2min左右即能站立，开始搜寻母猪的乳头，用鼻子拱掘是探查的主要方法。仔猪的探究行为的另一明显特点是，用鼻拱、口咬周围环境中所有新的东西。猪在觅食时，首先是出现拱掘动作，先是用鼻闻、拱、舐、啃，当诱食料合乎口味时，便开口采食。猪在猪栏内能明显地区划睡卧、采食、排泄不同地带，这是用鼻的嗅觉区分不同气味探究而形成的。

在养猪生产中也广泛应用探究行为，如小公猪采精调教、乳猪教槽等。

6. 活动与睡眠

猪的行为有明显的昼夜节律，大部分在白昼活动，休息高峰在半夜，清晨8时左右休息最少。但在温暖季节或炎热夏季，夜间也有活动和采食。

猪昼夜活动也因年龄及生产特性不同而有差异，仔猪昼夜休息时间一般占全天的60%～70%，种猪70%，母猪80%～85%，育肥猪为70%～85%。生后3天内的仔猪，除采食和排泄外，其余时间全部睡眠。哺乳母猪睡卧时间随哺乳天数的增加逐渐减少，走动次数由少到多，时间由短到长，这是哺乳母猪特有的行为表现。成猪的睡眠有静卧和熟睡两种，静卧姿势多为侧卧，虽闭眼但易惊醒；熟睡则全为侧卧，呼吸深长，有鼾声且常有皮毛抖动，不易惊醒。仔猪、生长猪的睡卧多为集堆共眠。在生产中，猪的静卧或睡眠姿势可作为观察健康状况的标志之一。

7. 后效行为

后效行为是猪生后随着对新鲜事物的熟悉而逐渐建立起来的行为。猪对吃、喝的记忆力强，它对饲喂的有关工具、食槽、饮水槽及其方位等，最易建立起条件反射。如小猪在人工哺乳时，每天定时饲喂，只要按时给以笛声或铃声或饲喂用具的敲打声，训练几次，即可听从信号指挥，到指定地点吃食。

猪以上各方面的行为特性，为养猪者饲养管理猪群提供了科学依据。在整个养猪生产工艺流程中，充分利用这些行为特性，精心安排各类猪群的生活环境，使猪群处于最优生长状态，方可充分发挥猪的生产潜力，获得最佳经济效益。

二、猪的异常行为形成原因及预防

异常行为是指超出正常范围的行为，如猪咬耳、咬尾、吮吸小母猪外阴或小公猪包皮等恶癖（同类相残），这是在环境压力下的另一种生存恶习，将对人、畜造成危害或带来经济损失。

1. 异常行为的产生原因

(1) 环境因素 群体过大、密度过高、空气质量差、单调环境、畜舍设施不当等都会引起仔猪异常行为的发生，如长期圈禁的猪会做一些如衔咬圈栏、自动饮水器等没有效益的行动。因此有些国家已经将"给仔猪玩具"进行立法。

(2) 营养因素 群体过大、采食不足、营养元素不平衡等也会造成咬耳、咬尾等异常行为。

(3) 其他因素 激素问题、心理问题，如断奶过早，仔猪还没有适应采食，"尚在留恋母亲的乳头"，常常会引起吮吸小母猪外阴或小公猪包皮等异常行为。

2. 异常行为的预防

异常行为一旦形成很难根治，更不是药物能奏效的，而需要找出导致这一情况发生的行为学原因，以便采取对策。

随着养猪生产的日趋现代化，猪的行为学已越来越引起人们的重视。动物的行为习性部分由先天性的遗传因素所决定，部分取决于后天的调教、训练等外部因素。先天遗传与后天学习相互作用控制动物的行为反应。研究猪的行为学特点、发生机理以及调教方法和技术，已经成为提高养猪效益的有效途径。当前的集约化养猪多采用全舍饲、高密度、机械化、流水线生产的模式，这种生产方式不同程度地妨碍了猪的正常行为习性，猪与环境间不断发生矛盾，不断引起猪的应激反应。要解决上述问题，必须从研究猪的行为习性入手，加强训练和调教，使其后天的行为表现符合现代化生产要求。

生产上为避免异常行为的发生，要合理控制饲养密度，保持猪舍内外的空气交换，注意仔猪断奶前后的饲养管理，注意日粮中微量元素的平衡。

三、保育猪的营养需求

断奶仔猪阶段的饲养管理是猪场能否取得经济效益的一个关键时期，这个阶段不但要保证仔猪安全稳定地完成断奶转群，还要为育成育肥打下良好的基础，同时也是猪群的一个易感病菌高发期。

断奶仔猪处于快速的生长发育阶段，一方面对营养需求特别大，另一方面消化器官机能还不完善。断奶后的营养来源由母乳完全变成了固定饲料，母乳中的可完全消化吸收的乳脂、蛋白质由谷物淀粉、植物蛋白所代替，并且饲料中还含有一定量的粗纤维。仔猪对饲料的不适应是造成仔猪腹泻的主要原因，而仔猪腹泻是断奶仔猪死亡的主要原因之一，因此满足断奶仔猪的营养需求对提高猪场经济效益极为重要。断奶前期饲喂人工乳，人工乳成分以膨化饲料为好。实践证明，膨化饲料不仅对仔猪消化非常有利，而且提高了适口性，降低了腹泻发生率。近几年的研究表明，18%～22%的粗蛋白水平，可满足早期断奶仔猪对蛋白质的需要，但同时要求各种氨基酸的量要平衡。美国NRC（2012）确定，5～10kg体重的仔猪料中，赖氨酸的适宜水平为1.15%；英国的ARC比NRC要高些。在试验中，采用19%的蛋白质、1.10%～1.25%的赖氨酸水平，饲养效果较好。

工作目标

1. 保育期成活率97%以上；8周龄转出体重20kg以上。
2. 减少断奶应激，防止营养缺乏症；防止仔猪黄白痢。

工作内容

工作内容一　配制保育猪的日粮

断奶仔猪的饲粮必须是营养平衡，含高能量、高蛋白质，品质优、易消化和青料新鲜。其营养成分应符合10～20kg体重阶段饲养标准要求，即1kg饲粮中应含消化能13.85MJ、粗蛋白19%、赖氨酸0.78%、钙0.64%、磷0.54%、食盐0.23%、脂肪4%～6%。

为使断奶仔猪尽快适应断奶后的饲料，减少应激，提高增重，近年来，不少猪场在仔猪饲料中加入添加剂，已取得较好效果。

一、使用调味剂

仔猪的嗅觉和味觉特别敏感，为了使仔猪提早开食、提早断奶，提高仔猪的采食量，可在仔猪饲料中添加调味剂，使饲料从嗅觉和味觉上母乳化。调味剂分甜味剂和香味剂。甜味剂主要是糖，多用于仔猪，用量不宜过高，一般为2%～3%。香味剂可使用一些香精，添加量为200～500g/t，效果较好。目前有些猪场常用的调味剂还有乳甜香精、乳猪香、巧克力、柠檬等，可使仔猪采食量增加5%～7%，日增重提高8%～11%，料肉比降低5%。油脂也是一种香味剂，在仔猪饲料中添加2%～3%，日增重可提高3%，并能降低死亡率。

二、添加复合酶

初生仔猪对饲料的消化率低，胃肠内消化酶的活性也较低，各种消化酶的活性随着年龄的增长而增强，但断奶后活性下降，需经1～2周才能恢复到断奶前的水平。这是早期断奶仔猪在断奶后消化不良、生长变慢的重要原因。解决的办法就是在仔猪饲料中添加外源消化酶，可提高增重幅度6%左右，最有效的是添加植酸酶。

三、添加有机酸

成年猪胃液的 pH 值为 2~3.5，这是胃蛋白酶发挥作用的最适环境，而仔猪胃液的 pH 值为 5.5，要等到 8~10 周龄胃液酸度才能达到成年猪的水平。由于酸度不足，饲料中的蛋白质不能得到充分消化利用，同时由于大肠杆菌及其他病原菌的大量生长，也常导致仔猪消化不良和发生细菌性下痢。目前解决此问题的有效办法是于 35 日龄前在仔猪饲料中添加有机酸来提高胃内酸度，常用的有机酸有延胡索酸和柠檬酸等。延胡索酸添加量为 1.5%~2%，柠檬酸添加量为 1%~3%，可使仔猪的日增重分别提高 5.3% 和 5.1%，其效果在 5~10kg 体重的仔猪中最明显。用乳酸杆菌作为哺乳仔猪的添加剂，亦可提高仔猪增重，降低下痢的发病率。仔猪生后 22~35 日龄每头每天喂乳酸菌制剂 1mL，35~56 日龄每头每天喂 0.5mL，平均日增重比不添加乳酸菌的对照组提高 16~17g，仔猪下痢比对照组减少 72%~78%。据报道，有机酸与高铜制剂、酶制剂、碳酸氢钠同时使用具有累加效果。

四、添加乳清粉

乳清粉主要含有乳糖和乳清蛋白。乳糖甜度高，很容易被仔猪消化。仔猪出生后，微生物是最大的应激因素，而乳糖对乳酸菌的增殖最为有利，从而可提高胃肠的酸度，既抑制了有害菌，又增加了各种酶的活性，起到促进仔猪生长及提高饲料消化率和转换率的作用。乳清粉适宜的添加量为 15%~20%，添加的时间为 35 日龄前，否则会造成浪费。

五、添加油脂

添加油脂对补充能量、改善口味有益。早期断奶的仔猪对短链不饱和脂肪酸消化率高，因此以添加椰子油最好，玉米油、豆油次之。仔猪饲料中脂肪的适宜添加量为 3.4%，最高可达 9%，在实际添加时可视成本和饲料加工条件而定。

六、发酵液体饲料

1. 发酵液体饲料的优点

发酵液体饲料（FLF）最早由荷兰开始使用，当时的发酵液体饲料实际上就是现在所说的湿拌料，使用湿拌料的猪占荷兰总猪数的 20%。目前，荷兰至少 50% 的猪饲喂发酵液体饲料；丹麦有 30% 以上的母猪使用发酵液体饲料。法国、瑞典、西班牙、瑞士等国家也陆续加入到使用者的行列。在欧洲大多数国家，人们只是单纯地将各种饲料原料混合，而在荷兰和瑞士，人们充分利用发酵农副产品做成发酵液体饲料。目前越来越多的国家倾向于将预混料和饲料的主要原料发酵使用。发酵液体饲料作为一种新型饲料饲喂断奶仔猪，具有改善饲料的消化特性、改善猪的消化道健康状况、提高猪的免疫力和生产性能、预防仔猪腹泻等方面的优点。

（1）维持肠道菌群微生态平衡，促进消化道健康 断奶应激可破坏肠道菌群微生态平衡，增加大肠杆菌、沙门菌等有害菌的数量，减少乳酸菌等有益菌的数量，极易导致仔猪发生腹泻和肺炎等疾病。通过给断奶仔猪饲喂发酵液体饲料可显著增加仔猪回肠和盲肠的菌群结构多样性。发酵液体饲料能促进早期断奶仔猪在经历断奶应激后建立消化道微生物菌群的多样性和肠道微生态系统的平衡。仔猪粪中大肠杆菌含量大幅度降低，乳杆菌含量大幅度提高，提高了乳杆菌/大肠杆菌比值，从而使仔猪在应对由各种因素引起的消化道微生态紊乱时具有更强的抵抗能力。

(2) 提高饲料适口性，改善生长性能 饲料在液体发酵过程中产生大量乳酸和挥发酸等酸性物质，使饲料酸度增强，这不但能抑制或杀灭沙门菌和大肠杆菌等有害微生物，而且使得其本身的营养更为均衡且混合均匀。据报道，谷物发酵液体饲料可显著改善仔猪断奶后2周的生长性能，提高仔猪日采食量，提高日增重，提高饲料转化率。

(3) 维持小肠绒毛生长，提高采食量 小肠绒毛是仔猪体内生长最快的组织之一，其生长所需的多种养分直接从肠道吸收，即使是短暂的饥饿也会使肠绒毛高度迅速降低，从而影响肠道的吸收能力。

(4) 提高饲料利用率

① 提高还原糖含量，即提高饲料的营养效率。饲料经过嗜酸乳杆菌发酵处理 8h 后，除 pH 值降到 4.2 左右外，其中还原糖含量提高高达 15%～20%。

② 降解蛋白质，提高蛋白质利用水平。经过发酵后的液体饲料从两个方面改善了饲料蛋白质：一方面微生物菌体本身就是良好的饲料蛋白质，其蛋白质含量高，营养价值高，容易被消化吸收；另一方面，微生物发酵动植物蛋白质后，不仅将大分子的蛋白质降解成为小分子物质，而且降低了蛋白质的抗原特性，提供了生物活性物质，如功能性多肽、酶等，改善了饲料口味，提高了饲料适口性。

③ 抑制黄曲霉毒素的产生并降解黄曲霉毒素。黄曲霉毒素是一种很强的致癌物质，能使人和动物的免疫功能丧失，在饲养过程中必须设法除去黄曲霉毒素。发酵微生物通过生物间的拮抗作用，抑制产生黄曲霉毒素霉菌的产生，减少黄曲霉毒素的产生；或者利用生物间的黏附作用降解、去除黄曲霉毒素。而乳酸菌就可以通过其自身的黏附和代谢作用，抑制黄曲霉毒素的产生或分解已产生的毒素。

④ 提高植酸磷的利用率，可减少磷酸氢钙以及植酸酶的使用。饲料经过发酵之后植酸磷被降解，变成易消化吸收的磷。据报道，发酵液体饲料中植酸磷（肌醇六磷酸）的降解，以及影响其降解相关的因素，包括谷物种类、植酸酶活性、谷物热加工和微生物发酵过程。

2. 发酵液体饲料在应用中的问题

发酵液体饲料在实际应用中也存在下列两个问题。

(1) 菌种质量控制困难 发酵液体饲料的发酵控制是一项极为关键的技术，特别是菌种的质量将直接影响发酵液体饲料的饲喂效果。目前在生产实践中应用发酵液体饲料普遍存在的问题有：饲喂系统含有大量杂菌、菌种含量太低不足以抑制有害菌、菌种不易存活、饲喂效果不稳定、菌种掺假等。生产上亟待开发一种受环境条件影响小、耐高温、耐抗生素、耐胃酸和胆盐、效果稳定、见效快的优质菌种，以便更好地生产发酵液体饲料。

(2) 调控操作复杂 液体饲料在发酵过程中要求相对严格的条件，在发酵过程中，氧气过多、密封不良、发酵温度过低、时间过短、发酵系统杂菌过多或有抗生素残留、原料酸碱度不佳都将导致发酵不良甚至终止发酵。因此，应设计出一个简易的调控发酵的标准操作程序，制定相关标准，从而促使发酵液体饲料的正常发酵，使发酵液体饲料保持一个相对稳定的品质。

断奶仔猪的饲料配方举例见表 5-1-1～表 5-1-3。其中预混料中含有铁、铜、锌、锰、碘、硒和喹乙醇，在饲料中的含量为铁 150mg/kg、铜 125mg/kg、锌 130mg/kg、锰 5mg/kg、碘 0.14mg/kg、硒 0.3mg/kg、喹乙醇 100mg/kg。另外，每 100kg 饲料可再加多种维生素 10g。

表 5-1-1　断奶仔猪的饲料配方 1

原　料	配比/%	营养成分	含量
无霉黄玉米(12%水分)	61.7	消化能/(MJ/kg)	13.80
低尿酶豆粕(粗蛋白44%)	25	粗蛋白/%	19.5
低盐进口鱼粉(粗蛋白60%)	6	赖氨酸/%	1.1
食用油	3		
赖氨酸	1		
磷酸氢钙	2		
食盐	0.3		
预混料	1		

表 5-1-2　断奶仔猪的饲料配方 2

原　料	配比/%	营养成分	含　量
玉米	58.90	消化能/(MJ/kg)	13.81
大豆粕	26.33	粗蛋白/%	19.0
鱼粉	4.00	钙/%	0.83
五星幼畜宝	5.00	总磷/%	0.67
大豆油	2.00	赖氨酸/%	1.33
磷酸氢钙	1.10	蛋氨酸/%	0.43
石粉	0.90	蛋氨酸+胱氨酸/%	0.743
预混料	1.00	苏氨酸/%	0.83
赖氨酸	0.44		
蛋氨酸	0.08		
苏氨酸	0.05		
食盐	0.20		

表 5-1-3　断奶仔猪的饲料配方 3

原　料	配比/%	营养成分	含　量
玉米	56	消化能/(MJ/kg)	13.36
膨化大豆	5	粗蛋白/%	18.51
豆粕	18.5	粗脂肪/%	3.39
鱼粉	4	粗灰分/%	6.51
次粉	4	钙/%	1.39
乳清粉	9	磷/%	0.82
预混料	1		
磷酸氢钙	1.2		
石粉	0.8		
食盐	0.25		
赖氨酸	0.15		
蛋氨酸	0.08		
复合多维	0.02		

工作内容二　饲养及管理保育猪

一、管理猪群

　　断奶仔猪是指从断奶至 70 日龄左右的仔猪。断奶后仔猪生活条件发生了巨大转变,由依靠母乳和采食部分饲料转变到完全采食饲料，生活环境由依靠母猪到独立生存，使仔猪精神上受到打击。随着养猪业进入一个以效益为中心，数量、质量并举的全面发展的阶段，早期断奶的方法已被接受和采用，断奶的时间逐渐缩短，因此，根据仔猪的生长发育变化及其营养特点，为其提供一个理想的营养与饲养环境，成为断奶仔猪生产的首要问题。

1. 建立猪群

仔猪断奶后头几天很不安定，经常嘶叫，寻找母猪。为减轻应激，最好在原圈或原窝饲养一段时间，待仔猪适应后再转入仔猪培育舍。此法的缺点是降低了产房的利用率，建场时需加大产房产栏数量。断奶仔猪转群时一般采取原窝培育，即将原窝仔猪（剔除个别发育不良个体）转入仔猪培育舍，关入同一栏内饲养。如果原窝仔猪过多或过少时，需重新分群，可按体重大小、强弱进行分群分栏，最好将每窝的弱仔猪挑选出来进行单独饲养，提高保育猪的整齐度，同栏仔猪体重差异不应超过 1~2kg。

为了避免仔猪并圈分群后的不安和互相咬斗，应在分群前 3~5 天使仔猪同槽进食或一起运动。然后，根据仔猪的性别、个体大小、进食快慢进行分群。同群内体重以不超过 2~3kg 为宜。对体弱的仔猪宜另组一群，精心护理以促进其发育。每群的头数视猪圈面积大小而定，一般一圈可为 4~6 头或 10~12 头。

2. 做好保温工作

断奶仔猪适宜的环境温度是 30~40 日龄 21~22℃，41~60 日龄 21℃，61~90 日龄 20℃。为了能保持上述温度，冬季要采取保温措施，除注意猪舍防风保温和增加舍内养猪头数外，最好安装取暖设备，如保温灯（图 5-2-1）、暖气、地暖、热风炉或煤火炉等，也可采取火墙供温。在炎热的夏季则要注意防暑降温，可采取喷雾、淋浴、通风等降温方法。近年来，许多猪舍采取纵向通风降温，效果较好。

图 5-2-1 保育舍使用保温灯

3. 控制保育舍湿度

仔猪舍内湿度过大，可增加寒冷或炎热，对仔猪的成长不利。断奶仔猪适宜的环境湿度为 65%~75%。

4. 保持舍内清洁卫生

猪舍内应经常打扫（每天 2 次），保持清洁；舍内应及时消毒，一般情况每周消毒一次，潮湿的雨季消毒频率可适当降低，以防传染病发生。舍内应定期通风换气，冬天寒冷季节特别要注意，在保温的同时一定要兼顾通风换气，保持舍内空气新鲜。

5. 调教管理

猪有定点采食、排粪尿、睡觉的习惯，这样既可保持栏内卫生，又便于清扫，但新断奶转群的仔猪需人为引导、调教才能养成这些习惯。仔猪培育栏最好是长方形（便于训练分区），在中间走道一端设自动食槽，另一端安装自动饮水器，靠近食槽一侧为睡卧区，另一侧为排泄区。训练的方法是：排泄区的粪便暂时不清扫，诱导仔猪来排泄，其他区的粪便及时清除干净。当仔猪活动时，对不到指定地点排泄的仔猪用小棍轰赶，当仔猪睡卧时可定时轰赶到固定区排泄，经过1周的训练基本可形成定位。

二、降低断奶仔猪的死亡率

保育阶段的仔猪，对疾病的抵抗力仍不强，容易感染疾病，甚至死亡，因此该阶段猪的成活率常常被用作衡量养猪水平的指标之一。

1. 供给充足的饮水

育仔栏内最好安装自动饮水器，保证仔猪充足的饮水。仔猪采食干饲料后，渴感增加，需水较多，若供水不足则阻碍仔猪生长发育，还会因口渴而饮用尿液和脏水，从而引起胃肠道疾病。采用鸭嘴式饮水器时要注意控制其出水率，断奶仔猪要求的最低出水率为1.5L/min。根据猪栏的设计和料槽的位置，一般每10头仔猪至少要提供1个乳头式或碗式饮水器。大栏（超过50头）按每15~20头猪1个饮水器基本可满足需求。

2. 防止断奶仔猪腹泻

腹泻通常发生在仔猪断奶后2周内，所造成的仔猪死亡率可高达40%以上。因此，腹泻是对早期断奶仔猪危害性较大的一种断奶后应激综合征。引起仔猪断奶后腹泻的因素很多，一般可分为断奶后腹泻综合征、非传染性腹泻和传染性腹泻。腹泻综合征多发生于仔猪断奶后7~10天，主要是肠道中正常菌群失调，某些致病菌大量繁殖，使仔猪肠道受损，进而引起消化机能紊乱，肠黏膜将大量的体液和电解质分泌到肠道内，从而导致腹泻综合征的发生。非传染性腹泻多在断奶后3~7天发生，这主要是断奶的各种应激因素造成的。若分娩舍内寒冷，仔猪抵抗力减弱，特别是弱小的仔猪腹泻发生率更高。传染性腹泻是由病原体引起的下痢，如痢疾、副伤寒、传染性胃肠炎，特别是哺乳仔猪的大肠杆菌性痢疾，若发生都有很高的死亡率，尤其表现在抵抗力弱的仔猪身上。

早期断奶仔猪的腹泻还与体内电解质平衡有很大关系。饲料中电解质不平衡极易造成仔猪体内和肠道内电解质失衡，最终导致仔猪腹泻。因此，补液是减少仔猪腹泻、避免死亡的一项有效措施。

非专业化养猪中断奶后仔猪腹泻发生率很高，危害较大，特别是病愈后仔猪生长发育不良，日增重明显下降，往往造成很大的经济损失。目前现代化养猪场已比较好地控制了仔猪腹泻。当然引发断奶应激的因素很多，诸如饲料中不易被消化的蛋白质比例过大或灰分含量过高（特别是食盐）、粗纤维水平过低或过高、饲料不平衡如氨基酸和维生素缺乏、日粮适口性不好、饲料粉尘大、饲料发霉或生螨虫、鱼粉混有沙门菌或含盐量过高等；饲喂技术上，如开食过晚、断奶后采食饲料过多、突然更换饲料、仔猪采食母猪饲料、饲槽不洁净、槽内剩余饲料变质、水供给不足、只喂汤料及水温过低等因素都可能导致仔猪下痢。因此，消除这些应激因素，实现科学的饲养管理，就可减少断奶仔猪腹泻；如果腹泻不能及时控制，可诱发大肠杆菌的大量繁殖，使腹泻加剧。减少断奶仔猪腹泻发生的关键是减少仔猪断奶应激，保证饲料中电解质的平衡，并保持饲喂和圈舍卫生。

3. 断奶仔猪的网床培育

断奶仔猪网床培育是集约化养猪场实行的一项科学的仔猪培育技术。与地面培养相比，网床培育有许多优点，首先是粪尿、污水可随时通过漏缝网格漏到网下，减少了仔猪接触污染源的机会，床面既可保持清洁、干燥，又能有效地预防和遏制仔猪腹泻病的发生和传播；其次是仔猪离开地面，减少冬季地面传导散热的损失，提高了饲养温度。

断奶仔猪在产房内经过渡期饲养后，再转移到培育猪舍网床培养，可提高仔猪日增重，使其生长发育均匀，仔猪成活率和饲料转化率提高，减少了疾病的发生，为提高养猪生产水平、降低生产成本奠定了良好的基础。网床培育已在我国大部分地区试验并推广应用，取得了良好的效果，这对我国养猪业的发展和现代化起到了巨大的推动作用。

三、饲喂断奶仔猪群

目前主要采取仔猪提前喂料、缓慢过渡的方法来解决仔猪的断奶应激问题，可以使仔猪断奶后立刻适应饲料的变化。

1. 断奶后的饲料过渡

饲料的过渡就是仔猪断奶2周以内应保持饲料不变（仍然饲喂哺乳期补料），并适量添加抗生素、维生素，断奶后3～5天内采取限量饲喂，每头仔猪日采食量以160g为宜，逐渐增加，5天后自由采食，2周以后逐渐过渡到吃断奶仔猪饲料，3周后全部采用仔猪料，以减轻应激反应。稳定的生活制度和适宜的饲料调制是提高仔猪食欲、增加采食量、促进仔猪增重的保证。仔猪断奶后15天内，应按哺乳期的饲喂方法和次数进行饲喂，每次饲喂量不宜过多。夜间应坚持饲喂，以免停食过长，使仔猪饥饿不安。仔猪食槽口4个以上，保证每头猪的日饲喂量均衡，避免因突然食入大量干料造成腹泻。最好安装自动饮水器，保证供给仔猪清洁的饮水，断奶仔猪采食大量干料，常会感到口渴，如供水不足会影响仔猪的正常生长发育。

2. 控制仔猪的采食量

在断奶一段时间内限制采食量可缓减断奶后腹泻。限制采食量有助于避免消化不良及其副作用；有助于减少进入肠道的饲料蛋白质，从而减弱饲料蛋白质的抗原作用和腐败作用；还有助于减少大肠杆菌的增殖和大肠杆菌病的发生。对仔猪饲养管理是否适宜，可从其粪便和体况加以判断。断奶仔猪的粪便软而表面光泽，开始呈串状，4月龄时呈块状；饲养不当则粪便无形状，稀稠、色泽不同；如饲养不足，则粪成粒，干硬而小；精料过多则粪稀软或不成块；青草过多则粪便稀，色泽绿且有草味；如粪过稀且有未消化的剩料粒，则为消化不良，遇此情况可减少进食量，经1天后如仍不改变，可用药物治疗。但是，这个阶段是仔猪生长较快的阶段，断奶一定时间后，要提高仔猪的采食量。为提高仔猪断奶后采食量，较成功的一种办法是采用湿料和糊状料。对刚断奶后采食量极低的仔猪和轻体重的仔猪来说，湿喂有好处，采用湿料时采食量提高。原因可能是行为性的，即仔猪不必在刚断奶后学习分别采食和饮水的新行为，采用湿料时，水和养分都可获自同一个来源，这与吸吮母乳有许多相似之处；但是湿喂时如采用自动系统则成本太高，且有实际困难，而采用手工操作则对劳力要求又太大，这些原因阻碍了其目前在商品猪生产上的广泛应用。但湿喂的上述优点将促使人们生产出在经济上可接受的湿喂系统。

工作内容三　僵猪的预防和解僵

生产中常有些仔猪生长缓慢，被毛蓬乱、无光泽，生长发育严重受阻，形成两头尖、肚子不小的"刺猬猪"，俗称"小老猪"，即僵猪。僵猪的出现会严重影响仔猪的整齐度和均质性，进而影响整个猪群的出栏率和经济效益。因此，必须采取措施，防止僵猪产生。

一、分析僵猪产生的原因

① 妊娠母猪饲养管理不当，营养缺乏，使胎儿生长发育受阻，造成先天不足，形成"胎僵"。

② 泌乳母猪饲养管理欠佳，母猪没奶或缺奶，影响仔猪在哺乳期的生长发育，造成"奶僵"。

③ 仔猪多次或反复患病，如发生营养性贫血、下痢、白肌病、喘气病、体内外寄生虫病等，严重影响了仔猪的生长发育，形成"病僵"。

④ 仔猪开食晚补料差，仔猪料质量低劣，使仔猪生长发育缓慢，形成"料僵"。

⑤ 一些近亲繁殖或乱交滥配所生仔猪，生活力弱，发育差，易形成僵猪。

二、防止僵猪产生

① 加强母猪妊娠期和泌乳期的饲养管理。保证蛋白质、维生素、矿物质等营养和能量的供给，使仔猪在胚胎阶段先天发育良好；出生后能吃到充足的乳汁，使之在哺乳期生长迅速，发育良好。

② 搞好仔猪的养育和护理，创造适宜的温度环境条件。早开食、适时补料，并保证仔猪料的质量，完善仔猪的饲料，满足仔猪迅速生长发育的营养需要。

③ 搞好仔猪圈舍卫生和消毒工作，使圈舍干暖清洁，空气新鲜。

④ 及时驱除仔猪体内外寄生虫，有效地防止仔猪下痢等疾病的发生，对发病的仔猪，要早发现、早治疗。还要及时采取相应的有效措施，尽量避免重复感染，缩短病程。

⑤ 避免近亲繁殖和母猪偷配，以保证和提高其后代的生活力和质量。

三、解僵

解僵应从改善饲养管理着手，如单独喂养、个别照顾。

① 调整饲粮，增加蛋白质饲料、维生素营养等，多给一些易消化、营养多汁、适口性好的青饲料并添加一些微量元素，也可给一些抗菌抑菌药物。补饲鱼粉、胎衣汤及小鱼小虾汤等蛋白饲料，添加和饮用多维电解质、添加酶制剂和促生长剂及铁制剂。

② 增加饲喂次数，少喂勤添，以增加仔猪采食量；必要时，还可以采取饥饿疗法，让僵猪停食24h，仅供给饮水，以达到清理肠道、促进肠道蠕动、恢复食欲的目的。

③ 给僵猪洗浴、刷拭、晒晒太阳，进行放牧运动也会取得一定的效果。

④ 驱虫处理，选用合适的驱虫药，对僵猪进行再次驱虫有时能取得更好的效果。

项目五自测

一、单选题

1. 下列不属于早期断奶优势的是_____。
   A. 缩短母猪繁殖周期   B. 提高仔猪适应性
   C. 减少仔猪感染疾病风险   D. 提高饲料利用率
2. 考虑到母猪下一胎的繁殖性能，断奶日龄最好选择在_____日龄后。
   A. 10   B. 14   C. 21   D. 28
3. 目前规模猪场普遍采用的断奶方法是_____。
   A. 一次性断奶   B. 分批断奶   C. 逐渐断奶   D. 以上三种差不多
4. 刚断奶的仔猪饲喂量应控制在_____。
   A. 3～4成饱   B. 5～6成饱   C. 7～8成饱   D. 自由采食
5. 猪更换饲料要有过渡的主要目的是_____。
   A. 增强仔猪食欲   B. 增加仔猪采食量
   C. 提高仔猪生长速度   D. 避免引起消化吸收障碍
6. 保育猪的调教工作重点是调教其_____。
   A. 定点采食   B. 定点饮水   C. 定点排泄   D. 定点休息
7. 搞好猪舍保温工作，及时驱虫可以降低_____的发生。
   A. 病僵   B. 奶僵   C. 料僵   D. 弱僵
8. 训练仔猪定点排泄主要是利用猪的_____。
   A. 视觉   B. 嗅觉   C. 味觉   D. 触觉
9. 实行早期断奶的前提条件是_____。
   A. 母猪采食量大   B. 仔猪早期诱食补料
   C. 猪舍温度高   D. 母猪母性好

二、多选题

1. 僵猪一般会表现出_____。
   A. 被毛无光泽   B. 生长缓慢   C. 精神状况差   D. 体况消瘦
2. 导致保育猪咬耳咬尾等异常行为的原因有_____。
   A. 密度过大   B. 饲养环境单调
   C. 日粮营养失衡   D. 舍内空气质量差
3. 影响母猪繁殖周期长短的因素有_____。
   A. 首次配种时间   B. 空怀期时间   C. 分娩率   D. 哺乳期时间
4. 当满足下列哪些条件时仔猪就可以断奶了：_____。
   A. 仔猪达到一定采食量   B. 保育猪料适口性好
   C. 保育猪料营养好，易消化   D. 保育舍环境舒适
5. 常常作为添加剂用于保育猪饲料的有_____。
   A. 香味剂   B. 甜味剂   C. 酶制剂   D. 有机酸制剂

三、简答题

1. 猪的行为习性有哪些？如何应用猪的行为习性来提高养猪生产效益？
2. 仔猪早期断奶有何好处？

3. 如何预防仔猪下痢？
4. 如何降低断奶仔猪的死亡率？
5. 如何防止僵猪的产生及解僵办法是什么？

实践活动

观看猪行为特性

【活动目标】 通过对猪的各个行为特性的观察，了解猪在整个生产过程中各个阶段饲养管理的重点，并能在生产中利用这些行为特性。

【材料仪器】 猪群或猪行为特性的影像资料。

【活动场所】 学校实训猪场、基地或多媒体教室。

【方法步骤】

（1）有条件的可在现场观察猪的各种行为特性，先逐一观察各阶段猪的各种行为，特别是观察群养的猪，可以给猪群喂饲料观察其采食行为，可以在刚刚建立的群体中观察群居行为和排泄行为，可以选择发情母猪在与公猪接触过程中观察其性行为，可以在临产母猪和哺乳母猪中观察母性行为。

（2）没有实训场所的学校，可让学生在多媒体教室观看影像资料。在观察或观看过程中，教师可以一边提示一边重点介绍利用性行为、母性行为进行繁殖生产以及利用排泄行为、群居行为等特性进行猪群调教与管理的操作要点。

（3）观察后以小组讨论的形式进行总结归纳。

【作业】

（1）猪有哪些行为特点？
（2）根据实际情况写出在整个猪的生产过程中怎样利用猪的行为特性。

项目六　育成及肥育舍猪的饲养管理

知识目标

1. 了解肉猪的生长发育特点及营养需要。
2. 了解猪活体背膘测定的原理。

技能目标

1. 能对各阶段生长猪进行饲养管理。
2. 能够进行种猪活体测膘的操作。

预备知识

一、生长肥育猪机体组织的生长和组织沉积变化

1. 生长肥育猪的生长发育规律

生长肥育猪的体重增长，综合反映了体内各部位的增长情况。猪的增重分为绝对增重和相对增重。在正常的饲料与饲养管理条件下，猪体的每月绝对增重，是随着年龄的增长而增长的，而每月的相对增重（当月增重÷月初体重），是随着年龄的增长而下降的。一般猪在100kg以前，猪的日增重由小到大，而在100kg以后，猪的日增重逐渐变小。也就是说，从幼龄的高速生长到减慢下降的过程出现一个转折点，到了成年则稳定在一定的水平。体重增长速度的变化规律，是决定生长肥育猪适宜出售或屠宰体重（期）的重要依据之一。因此，在肥育猪生产上要抓住转折点以前的饲养，充分发挥这一阶段的生长优势，通常是指6月龄以前的阶段，该阶段增长速度快，饲料利用率高。

2. 猪体组织的生长规律

猪体骨骼、肌肉、脂肪、皮肤的生长强度也是不平衡的，即"小猪长骨、中猪长肉、大猪长膘"。这是因为骨骼、肌肉和脂肪的沉积有一定的时序（图6-0-1）。随着年龄的增长，骨骼最先发育，先向纵行方向长（即向长度长），后向横行方向长并最早停止。肌肉居中，继骨骼的生长之后而生长，在20～100kg这个主要生长阶段沉积，实际变化不大，每日沉

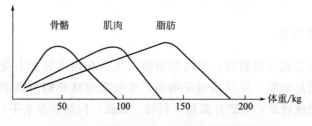

图6-0-1　骨骼、肌肉、脂肪生长发育规律

积蛋白质 80~120g。脂肪是最晚发育的组织，幼龄沉积不多，后期突出。从出生到 6 月龄（体重 100kg）猪体脂肪随年龄增长而提高，它的沉积强度以腹腔较早（花板油），皮下次之（肥膘），肌间脂肪最晚（五花肉或呈大理石样）。小肠生长强度随年龄增长而下降，大肠则随着年龄的增长而提高，胃也随年龄的增长而提高，总的来说，育肥期 20~60kg 为骨骼发育的高峰期，60~90kg 为肌肉发育高峰期，100kg 以后为脂肪发育的高峰期。所以，一般杂交商品猪应于 90~110kg 进行屠宰为适宜。但随着大体型猪（如美系猪）的饲养规模越来越大，肌肉生长高峰期也相对延长，导致屠宰体重也有增大的倾向，比如在 130kg 时销售出栏。

3. 猪体化学成分的变化

猪体的化学成分，常随猪的年龄和饲料营养供应情况而变化，即随着年龄和体重的增长，体内水分相对减少，脂肪相对增加，但蛋白质和灰分含量在体重 45kg（或 4 月龄）以后趋于稳定。从猪体增重成分看，年龄越大，则增重部分所含水分越少，脂肪越多。同时，随着脂肪含量的增加，饱和脂肪酸的含量也增加，而不饱和脂肪酸含量则逐渐减少。所以在饲养生长猪时，前期要特别注意蛋白质和矿物质的供应；后期可适当减少蛋白质，增加糖类，但育肥期不宜太长，否则沉积大量脂肪，增加了饲料消耗，降低了饲料报酬，经济效益下降，甚至亏本。如果以空体重（宰前活重－胃肠道内容物）分析猪体化学成分的动态变化，可以清楚地看到，体蛋白质和灰分基本稳定，水分和脂肪变化则较大，脂肪随生长逐渐增多，而水分则逐渐减少（见表 6-0-1）。

表 6-0-1 猪体成分   单位：%

空腹体重/kg	水分	蛋白质	脂肪	灰分
1.5	82.06	10.11	1.73	3.12
6.4	71.60	15.17	11.01	3.01
18	69.32	15.75	11.33	2.16
36	66.08	16.31	11.47	2.77
54	58.48	16.00	17.25	2.79
73	56.58	14.64	22.98	2.49
91	53.33	14.33	28.04	2.48
109	51.01	14.40	30.42	2.47
127	42.32	13.73	39.43	2.44
145	42.28	12.61	41.10	2.37
SE		1.00	0.26	1.17

猪体化学成分变化的内在规律，是制订肉猪不同体重时期最佳营养水平和科学饲养技术措施的理论依据。掌握肉猪的生长发育规律后，就可以在其生长不同阶段，控制其营养水平，加速或抑制猪体某些部位和组织的生长发育，以改变猪的体形结构、生产性能、胴体结构和胴体品质。

二、育成猪的营养需求

肉猪的主要产品是肌肉和脂肪，肌肉和脂肪的生长在很大程度上受众多饲养因素的制约。各种营养充分满足需要并保持相对平衡时，生长肥育猪获得最佳的生产成绩和产品质量。任何营养的不足或过量，对肥育都是不利的。因此，控制营养水平，才能获得肥育生产的最佳效益。

1. 日粮的能量水平

能量供给水平与增重和胴体品质有密切关系。一般来说，在日粮中蛋白质、必需氨基酸水平相同的情况下，肉猪摄取能量越多，日增重越快，饲料利用率越高，背膘越厚，胴体脂肪含量也越多。实验表明，肉猪在 50kg 前，蛋白质沉积、日增重和膘厚随日粮能量含量的增加而上升，每千克增重的饲料消耗则随着日粮浓度的提高而下降。因此认为 18~50kg 阶段，最佳的饲喂方法是尽可能地提高日粮的能量摄入量，从而充分发挥肌肉的生长潜力，以降低饲料的无形消耗。

针对我国的饲料条件，在不限量饲养条件下，兼顾肉猪的增重速度、饲料利用率和胴体瘦肉率，饲粮消化能水平以 11.9~13.3MJ/kg 为宜。同时，为获得较瘦的胴体，饲粮能量浓度还可降低，但饲粮消化能应不低于 10.87MJ/kg。否则，虽可得到较瘦的胴体，但增重速度、饲料利用率降低太多，经济上不合算。

2. 日粮的蛋白质和氨基酸水平

日粮中的蛋白质不仅是肌肉生长的营养要素，而且又是酶、激素和抗体的主要成分，对维持机体生命活动和正常生长发育有重要作用。日粮的蛋白质水平对商品肉猪的日增重、饲料转化率和胴体品质影响极大，并受猪的品种、日粮的能量水平及蛋白质的配比所制约。蛋白质和必需氨基酸的不足使猪生长受阻，日增重降低，饲料消耗增加，而大量试验表明，20~90kg 阶段的肥育猪，日粮粗蛋白在 11%~18% 范围内，日增重速度随蛋白质水平的提高而加快，但超过 17.5% 时，日增重不再提高，反而有的会出现下降的趋势。而如蛋白质过量，猪不能消化而排出体外，则增加了环境中的氮排泄量，所以增加了排泄物的处理压力，并且蛋白质饲料紧缺，价格也高。因此，在生产上一般不采用提高蛋白质水平来提高肥育猪胴体瘦肉率，应根据猪的肌肉生长潜力和肌肉生长规律，在肌肉高速生长期适当提高蛋白质水平。

饲料中能量和蛋白质应保持一定比例，比例不当会影响猪的生长发育和饲料利用率，这种比例关系称能量蛋白比（能朊比）。猪对蛋白质需要的实质是对氨基酸的需要，必需氨基酸中赖氨酸达到或超过需求时，可节省粗蛋白 1.5%~2%。

肉猪营养物质的供给，应根据各组织在其不同生长阶段的重点不同而有所侧重，前期与中期应满足矿物质、蛋白质、维生素的需要，而后期应当供应大量的能量饲料。营养水平采用前高后低式，粗蛋白含量由前期的 16%~18% 逐渐过渡到 13%~14%，日粮中粗纤维含量则不宜超过 5%，过高会影响饲料消化率，也降低增重效果。

3. 日粮中的矿物质、维生素水平

肉猪日粮中应含有足够数量的矿物质元素和维生素，特别是矿物质中某些微量元素不足或过量时，会导致肉猪物质代谢紊乱，轻者使肉猪增重速度缓慢，饲料消耗增多，重者能引发疾病或死亡。肉猪必需的矿物质有十几种，在配合饲粮时，主要考虑钙、磷和食盐的供给。肉猪对维生素的需要量随其体重的增加而增多。在现代肉猪生产中，饲粮必须添加一定量的多种维生素。生产中若每天给肉猪饲喂 1~2.5kg 青绿饲料，基本上可以满足对维生素的需要。若没有或缺少青饲料，可按说明添加肉猪用的多种维生素添加剂。肉猪生产时，特别在小猪阶段，应适当添加微量元素添加剂，以提高肉猪的日增重和饲料转化率。

4. 日粮中粗纤维水平

粗饲料中含有较多的粗纤维，适量的粗纤维能促进胃肠蠕动，也可以起到一定的充饥作用。但粗纤维所含能量较少,特别是粗纤维中的木质素根本不能为猪所消化利用。如日粮内掺入过多质量低劣的粗饲料,就会使猪在咀嚼、消化、排泄这些粗纤维时消耗的能量超过从这部分粗纤维中所得到的能量,结果是得不偿失,会出现掉膘或生长停滞现象。因此,肉猪日粮中粗纤维含量有其最高界限,每超过一个百分点,就可降低有机物(或能量)消化率2%、粗蛋白消化率1.5%,从而使日增重降低和背膘变薄,胴体瘦肉率上升。

以现代化的饲养方式饲养肉猪,要求高强度生长,日粮粗纤维含量不能太高。我国地方猪对日粮粗纤维的消化率为74.2%,但巴克夏猪(肉脂型)为54.9%,所以,瘦肉型猪耐受不了粗食和低营养水平的日粮。研究证明,育肥猪日粮中粗纤维含量在5%~6%最佳,而生长猪日粮粗纤维最适水平是6.57%(增重最适条件)和6.64%(经济最适条件)。中国地方猪的生长肥猪日粮粗纤维最高指标不应超过16%。在日粮消化能和粗蛋白水平正常情况下,体重20~35kg阶段的猪粗纤维适宜含量为5%~6%,35~100kg阶段为7%~8%,不能超过9%。

5. 水对肉猪的影响

肉猪缺水或长期饮水不足,常使其健康受到损害,当肉猪体内水分减少8%时,即会出现严重的干渴感觉,食欲丧失,消化物质能力减缓,并因黏膜的干燥而降低对传染病的抵抗力;水分减少10%时就会导致严重的代谢失调;水分减少20%以上即可引起死亡。高温季节的缺水要比低温时更为严重。肉猪的需水量是每千克饲料干物质的3~4倍,即体重的16%左右,夏季可增加50%约占体重的23%,冬季可减少30%即体重的10%左右。

三、影响肉猪生产力的因素

肉猪生产是养猪生产的最后一个环节,肉猪的生产力主要体现在该时期猪的生长发育速度、饲料报酬、胴体品质、猪的肉品质等方面。

1. 品种类型

不同品种的肉猪其生产力不同,如引进品种在生长速度、饲料报酬和胴体品质等性状上明显优于地方品种,但肉的品质远远不如地方品种。不同品种或品系之间进行杂交,利用杂交优势也是提高肉猪生产力的重要途径,但不同杂交方式和不同杂交组合的杂交效果不同,筛选杂交组合极为重要。

2. 仔猪初生重和断奶重

俗话说"初生差一两,断奶差一斤;断奶差一斤,出栏差10斤"。仔猪初生重越大,生活力越强,其生长速度越快,断奶体重也就越大;仔猪断奶体重越大,则转群时体重也越大,生长快速,肥育效果好。

3. 日粮营养水平

日粮的营养水平对猪长得快慢、长得好差影响很大。制定猪日粮的营养水平要兼顾两个问题,一个是各种营养元素齐全而充足;另一个是营养元素之间要保持适当平衡,如蛋白质和能量的平衡、各种氨基酸之间的平衡、钙和磷的平衡等。有试验证明,饲料中必需氨基酸不全面的蛋白质即使含量高达16%,还不如必需氨基酸全面、蛋白质含量只有12%的饲料效果好。

4. 环境条件

猪舍的环境条件主要包括温度、湿度、密度、通风、空气质量等,这些环境因素都会直接或间接地影响猪的健康，进而影响增重速度、饲料利用率和最终的经济效益。

（1）温度 温度对肉猪的生长影响很大，不同体重的肉猪对环境温度的要求不同，一般遵循"小猪怕冷，大猪怕热"的特点。所以猪舍的温度控制应根据猪的体重大小及时调整。

（2）湿度 猪舍内的湿度对猪的健康影响较大，湿度过大，利于病原菌的滋生繁殖，猪的皮肤病及关节病会增加；湿度过小，空气过于干燥，猪舍内容易扬尘，会诱发猪的呼吸道疾病。

（3）光照 光照对于肉猪生长的影响不像温湿度那么明显，但作用也存在。有研究表明，过强的光照可使日增重降低，胴体较瘦；过弱的光照能增加脂肪沉积，胴体较肥。

（4）通风 适当的通风不仅可以调节猪舍内的温湿度，还可以提高猪舍的空气质量。猪舍内的空气质量受有害气体、尘埃和微生物三方面的影响。猪舍内不及时通风换气，就会影响肉猪的健康，从而影响生长。

工作目标

1. 根据肉猪的行为特性及生理特点建立猪群或调整猪群，给猪群提供一个舒适的环境，发挥猪的生长潜能。
2. 根据不同的生长阶段以及不同季节配制合理的日粮，增加猪的采食量，提高饲料利用率，提高日增重。
3. 及时观察猪群的精神状态、采食及排泄情况，发现异常及时解决。
4. 做好育成猪的性能测定工作，做好后备种猪的选留工作。

工作内容

工作内容一 建立猪群

猪具有群居的生物学特性，在肉猪饲养中群饲，可充分利用畜舍和设备，便于管理，提高劳动效率，群饲又可利用猪的同槽争食增进食欲，促进生长发育。

来源不同的猪并群时，往往出现剧烈的咬斗，相互攻击，强行争食，分群躺卧，各据一方，这一行为严重影响了猪群生产性能的发挥，个体间增重差异可达13%。因此在需要把不同窝、不同来源的猪合群饲养时，应尽量把品种相同、体重相近、神经类型相似的猪编为一群，把弱小或有病的猪挑出单独分批饲养。但在同窝猪整齐度稍差的情况下，难免会出现

弱猪或体重轻的猪，可把来源、体重、体质、性格和吃食等方面相近的猪合群饲养，同一群猪个体间体重差异不能过大，在小猪（前期）阶段群体内体重差异不宜超过2~3kg，分群后要保持群体的相对稳定。

猪群位次关系确定后，要保持稳定，直至出栏。在肥育期间不要变更猪群，否则每重新合群一次，就会由于咬斗而影响增重，使肥育期延长。为尽量减轻合群时咬斗对增重的影响，一般把较弱的猪留在原圈，把强的调进弱的圈舍内。这是由于到新环境，猪有一定恐惧心理，可减轻强猪攻击性。另外也可将少数的猪留原圈，把数量多的外群猪调入少数的群中。合群应在猪未吃食的晚上合并。总之是采取"留弱不留强""拆多不拆少""夜并昼不并"等方法，减轻咬斗的强度。在猪合群后要有人看管，干涉咬斗行为，控制并制止强猪的

攻击。如果群大时，咬斗常有发生，固定的位次关系不能建立，影响猪的增重。因此，在肥育猪分群时，最好同窝猪为一群。

合理的占地面积对猪的生长有利，一般每头猪占 $1 \sim 1.2 m^2$ 时，肥育的效果即达较佳水平。为提高猪舍利用率，密度不宜过小。饲养密度与猪舍的形式也有关，如网上肥育或有漏缝地板，或自由采食时密度均可加大，有自由运动的空间，更利于采食和生长。如果密度过大，由于环境单调等因素，易发生猪的自残现象，如咬耳、咬尾等行为，从而影响肥育效果。大量试验表明，猪群以 10 头左右肥育效果最佳，考虑到猪舍的合理利用，以不超过 20 头为宜。具体可参见表 6-1-1。

表 6-1-1 肥育猪适宜饲养密度

体重阶段/kg	每栏头数/头	每头猪最小占地面积/m²		
		实地面积	部分漏缝地板	全漏缝地板
18~45	20~30	0.74	0.37	0.37
45~68	10~15	0.92	0.55	0.55
68~95	10~15	1.10	0.74	0.74

工作内容二　配制育成期猪及肥育猪的饲料

仔猪断奶后就进入了生长肥育猪阶段，在这阶段消耗了其一生所需饲料的 75%~80%，占养猪总成本的 50%~60%，因此，该阶段的营养与饲料效率对养猪整体效益至关重要。

一、计算各类营养需要量

肥育猪饲粮要计算钙、磷及食盐（钠）的含量。生长猪每沉积体蛋白 100g（相当于增长瘦肉 450g），同时要沉积钙 6~8g、磷 2.5~4.0g、钠 0.5~1.0g。根据上述生长猪矿物质的需要量及饲料矿物质的利用率，生长猪饲粮在 20~50kg 体重阶段钙占 0.60%、总磷占 0.50%（有效磷 0.23%）；50~100kg 体重阶段钙占 0.50%、总磷占 0.40%（有效磷 0.15%）。食盐通常占风干饲粮的 0.30%。生长猪对维生素的吸收和利用率还难以准确测定，目前饲养标准中规定的需要量实质上是供给量（表 6-2-1、表 6-2-2）。而在配制饲粮时一般不计算原料中各种维生素的含量，靠添加维生素添加剂满足需要。

表 6-2-1　瘦肉型生长肥育猪每千克饲粮养分含量（自由采食，88%干物质）（NY/T 65—2004）

项目	体重/kg		
	20~35	35~60	60~90
平均体重/kg	27.5	47.5	75.0
日增重/(kg/d)	0.61	0.69	0.80
采食量/(kg/d)	1.43	1.90	2.50
料肉比	2.34	2.75	3.13
饲粮消化能含量/[MJ/kg(kcal/kg)]	13.39(3200)	13.39(3200)	13.39(3200)
饲粮代谢能含量/[MJ/kg(kcal/kg)]	12.86(3070)	12.86(3070)	12.86(3070)
粗蛋白质/%	17.8	16.4	14.5

续表

项目	体重/kg	20~35	35~60	60~90
能量蛋白比/[kJ/%(kcal/%)]		752(180)	817(195)	923(220)
赖氨酸能量比/[g/MJ(g/Mcal)]		0.68(2.83)	0.61(2.56)	0.53(2.19)
氨基酸				
赖氨酸/%		0.90	0.82	0.70
蛋氨酸/%		0.24	0.22	0.19
蛋氨酸+胱氨酸/%		0.51	0.48	0.40
矿物元素				
钙/%		0.62	0.55	0.49
总磷/%		0.53	0.48	0.43
非植酸磷/%		0.25	0.20	0.17
钠/%		0.12	0.10	0.10
氯/%		0.10	0.09	0.08
镁/%		0.04	0.04	0.04
钾/%		0.24	0.21	0.18
铜/mg		4.50	4.00	3.50
碘/mg		0.14	0.14	0.14
铁/mg		70	60	50
锰/mg		3.00	2.00	2.00
硒/mg		0.30	0.25	0.25
锌/mg		70	60	50
维生素和脂肪酸				
维生素 A/IU		1500	1400	1300
维生素 D_3/IU		170	160	150
维生素 E/IU		11	11	11
维生素 K/mg		0.50	0.50	0.50
硫胺素/mg		1.00	1.00	1.00
核黄素/mg		2.50	2.00	2.00
泛酸/mg		8.00	7.50	7.00
烟酸/mg		10.00	8.50	7.50
吡哆醇/mg		1.00	1.00	1.00
生物素/mg		0.05	0.05	0.05
叶酸/mg		0.30	0.30	0.30
维生素 B_{12}/μg		11.00	8.00	6.00
胆碱/g		0.35	0.30	0.30
亚油酸/%		0.10	0.10	0.10

表 6-2-2 瘦肉型生长肥育猪每日每头养分需要量（自由采食，88%干物质）（NY/T 65—2004）

体重/kg	20～35	35～60	60～90
平均体重/kg	27.5	47.5	75.0
日增重/(kg/d)	0.61	0.69	0.80
采食量/(kg/d)	1.43	1.90	2.50
料肉比	2.34	2.75	3.13
饲粮消化能摄入量/[MJ/d(Mcal/d)]	19.15(4575)	25.44(6080)	33.48(8000)
饲粮代谢能摄入量/[MJ/d(Mcal/d)]	18.39(4390)	24.43(5835)	32.15(7675)
粗蛋白质/(g/d)	255	312	363
氨基酸			
赖氨酸/(g/d)	12.9	15.6	17.5
蛋氨酸/(g/d)	3.4	4.2	4.8
蛋氨酸+胱氨酸/(g/d)	7.3	9.1	10.0
矿物元素			
钙/g	8.87	10.45	12.25
总磷/g	7.58	9.12	10.75
非植酸磷/g	3.58	3.80	4.25
钠/g	1.72	1.90	2.50
氯/g	1.43	1.71	2.00
镁/g	0.57	0.76	1.00
钾/g	3.43	3.99	4.50
铜/mg	6.44	7.60	8.75
碘/mg	0.20	0.27	0.35
铁/mg	100.10	114.00	125.00
锰/mg	4.29	3.80	5.00
硒/mg	0.43	0.48	0.63
锌/mg	100.10	114.00	125.00
维生素和脂肪酸			
维生素 A/IU	2145	2660	3250
维生素 D_3/IU	243	304	375
维生素 E/IU	16	21	28
维生素 K/mg	0.72	0.95	1.25
硫胺素/mg	1.43	1.90	2.50
核黄素/mg	3.58	3.80	5.00
泛酸/mg	11.44	14.25	17.5
烟酸/mg	14.30	16.15	18.75
吡哆醇/mg	1.43	1.90	2.50

续表

体重/kg	20～35	35～60	60～90
维生素和脂肪酸			
生物素/mg	0.07	0.10	0.13
叶酸/mg	0.43	0.57	0.75
维生素 B_{12}/μg	15.73	15.20	15.00
胆碱/g	0.50	0.57	0.75
亚油酸/g	1.43	1.90	2.50

按不同品种、不同性别配制多阶段日粮，从而充分发挥猪在各阶段的遗传生长潜能。一般应采用三阶段日粮，第一阶段：20～35kg；第二阶段：35～60kg；第三阶段：60kg 到出栏，但刚转入肥育舍时，仍要喂 10～15 天的保育猪料。饲喂次数上，前期日饲喂 4 次，中期喂 3 次，后期喂 2～3 次。饲喂潮拌料，有利于提高采食量。

二、确定饲粮类型

1. 饲料的粉碎细度

玉米、高粱、大麦、小麦、稻谷等谷实饲料，都有坚硬的种皮或软壳，喂前粉碎或压片有利于采食和消化。玉米等谷实的粉碎细度以微粒直径 1.2～1.8mm 为宜。此种粒度的饲料，肉猪采食爽口，采食量大，增重快，饲料利用率也高。粉碎过细，会降低猪的采食量，影响增重和饲料利用率，同时使胃溃疡增加。粉碎细度也不能绝对不变，当含有部分青饲料时，粉碎粒度稍细既不影响适口性，也不致造成胃溃疡。

2. 生喂与熟喂

玉米、高粱、大麦、小麦、稻谷等谷实饲料及其加工副产品糠麸类，可加工后直接生喂，煮熟并不能提高其利用率。相反，饲料经加热，蛋白质变性，生物学效价降低，不仅破坏饲料中的维生素，还浪费能源和人工。因此，谷实类饲料及其加工副产物应生喂。青绿多汁饲料，只需打浆或切碎饲喂，煮熟会破坏维生素，处理不当还会造成亚硝酸盐中毒。

3. 饲料掺水量

配制好的干粉料，可直接用于饲喂，只要保证充足饮水就可以获得较好的饲喂效果，而且省工省时，便于应用自动饲槽进行饲喂。将料和水按一定比例混合后饲喂，既可提高饲料的适口性，又可避免产生饲料粉尘，但加水量不宜过多，一般按料水比例为 1：(0.5～1.5)，调制成潮拌料或湿拌料，在加水后手握成团、松手散开即可。如将料水比例加大到 1：(1.5～2.0) 时，即成浓粥料，虽不影响饲养效果，但需用料槽喂，费工费时。在喂潮拌料或湿拌料时，特别要注意防止夏季饲料腐败变质。饲料中加水过多，会使饲料过稀，一则影响猪的干物质采食量，二则冲淡胃液不利于消化，三是多余的水分需排出，造成生理负担。

4. 颗粒料

在现代养猪生产中，常采用颗粒料喂猪，即将干粉料制成颗粒状（直径 7～16mm）饲喂。多数试验表明，颗粒料喂肉猪优于干粉料，可提高日增重和饲料利用率8%~10%。但加工颗粒料的成本高于粉料。

在喂养过程中要保证清洁的饮水。水是猪体的重要组成部分，它对体温的调节及养分的消化、吸收和运输，以及体内废物的排泄等各种新陈代谢过程，都起着重要作用。水也是猪的重要营养之一。因此，必须供给充足清洁的饮水。

肉猪的饮水量随体重、环境温度、日粮性质和采食量等而变化，一般在冬季，肉猪饮水量为采食风干饲料量的2~3倍或体重的10%左右，春秋季其正常饮水量约为采食风干饲料量的4倍或体重的16%，夏季约为5倍或体重的23%。饮水不足或限制给水，在采食大量的饲料情况下，肉猪会出现食欲减退，采食量减少，发生便秘，日增重下降和增加饲料消耗，增加背膘，严重缺乏时会引发疾病。

不应用过稀的饲料来代替饮水，饲喂过稀的饲料，一方面会减弱肉猪的咀嚼功能，冲淡口腔的消化液，影响口腔的消化作用，另一方面也减少饲料采食量，影响增重。

三、育成及肥育猪的饲料配方实例

肉猪舍各生长阶段猪饲料配方实例分别见表6-2-3~表6-2-6。

表6-2-3 代乳料配方实例

饲料成分/%	1	2	3	4	5	6	7
玉米	36.94	36.18	47.4	45.18	31.60	38.93	43.3
豆饼	27.00	6.93	8.43	6.87	13.28	18.92	10.72
膨化大豆		10.40	7.37	9.62	11.07		12.37
炒小麦		12.91		21.18	11.88		12.61
脱脂奶粉	11.74		9.48		11.07	18.10	11.55
乳清粉	8.23	16.13	18.96	15.45	12.74	11.59	
鱼粉(CP 60%)		4.85	5.79	5.50	3.32	5.76	5.77
喷雾鱼粉		2.77		3.23			1.65
饲料酵母	2.08			2.06			
蔗糖	12.95	4.83	1.01	2.17	0.37	3.23	0.04
油脂		1.10	0.23	1.72	0.34	0.79	0.01
碳酸钙	0.41	0.53	0.38	0.64	0.49	0.35	0.47
磷酸氢钙	1.44	0.65	0.35	0.99	0.54	0.14	0.27
食盐	0.25	0.25	0.25	0.25	0.25	0.25	0.25
预混料	0.30	0.30	0.30	0.30	0.30	0.30	0.30
复合多维	0.30	0.30	0.30	0.30	0.30	0.30	0.30
赖氨酸	0.53	0.04	0.04		0.20		
蛋氨酸	0.17	0.01		0.01			0.03
生长促进剂	0.01	0.01	0.01	0.01	0.01	0.01	0.01
营养指标							
消化能/(MJ/kg)	14.21	14.21	14.21	14.21	14.21	14.21	14.21
粗蛋白/%	20	20	20	20	20	20	20
钙/%	0.8	0.8	0.8	0.8	0.8	0.8	0.8
磷/%	0.65	0.65	0.65	0.65	0.65	0.65	0.65
赖氨酸/%	1.58	1.20	1.30	1.20	1.30	1.58	1.46
蛋氨酸/%	0.45	0.30	0.32	0.30	0.33	0.40	0.40
色氨酸/%	0.25	0.23	0.23	0.23	0.26	0.28	0.29

表 6-2-4 仔猪饲料配方实例

饲料成分/%	1	2	3	4	5	6
玉米	62.40	59.31	59.85	65.25	56.62	43.20
炒小麦						13.18
麦麸	6.54	10.23	10.97		6.84	
豆饼	16.21		19.57	9.35	16.13	11.68
膨化大豆	5.40	24.27		17.01		6.34
乳清粉				3.23	9.77	10.85
鱼粉(CP 60%)	1.89	4.04	4.66	2.55	6.15	6.34
蚕蛹	1.35					
菜籽饼	2.16					3.50
饲料酵母						1.81
油脂	1.44		2.70		2.65	1.25
碳酸钙	0.58	0.65	0.59	0.45	0.46	0.51
磷酸氢钙	1.30	0.91	0.89	1.34	0.54	0.21
食盐	0.10	0.20	0.30	0.30	0.30	0.20
预混料	0.30	0.30	0.30	0.30	0.30	0.30
复合多维	0.03	0.03	0.03	0.03	0.03	0.03
赖氨酸	0.08	0.02	0.02			
蛋氨酸	0.01	0.02	0.01	0.03		
生长促进剂	0.01	0.01	0.01	0.01	0.01	0.01
碳酸氢钠	0.25				0.20	0.20
调味剂	0.04	0.05		0.15		
营养指标						
消化能/(MJ/kg)	14.21	14.21	14.21	14.21	14.21	14.21
粗蛋白/%	18.00	18.00	18.00	18.00	18.00	18.00
钙/%	0.70	0.70	0.70	0.70	0.70	0.70
磷/%	0.60	0.60	0.50	0.50	0.50	0.65
赖氨酸/%	0.95	0.95	0.95	0.95	0.95	1.08
蛋氨酸/%	0.25	0.25	0.25	0.25	0.25	0.29
色氨酸/%	0.20	0.19	0.22	0.19	0.21	0.24

表 6-2-5 生长猪饲料配方实例

饲料成分/%	1	2	3	4	5	6
玉米	61.58	31.48	36.01	56.45	58.50	57.65
大麦		41.87				
高粱			30.75			
小麦	7.17	8.37				
稻谷				11.27		
细米糠				12.40	9.74	7.43
麦麸	10.25		13.25		13.31	13.20
豆饼	4.64	5.85	6.85	6.94	4.39	5.49
膨化大豆	5.41				4.83	4.94
棉籽饼			5.71			3.28

续表

饲料成分/%	1	2	3	4	5	6
鱼粉(CP 60%)	3.09	3.30			2.63	
蚕蛹			4.77	4.63		
菜籽饼				5.78	3.35	4.40
油脂	1.79	1.56				
碳酸钙	0.73	0.58	0.87	0.97	1.05	1.06
磷酸氢钙	0.51	0.54	0.75	0.60	0.05	0.42
食盐	0.30	0.30	0.30	0.30	0.30	0.30
预混料	0.30	0.30	0.30	0.30	0.30	0.30
复合多维	0.03	0.03	0.03	0.03	0.03	0.03
赖氨酸	0.11	0.13	0.18	0.12	0.11	0.17
蛋氨酸	0.01		0.02			0.02
生长促进剂	0.01	0.01	0.01	0.01	0.01	0.01
碳酸氢钠	0.20	0.20	0.20	0.20	0.20	0.20
营养指标						
消化能/(MJ/kg)	14.21	13.38	13.38	13.20	13.38	13.38
粗蛋白/%	15.00	15.00	15.00	15.00	15.00	15.00
钙/%	0.6	0.6	0.6	0.6	0.6	0.6
磷/%	0.50	0.50	0.50	0.50	0.50	0.50
赖氨酸/%	0.75	0.75	0.75	0.75	0.75	0.75
蛋氨酸/%	0.22	0.22	0.22	0.22	0.22	0.22
色氨酸/%	0.17	0.17	0.20	0.20	0.17	0.17

表 6-2-6 育肥猪饲料配方实例

饲料成分/%	1	2	3	4	5	6
玉米	73.31	57.41	36.30	57.68	70.91	74.75
大麦		20.13				
高粱			40.35			
小麦				8.50		
统糠					7.40	
细米糠	5.02	4.02		9.71		
麦麸	4.09		5.19	10.12	6.07	5.11
豆饼			5.25			
膨化大豆	2.92	5.82				6.72
棉籽饼	6.43	5.45	5.67			5.11
蚕蛹					3.03	
菜籽饼	5.85	4.77	4.72	11.24	9.86	4.21
油脂					1.63	
碳酸钙	0.53	0.43	0.53	0.67	0.75	0.39
磷酸氢钙	0.86	1.02	0.96	1.03	0.98	1.13
食盐	0.30	0.30	0.30	0.30	0.30	0.30
预混料	0.30	0.30	0.30	0.30	0.30	0.30

续表

饲料成分/%	1	2	3	4	5	6
复合多维	0.30	0.30	0.30	0.30	0.30	0.30
赖氨酸	0.16	0.12	0.19	0.21	0.17	0.12
蛋氨酸			0.01	0.01		
碳酸氢钠	0.20	0.20	0.20	0.20	0.20	0.20
营养指标						
消化能/(MJ/kg)	13.38	13.38	13.38	13.38	13.38	14.21
粗蛋白/%	13.00	13.00	13.00	13.00	13.00	13.00
钙/%	0.52	0.52	0.52	0.52	0.52	0.52
磷/%	0.50	0.50	0.50	0.50	0.50	0.50
赖氨酸/%	0.60	0.60	0.60	0.60	0.60	0.60
蛋氨酸/%	0.19	0.19	0.19	0.19	0.19	0.19
蛋氨酸+胱氨酸/%	0.61	0.53	0.50	0.67	0.68	0.53
色氨酸/%	0.13	0.13	0.13	0.13	0.13	0.13

工作内容三 饲养及管理育成期猪

一、确定育成猪饲养方式

肉猪的饲养方式对猪的增重速度、饲料利用率及胴体质量和养猪效益有重要影响，适于农家副业养猪的"吊架子肥育"方式，已不能适应商品肉猪的生产要求，而应用"直线肥育"方式。兼顾增重速度、饲料利用率和胴体肥瘦度，商品肉猪生产中宜采用"前敞后限"的饲养方式。

1."吊架子肥育"

"吊架子肥育"又称"阶段肥育"方式，是我国劳动人民在长期的养猪实践中，根据地方猪种的生长发育规律，结合青粗饲料充足而精料短缺的饲养条件，以及消费习惯等特点摸索出的一种饲养方式。其要点是将整个肥育期分为三个阶段，采取"两头精、中间粗"的饲养方式，把有限的精料集中在小猪和催肥阶段使用。小猪阶段喂给较多精料；中猪阶段喂给较多的青粗饲料，饲养期长达 4~6 个月；大猪阶段，通常在出栏屠宰前 2~3 个月集中使用精料，特别是糖类饲料，进行短期催肥。这种饲养方式是与农户自给自足经济相适应的，也是由当时猪肉需求状况决定的。

2.直线育肥法

从 20~100kg 均给予丰富营养，中期不减料，使之充分生长，以获得较高的日增重，要求在 6 个月龄以内体重达到 90~100kg，具体要求如下。

① 肥育小猪一定要选择二品种或三品种杂交仔猪，要求发育正常，60~70 日龄转群体重达到 15kg 以上，身体健康、无病。

② 肥育开始前 7~10 天，按品种、体重、强弱分栏，并进行阉割、驱虫、防疫。

③ 正式肥育期 3~4 个月，要求日增重达 0.8~1.0kg。

④ 日粮营养水平，要求前期（20~60kg），每千克饲粮含粗蛋白 16%~18%，消化能 3.1~3.2Mcal；后期（61~100kg），粗蛋白 13%~15%，消化能 3.1~3.2Mcal，同时注意

饲料多种搭配和氨基酸、矿物质、维生素的补充。

⑤ 每天喂2~3餐，自由采食，前期每天喂料1.2~2.0kg，后期2.1~3.0kg。精料采用干湿喂，青料生喂，自由饮水，保持猪栏干燥、清洁，夏天要防暑、降温、驱蚊，冬天要关好门窗保暖，保持猪舍安静。

3. 前敞后限的饲养方式

饲养肉猪还应根据对猪肉产品质量的需求和种性、饲养条件等采取不同的饲养方式，如果追求增重速度快，出栏期早，则以自由采食方式为好；但由于后期脂肪沉积能力较强，采食的能量水平又较高，往往使胴体较肥。要使肉猪既有较快的增重速度，又有较高的瘦肉率，可以采取前敞后限（前高后低）的饲养方式，即在肉猪生长前期采用高能量、高蛋白质饲粮，让猪自由采食或不限量按顿饲喂，以保证肌肉的充分生长，后期适当降低饲粮能量和蛋白质水平，限制猪只每日进食的能量总量，这样既不会严重降低增重，又能减少脂肪的沉积，得到较瘦的胴体。后期限饲的方法，一种是限制饲料的给量，可以减少自由采食量的15%~20%；另一种方法是降低饲粮能量浓度，仍让猪只自由采食或不限量按顿喂。饲粮能量浓度降低，虽不限量饲喂，但由于猪的胃肠容积有限，每天采食的能量总量必然减少，因而同样可达到限饲的目的，且简便易行。具体方法多在饲粮中加大糠麸或大容积饲料的比例。但应注意不能添加劣质粗饲料，饲粮能量浓度不能低于每千克11MJ，否则虽可提高瘦肉率，却会严重影响增重，往往得不偿失。

二、调制饲料和饲喂

科学地调制饲料和饲喂，对提高肉猪的增重速度和饲料利用率，降低生产成本有着重要意义，同时也是肉猪日常饲养管理中的一项重要工作，特别是在后期，肉猪沉积一定数量的脂肪后，食欲往往会下降，更应引起注意。

1. 调制饲料

饲料调制原则是缩小饲料体积，增强适口性，提高饲料转化率。集约化养猪很少利用青绿多汁饲料，青绿饲料容积大，营养浓度低，不利于肉猪的快速增重。全价配合饲料的加工调制一般而言可分为湿拌料、干粉料和颗粒料三种饲料形态，颗粒料优于干粉料，湿喂优于干喂。

(1) 湿拌料 把干粉料加水拌匀，根据加水多少可分为稠料和稀料两种。试验证明，饲喂稠料比稀料为好，因稠料干物质、有机物、粗蛋白和无氮浸出物的消化率均比稀料高，氮在体内的存留率也高。一般料水比为1:(1.5~2.0)，适用于限量饲喂的饲养方式。从饲料营养物质方面来说，稠喂比稀喂利用率提高35%以上，氮的存留率提高了45%。料水比例1:4也适于管道输送和自动给食。

(2) 干粉料 将粉状配（混）合饲料直接喂猪，适用于自由采食、自由饮水的饲养方式，同时也可以提高劳动生产率和圈舍利用率。饲喂干粉料时，对于30kg以下的小肉猪，饲料颗粒直径在0.5~1.0mm为宜，30kg以上的肉猪，饲料颗粒直径以2~3mm为宜，过细的粉料易粘于舌上较难咽下，影响采食量，同时细粉飞扬可能会引起肺部疾病。

(3) 颗粒料 将配合好的全价料制作成颗粒状饲喂，便于投食，损耗小，不易发霉，并能提高营养物质的消化率。目前我国规模化猪场已广泛利用颗粒饲料。

饲喂颗粒饲料，猪的增重速度和饲料转化率都比干粉料好。大量研究证明，颗粒料可使每千克增重减少饲料消耗 0.2kg。德国研究证明，活重 25～106kg 的肉猪，由湿粉料改为颗粒料可使平均日增重从 649g 增至 663g，提高 2.16%，饲料转化率从 3.09 降至 2.98，节省饲料 3.69%。

2. 科学饲喂肉猪

(1) 饲喂方法

① 改熟料喂为生喂　青饲料、谷实类饲料、糠麸类饲料，含有维生素和有助于猪消化的酶，这些饲料煮熟后，破坏了维生素和酶，引起蛋白质变性，降低了赖氨酸的利用率。实验研究表明，谷实饲料由于煮熟过程的耗损和营养物质的破坏，利用率比生喂的降低了 10%。同时熟喂还会增加设备、增加投资、增加劳动强度、耗损燃料。所以要改熟喂为生喂。

② 改稀喂为干湿喂　稀料喂猪有如下缺点：第一，水分多，营养干物质少，特别是煮熟的饲料再加水，干物质更少，影响猪对营养物质的采食量，造成营养缺乏，必然长得慢。第二，水尽管也是营养物质之一，但无能量、蛋白质和保证生长的其他营养物质，如在日粮中多加水，很快以尿的形式排出体外，猪总是处于饥饿状态，导致情绪不安、跳栏、撬墙、犁粪。第三，影响饲料营养的消化率。饲料的消化是依赖口腔、胃、肠、胰分泌的各种蛋白酶、淀粉酶、脂肪酶等酶系统，把营养物质消化、吸收。喂的饲料太稀，猪来不及咀嚼，连水带料进入胃、肠，酶与饲料没有充分接触，即使接触，由于水把消化液冲淡，猪对饲料的利用率必然降低。第四，喂料过稀，易造成肚大下垂，屠宰率必然下降。

③ 灵活运用自由采食和限量饲喂　自由采食的猪日增重高，饲料利用率高，但脂肪沉积多，瘦肉率低。限量饲喂则相反，日增重和饲料利用率低，脂肪沉积少，瘦肉率高。为了追求高的日增重用自由采食的方法较好，但如果为了获得瘦肉率较高的胴体则采用限量饲喂方法较优。可以在前期采用自由采食（60kg 以前），后期采用限制（能量）饲喂，则全期日增重高，胴体脂肪也不会沉积太多。有试验发现，自由采食的肉猪，背膘较软，与限量饲喂的猪相比外层背膘的脂肪熔点低 50%，不饱和脂肪酸比饱和脂肪酸的比率显著升高。自由采食与限量饲喂两种饲喂方法多次比较的试验表明，前者日增重高、背膘较厚，后者饲料转化率高、背膘较薄。

(2) 确定饲喂次数　饲喂次数根据饲料形态、日粮中营养物质的浓度以及肉猪的年龄和体重而定。日粮的营养物质浓度不高，容积大，可适当增加饲喂次数，相反则可适当减少饲喂次数。在小猪阶段，日喂次数可适当增加，以后逐渐减少。有试验表明，在相同营养水平和管理条件下，日喂 2 次、3 次和 4 次对日增重没有显著差异。

英国做了肉猪一天喂一次的对比试验，一天喂两次的肉猪平均日增重为 621g，每千克增重耗料 3.24kg，屠宰率 74.5%，胴体长 72.3cm，一级胴体占 72.3%；一天喂一次的肉猪平均日增重 625g，每千克增重耗料 3.22kg，屠宰率 71.4%，胴体长 78.6cm，一级胴体占 78.6%。具体参见表 6-3-1。

表 6-3-1　肥育猪不同日粮饲喂次数的肥育效果

组别	试验天数/d	头数/头	始重/kg	末重/kg	日增重/g	增重1kg消耗饲料量/kg
对照组（日喂3次）	78	30	34.6±3.4	89.5±8.3	704±72	3.46
实验Ⅰ组（日喂2次）	78	30	35.1±4.6	90.5±9.9	710±90	3.42
实验Ⅱ组（日喂1次）	78	30	35.4±4.2	90.6±10.9	708±85	3.51

一天喂一次日增重与饲料转化率基本无差异，胴体长与胴体等级均比对照组高，只有屠宰率稍低些。从劳动效率看，一次饲喂可提高效率一倍，胴体等级高、经济效益高，是可取的。国外有的肉猪生长后期实行每周停食一天的自由采食方法，给水不断，关闭自动饲槽口，结果提高了饲料利用率，出栏年龄不受任何影响，并对提高胴体品质有益，这是在营养条件丰足情况下值得推广的技术管理措施。

三、调教猪群

调教就是根据猪的生物学习性和行为学特点进行引导与训练，使猪只养成在固定地点排泄、躺卧、进食的习惯，不仅减轻劳动强度，又能保持栏内的清洁干燥，既有利于猪只自身的生长发育和健康，也便于进行日常的管理工作。猪喜欢睡卧，在适宜的饲养密度下，约有60%的时间是卧或睡。猪一般喜睡卧在高处、平地、栏角阴暗处、木板上、垫草上，热天喜欢睡在风凉之处，冬天喜欢睡在避风暖和之处；猪爱好清洁，排粪、尿有固定的地点，一般在洞口、门口、低处、湿处、栏角排粪、尿，并在喂食前后和睡觉刚起来时排粪；猪有合群性，但也有强欺弱、大欺小的习性，猪只之间主要靠气味进行联系；猪对吃喝声很敏感，掌握这些习性，就能做好调教工作。

猪在合群或调入新圈时，要抓紧调教。调教重点抓好两项工作：

(1) 防止强夺争食 在重新组群和新调圈时，猪要建立新的群居秩序，为使所有猪都能均匀采食，除了要有足够均匀的饲槽长度外，对于争食的猪要勤赶，使不敢采食的猪能得到采食，帮助建立群居秩序，分开排列，均匀采食。

(2) 固定生活地点 使吃食、睡觉、排便三定位，保持猪圈干燥清洁。通常单独或交错使用守候、勤赶、积粪、垫草等方法进行调教。例如，在调入新圈时，把圈栏打扫干净，在猪床上铺少量垫草，饲槽放入饲料，并在指定排便处堆放少量粪便，然后将猪赶入新圈，督促其到固定地点排便，一旦有的猪未在指定地点排便，应将其撒拉在地面的粪便清扫干净，并坚持守候、看管和勤赶，这样，很快就会使猪只养成定位的习惯。有的猪经积粪引诱其排便无效时，可利用猪喜欢在潮湿处排便的习性，洒水于排便处，进行调教。

四、及时观察猪群

平时要经常观察猪群，做到平时看神态、吃时看食欲、清扫看便，发现问题，及时解决。一般健康猪的表现是：反应灵敏，鼻端湿润发凉，皮毛光滑，眼光有神；走路摇头摆尾，喂料争先恐后，食欲旺盛，睡时四肢摊开，呼吸均匀，尿清无色，粪便成条，体温38～39℃，呼吸每分钟10～20次，心跳每分钟60～80次。如果喂料时大部分猪都争先上槽，只有个别猪仍不动或吃几口就离开，可能这头猪已患病。须进一步检查。如果喂料时，全栏猪都不来吃或只吃几口，可能是饲料方面的问题或猪已中毒，观察猪的粪便，在天亮这段时间，猪一般要排一次粪尿，粪便新鲜易于发现问题，再者晚上排的粪便因猪活动少未被踩烂，容易观察。如果粪便稀烂、腥臭、混有鼻涕状的黏液，可能是猪消化不良或患有慢性胃肠炎。同栏猪个别生长缓慢，毛长枯乱、消瘦，很可能是患有消化性疾病，如寄生虫病、消化道实质器官疾病和热性疾病等。

五、喂足清洁饮水

水是猪体所有细胞的重要组成部分，它对调节体温、养分的运转、消化、吸收和废物的排泄等一系列新陈代谢过程都有重要的作用，猪饮水不足会影响生长，严重时导致发生疾病。因此，充足干净的饮水是保证猪只健康生长的重要条件。水对喂干湿料的猪特别重要。猪的饮水量随环境温度、体重、饲料采食量而变化，一般夏季供给猪相当于饲料量 5 倍的水，冬季要供给 2~3 倍的水。应供应清洁水，最好用自动饮水器全天供水，也可在圈内单独设一水槽经常保持充足而清洁的饮水。

六、正确防疫

预防免疫注射是预防猪传染病发生的关键措施，用疫苗给猪注射，能使猪产生特异性抗体，在一定时间内猪就可以不被传染病侵袭，保证较高的免疫强度和免疫水平。必须制订科学的免疫程序和预防接种，做到头头接种。新引进的猪种在隔离期间不管以前做了何种免疫注射，都应根据本场免疫程序接种各种传染病疫苗。同时对猪舍应经常清洁消毒、杀虫灭鼠，为猪的生长发育创造一个清洁的环境。

在现代化养猪生产中，仔猪在育成期前（70 日龄以前）针对各种传染病疫苗均进行了接种，转入肉猪群后到出栏前不需再进行接种。但应根据地方传染病流行情况，及时采血监测各种疫苗的效价，防止发生意外传染病。

七、及时驱虫

肉猪的寄生虫主要有蛔虫、姜片吸虫、疥螨和虱子等。仔猪一般在哺乳期易感染体内寄生虫，以蛔虫感染最为普遍，对幼猪危害大，患猪生长缓慢、消瘦、贫血、被毛蓬乱无光泽，甚至形成僵猪。通常在 90 日龄时进行第一次驱虫，必要时在 135 日龄左右时再进行第二次驱虫。驱除蛔虫常用驱虫净（四咪唑），每千克体重用量为 20mg；丙硫苯咪唑，每千克体重用量为 100mg，拌入饲料中一次喂服，驱虫效果较好。驱除疥螨和虱子常用敌百虫，每千克体重用 0.1g，溶于温水中，再拌和少量精料空腹时喂服。

服用驱虫药后，应注意观察，若出现副作用要及时解救，驱虫后排出的虫体和粪便，要及时清除发酵，以防再度感染。

网上产仔及育成的幼猪每年抽样检查是否有虫卵，如有发现则按程序进行驱虫，现代化养猪生产中对内外寄生虫防治主要依靠监测手段，做到"预防为主"。

工作内容四　种猪测定及选留后备猪

生产性能测定是对种猪进行客观评定的基础工作。种猪的评定是选种的基础，选种是实现遗传改良最重要的育种措施之一。

种猪性能测定依据测定方式分为测定站测定和现场测定两种方式。近年来，我国种猪生产性能测定技术发展较快，湖北、广东、北京等地都先后成立了种猪生产性能测定站，同时国内一些较大的种猪企业都在不同程度地开展种猪现场测定。

一、测定前准备

① 受测猪的营养水平和饲料种类应相对稳定，并注意饲料卫生条件。
② 受测猪的圈舍、运动场、光照、饮水和卫生等管理条件应基本一致。
③ 测定单位应具有相应的测定设备和用具，并规定专人使用。

④ 受测猪必须由技术熟练的工人进行饲养，由有一定育种知识和饲养经验的技术人员进行指导。

二、选择测定猪

① 受测猪个体编号清楚，品种特征明显，并附三代以上系谱记录。

② 受测猪必须健康、生长发育正常、无外形损征和遗传疾患。受测前应由兽医进行检验、免疫注射、驱虫和部分公猪的去势。

③ 受测猪应来源于主要家系（品系），从每头公猪与配的母猪中随机抽取三窝，每窝选1公、1阉公和两母进行生长肥育测定，其中1阉公和1母于体重100kg时进行屠宰测定。

④ 受测猪应选择70日龄和25kg左右的中等个体。测定前应接受负责测定工作的专职人员检查。

三、测定性状

种猪测定的主要性状包括繁殖性状、肥育性状、胴体性状、肉质性状。

现场测定要测定哪些性状主要取决于该场种猪的选育目标、测定技术及测定设备情况。全国种猪遗传评估方案中共规定了15个测定性状，其中总产仔数、达100kg体重日龄、100kg体重背膘这三个性状事关经济效益最紧密，因此国家将这三个性状规定为猪场的必测性状。其他性状如达50kg体重日龄、眼肌面积等作为辅助测定性状。也有些具育种实力的种猪企业为了增加选种的准确性，对氟烷基因、酸肉基因等进行辅助测定选择。

四、测定设备

猪各项性能测定所用设备较多，常用设备见表6-4-1～表6-4-3，还需要一台性能较好的计算机和一套种猪遗传评估软件。同时进行种猪性能测定还需要有完善的系谱资料。

表6-4-1 种猪活体测定的仪器设备

仪器设备名称	型号	产地（公司）	备注
活体背膘测定仪	Pigscan	丹麦 SFK 公司	A 超
活体背膘测定仪	Reccon	美国 Reccon	A 超
活体背膘测定仪	SSD-210DXⅡ	日本 Aroma	B 超
活体背膘测定仪	Ami900	加拿大 SFK 公司	B 超
活体背膘测定仪 VETKO PLUC	VEKTO+	加拿大	B 超
活体背膘瘦肉率测定仪	Piglog105	丹麦 SFK 公司	A 超
早期妊娠诊断仪	Digipreg	丹麦 SFK 公司	
早期妊娠诊断仪	Recon	美国 Reccon 公司	
氟烷测验仪	Fluotec3	英国 Cyprane	

表6-4-2 肥育性能测定的仪器设备

仪器设备名称	型号	产地（公司）
干料饲喂系统	Feeder500	丹麦 SFK 公司
湿料饲喂系统	Multifeeder	丹麦 SFK 公司

续表

仪器设备名称	型号	产地（公司）
自动饲喂测定系统	Acema64	法国 Acemo 公司
自动饲喂测定系统	Acemomf24	法国 Acemo 公司
种猪性能测定系统	FIRE	美国奥饲本公司
活猪秤	最大称重 250kg	丹麦
磅秤		中国

表 6-4-3　胴体及肉质测定的仪器设备

仪器设备名称	型号、用途	产地（公司）
胴体瘦肉率测定仪	100 型　测定胴体瘦肉率	丹麦 SFK
电子秤	8136　称重	丹麦 SFK
求积仪	测胴体眼肌面积	中国
游标卡尺	测定胴体背膘厚	中国
卷尺	测胴体长	中国
胴体肌肉 pH 值直测仪或酸度计	测肌肉 pH 值	丹麦或中国
肉色或大理石纹标准评分卡	肉色或大理石评分	中国、美国
色差计	测定肌肉颜色	中国
计算机压肉试验仪	RH-1000 测定肌肉失水率	中国
嫩度仪	测定肌肉剪切力	中国
烘箱、冰箱、真空干燥箱等	测定肌肉滴水损失、肌肉脂肪等成分	中国

种猪遗传评估软件见项目八中的相关预备知识。

五、性能测定方法

1. 繁殖性状、生长肥育性状等

详见项目二中工作内容二的相关介绍。

2. 用 B 超测定背膘

猪背膘厚和眼肌面积与猪瘦肉率直接相关，在猪的遗传育种和性能鉴定上作为两项重要的指标参数深受重视，其精确测定具有重要意义。利用直观的 B 超影像对猪的背膘厚和眼肌面积同时作活体测定，具有操作简便、测定迅速、精确且不伤害猪体的优点。

(1) 选择测定仪器　活体测膘的测定仪一般有 A 超和 B 超两种。目前我国众多猪场选用 B 超测定仪。

(2) 选定猪只　常规检测应选择体重 85～115kg（全国遗传评估方案规定的有效体重范围）的健康猪只，测定数据利用软件进行 100kg 背膘厚和眼肌面积的校正。

(3) 开始测量

① 猪只保定　对测定猪只可用铁栏限位或用单体笼秤，让猪自然站立，在铁栏限位可适当喂些精料，使其保持安静，测定时避免猪只弓背或塌腰而使测量数据出现偏差。

② 测量位置　猪活体背膘和眼肌面积测定一般在同一位置。我国多数单位采用三点平

均值，即肩胛后沿（4~5肋骨处）、最后肋处及腰荐接合处距背中线4cm处，左右两侧均可。亦有人仅测量10~11肋（或倒数3~4肋骨）间距背中线4cm处一点。具体分为横向扫描和纵向扫描（见图6-4-1和图6-4-2）。

图6-4-1　B超横向扫描及成像　　　　　图6-4-2　B超纵向扫描及成像

③ 操作程序　测量部位剪毛（尽量剪干净，必要时用温水擦洗去痂）→探头平面、探头模平面及猪背测量位置涂上耦合剂（或菜油）→将探头及探头模置于测量位置上，使探头模与猪背密接→观察并调节屏幕影像，获得理想影像时即冻结影像→测量背膘厚和眼肌面积，并加说明资料（如测量时间、猪号、性别等）→影像打印或存储处理。

④ 注意事项　测量时探头、探头模与被测部位应接触紧密（用石蜡油或色拉油排出空隙间的空气），但不要重压；探头直线平面与猪背正中线纵轴面垂直，不可斜切；在识别超声影像时，首先确定皮肤界面等界定线或界定面，然后确定眼肌四周肌膜的强回声影像，以确定眼肌面积周界。

⑤ 锁定数据　背膘厚度测定在超声影像中：a点为测量模与皮肤界面的超声反射光点。b点为脂间筋膜反射光点。c点为眼肌肌膜反射光点。测量光点a与光点c间的距离即为猪背膘厚度。

⑥ 眼肌面积或眼肌深度测定　眼肌面积的确定：在超声影像中由眼肌肌膜的强反射产生的近似椭圆形眼肌轮廓，测量时先确定上下界之椭圆形短轴，然后确定两端之椭圆形长轴，近似椭圆形的眼肌面积平方厘米值即显现在屏幕上。

d点为眼肌肌膜或肋骨的反射光点。

眼肌深度的确定：记录时读取光点c与光点d之间之差即为眼肌深度，利用某些软件（如GBS或GPS）可直接计算猪100kg眼肌面积校正值。

影像及数据的存储处理　Aloka-ssc-218型B超具有输出接口，可连接影像打印机直接将影像及数据打印出来。亦可根据实际需要对数据进行现场记录或照相存储。

为使B超活体测定猪背膘厚和眼肌面积准确和稳定，测定人员需要长时间地以活体与屠体对比反复练习，以达到熟练准确的效果，对于两位测定人员测定结果的相关亦要求达到95%以上，以便轮流进行测定时不致因人为的差异而造成测定成绩的太大误差。

3. 测定数据分析

将测定数据输入到数据库或育种软件系统中，可以根据校正公式将测定的数据校正到100kg体重，育种软件会自动将数据进行校正。最终将计算后的育种值和综合指数作为后备种猪选留的重要依据。

项目六自测

一、单选题

1. 甲、乙、丙三个猪栏猪的数量分别是12、8、10，要通过重新组群腾出一个猪栏，最合理的是拆掉_____。
  A. 甲栏　　　　　B. 乙栏　　　　　C. 丙栏　　　　　D. 都一样
2. 下列因素中_____不会影响肉猪的生长发育。
  A. 品种　　　　　B. 初生重　　　　C. 日粮营养　　　D. 市场行情
3. 肉猪体内最常见的寄生虫是_____。
  A. 球虫　　　　　B. 绦虫　　　　　C. 蛔虫　　　　　D. 鞭虫
4. 下列_____的猪场猪特别容易患体内寄生虫病。
  A. 常消毒　　　　B. 常采食青绿饲料　C. 常通风　　　D. 采光多的
5. 肉猪阶段第一次驱虫的适宜时间为_____。
  A. 65日龄左右　　B. 85日龄左右　　C. 105日龄左右　D. 135日龄左右
6. 测定猪的活体背膘时，要求猪的姿势是_____。
  A. 右侧着地　　　B. 左侧着地　　　C. 自然站立　　　D. 腹部着地
7. 活体背膘测定部位剪毛、涂耦合剂的目的是_____。
  A. 排除探头与皮肤间的空气　　　　B. 部位找得更准
  C. 润滑　　　　　　　　　　　　　D. 减少摩擦力
8. 通常情况下第一胎母猪因肢、蹄、趾问题而淘汰的比例_____。
  A. 比经产母猪低　B. 与经产母猪相似　C. 比经产母猪高　D. 几乎为零
9. 为提高种用公猪的配种能力和配种质量，对包皮的要求是_____。
  A. 越长越好　　　B. 越小越好　　　C. 越大越好　　　D. 适中就好
10. 肉猪并群最理想的时间是_____。
  A. 上午　　　　　B. 中午　　　　　C. 下午　　　　　D. 晚上
11. 与胴体瘦肉率呈负相关的指标是_____。
  A. 生长速度　　　B. 背膘厚　　　　C. 眼肌面积　　　D. 父母本平均瘦肉率
12. 选择后备母猪时对外阴的要求是_____。
  A. 越小越好　　　B. 大小适中　　　C. 越大越好　　　D. 尖端上翘
13. 目前规模猪场通常采用的育肥方式是_____。
  A. 吊架子育肥　　B. 直线育肥　　　C. 前畅后限育肥　D. 三种方法差不多
14. 在采食量和饲料利用率方面比较好的饲料类型是_____。
  A. 水拌料　　　　B. 干粉料　　　　C. 颗粒料　　　　D. 粥料

二、多选题
1. 猪场合理组群的原则包括_____。
  A. 留弱不留强　　B. 拆多不拆少　　C. 同调新栏　　　D. 夜并昼不并
2. 猪体内外寄生虫会导致_____。
  A. 生长速度减慢　B. 出栏率提高　　C. 腹泻比例增加　D. 死亡率提高
3. 种猪测定的主要性状包括_____。
  A. 繁殖性状　　　B. 肥育性状　　　C. 胴体性状　　　D. 肉质性状

三、简答题
1. 简述肉猪舍的清洗消毒步骤。
2. 肉猪生产的主要目的是什么？怎样提高肉猪的生产水平？
3. 为什么要重视肉猪的环境控制？如何提供适宜的猪舍小气候环境条件？

4. 肉猪肥育方式有哪些？各有何优劣？
5. 如何提高肉猪出栏率？
6. 怎样选择商品猪生产的杂交模式？我国肉猪生产主要有哪些杂交模式？
7. 采取哪些措施可以提高肉猪瘦肉率？
8. 简述后备猪选留的方法及步骤。

实践活动

猪的活体测膘

【活动目标】 通过实习掌握使用测膘仪测定背膘的方法。
【仪器设备】 测膘仪、求积仪、钢卷尺、游标卡尺。
【活动场所】 实验猪场。
【方法步骤】

1. 活体测膘仪（PrEG-ALERT）测定

（1）背膘测定

① 打开电源（PWR）开关，把机能选择钮（FUNCTION）转到 BF（BACKFAT），灵敏度钮（SENS）转到第二点，关掉音响开关（TONE）。

② 测定位置在距背线 4～6cm 的胸腰椎接合处，在测定处须加大量的油，以确保与猪体接触良好。

③ 为了较容易看清读数，必须调节灵敏度钮（SENS），使表示脂肪层的尖峰刚好达到刻度（在显示屏的下排刻度为背膘厚度的毫米数）。在显示屏上会出现两个较高的峰，表示两个背膘层的厚度，也可能出现第三峰紧靠第二峰的情况。

（2）眼肌厚度测定

① 打开电源（PWR）开关，把机能选择钮（FUNCTION）转到1，显示屏的上排刻度 0～200mm 表示眼肌的厚度。灵敏度钮（SENS）顺时针转到第 7 点。

② 测定位置在距背线 4～6cm 的胸腰椎接合处。

③ 当读数在屏幕上显示时，必须从左到右寻找尖峰。例如屏上所示为 80mm，背膘厚度为 19mm，眼肌厚度为 $80-19=61(mm)=6.1(cm)$，表示为 $6.1in^2$ 即 $39.35cm^2$。

2. 达 100kg 体重日龄时活体背膘厚校正

（1）100kg 体重日龄

受测猪在 80～105kg 范围时称重（电子秤），记录日龄，并进行校正。

校正日龄＝测定日龄－[（实测体重）/CF]

其中：

CF＝（实测体重/测定日龄）×1.826040（公猪）

CF＝（实测体重/测定日龄）×1.714615（母猪）

注：当待测猪体重超出 80～105kg 范围时，不能使用此校正公式。

（2）100kg 体重活体背膘厚

在测定 100kg 体重日龄时同时测定活体背膘厚，计算出平均背膘厚。对于同胞测定猪应在屠宰前进行活体测膘，便于宰后对照。

【作业】 记录操作步骤和测定结果。

项目七　猪场生物安全管理

 知识目标

1. 明确猪应激的基本概念。
2. 了解猪的消毒类型和主要的消毒药物。
3. 明确猪场免疫接种基本知识和常用免疫接种方法。
4. 了解猪场常见寄生虫病的种类，掌握猪场常用的控制寄生虫的药物及正确使用方法。
5. 掌握猪场废弃物处理的方法和措施。

 技能目标

1. 能较好地预防猪的应激。
2. 能有效地对猪场环境进行实地消毒操作。
3. 能根据猪场实际制订合理的免疫程序。
4. 会控制和净化猪寄生虫病。
5. 会设计猪场废弃物无害化处理方案，能有效利用猪场废弃物。

 预备知识

一、猪场的生物安全

生物安全体系是指采取必要的措施，最大限度地减少各种物理性、化学性和生物性致病因子对动物造成危害的一种动物生产体系。其总体目标是防止有害生物以任何方式侵袭动物，保持动物处于最佳生产状态，以获得最大的经济效益。

利用生物安全体系是目前最经济、最有效的传染病控制方法之一，同时也是所有传染病预防的前提。它将疾病的综合性防治作为一项系统工程，在空间上重视整个生产系统中各部分的联系，在时间上将最佳的饲养管理条件和传染病综合防治措施贯彻于动物养殖生产的全过程，强调了不同生产环节之间的联系及其对动物健康的影响。该体系集饲养管理和疾病预防为一体，通过阻止各种致病因子的侵入，防止动物群受到疾病的危害，不仅对疾病的综合防治具有重要意义，而且对提高动物的生长性能，保证其处于最佳生长状态也是必不可少的。因此，它是动物传染病综合防治措施在集约化养殖条件下的发展和完善。

生物安全体系的内容主要包括动物及其养殖环境的隔离、人员物品流动控制以及疫病控制等，即用以切断病原体传入途径的所有措施。就特种动物生产而言，包括特养场的选址与规划布局、环境的隔离、生产制度确定、消毒、人员物品流动的控制、免疫程序、主要传染病的监测和废弃物的管理等。有害生物控制最基本的措施如下所述。

1. 搞好猪场的卫生管理

① 保持舍内干燥清洁，每天清扫卫生，清理生产垃圾，清除粪便，清洗刷拭地面、猪栏及用具。

② 保持饲料及饲喂用具的卫生，不喂发霉变质及来源不明的饲料，定期对饲喂用具进行清洗消毒。

③ 在保持舍内温暖干燥的同时，适时通风换气，排出猪舍内有害气体，保持舍内空气新鲜。

2. 搞好猪场的防疫管理

① 建立健全并严格执行卫生防疫制度，认真贯彻落实"以防为主、防治结合"的基本原则。

② 认真贯彻落实严格检疫、封锁隔离的制度。

③ 建立健全并严格执行消毒制度。消毒可分为终端消毒、即时消毒和日常消毒，门口设立消毒池，定期更换消毒液，交替更换使用几种广谱、高效、低毒的消毒药物进行环境、栏舍、用具及猪体消毒。

④ 建立科学的免疫程序，选用优质疫（菌）苗进行切实的免疫接种。

3. 做好药物保健工作

正确选择并交替使用保健药物，采用科学的投药方法，严格控制药物的剂量。

4. 严格处理病死猪的尸体

对病猪进行隔离观察治疗，对病死猪的尸体进行无害化处理。

5. 消灭老鼠和媒介生物

(1) 灭鼠 老鼠偷吃饲料，一只家鼠一年能吃12kg饲料，造成巨大的饲料浪费。老鼠还传播病原微生物，并能咬坏麻袋、水管、电线、保温材料等，因此必须做好灭鼠工作。常用对人、畜低毒的灭鼠药进行灭鼠，投药灭鼠要全场同步进行，合理分布投药点，并及时进行无害化处理鼠尸。

(2) 杀灭媒介生物 消灭蚊、蝇、蠓、蜱、螨、虱、蚤、白蛉、虻等寄生虫和吸血昆虫，减少或防止媒介生物对猪的侵袭和传播疾病。可选用敌百虫、敌敌畏、倍硫磷等杀虫药物杀灭媒介生物，使用时应注意对人、猪的防护，防止引起中毒。另外，在猪舍门、窗上安装纱网，可有效防止蚊、蝇的袭扰。

(3) 控制其他动物 猪场内不得饲养犬、猫等动物，以免传播弓形虫病，还要防止其他动物入侵猪场。

二、影响免疫效果的因素

1. 疫苗

(1) 疫苗质量

① 由于疫苗生产厂家的生产技术、生产工艺或生产流程等方面的问题，导致生产的疫苗带菌带毒，造成疫苗污染。

② 疫苗质量达不到规定的效价，有效抗原含量不足，免疫效果差。

③ 疫苗瓶失真空，使疫苗效价逐渐下降乃至消失。

④ 疫苗毒株（或菌株）的血清型不包括引起疾病病原的血清型或亚型。如口蹄疫病毒有7个血清型、80多种亚型，该病毒易变异，新的亚型不断出现，型间互不交叉保护，型内各亚型间仅有部分交叉保护。又如猪的A型流感病毒HA有15个亚型、NA有9个亚型，现在分离的猪流感病毒有H_4N_6、H_3N_2、H_1N_2与H_1N_1等毒株。胸膜肺炎放线杆菌至少有12个血清型（在亚洲，优势血清型为2型、5型，我国为1型、5型、7型等）。副猪嗜血杆菌至少有15个血清型。猪链球菌荚膜抗原血清型有35种以上（大多数致病性血清型在血清型1~9）。因此，若疫苗毒株（或菌株）的血清型不包括引起疾病病原的血清型或亚型，则可引起免疫失败。

⑤ 佐剂的应用不合理，忽视黏膜免疫。如通过给猪群皮下注射或肌内注射不含佐剂或含一般佐剂的灭活苗（包括油苗），可刺激机体免疫系统产生IgM和IgG类抗体，但引起的细胞免疫较弱，保护黏膜表面的IgA生成很少，不能控制肠道、呼吸道、乳腺、生殖道等部位黏膜表面感染。使用弱毒苗或高效佐剂的死苗，则可引起细胞免疫、黏膜免疫。

(2) 疫苗保存与运输　任何疫苗都有它的有效期与保存期，即使将疫苗放置在符合要求的条件下保存，它的免疫效价也会随着时间的延长而逐渐降低。疫苗保存温度不当，阳光直射或者反复冻融，均会造成疫苗的效价迅速下降。疫苗在长时间运输过程中，由于不能达到贮藏的温度要求致使疫苗中有效抗原成分减少、疫苗失效或效价降低。

(3) 疫苗使用　疫苗在免疫接种前放置时间过长，稀释后疫苗在使用时未充分摇匀，疫苗稀释后未在规定时间内用完，都会影响疫苗的效价；疫苗稀释方法与稀释液的选择不当均会造成免疫效价降低或免疫失败。

2. 人为因素

① 免疫程序不合理。免疫程序是根据猪群的免疫状态和传染病的流行季节，结合当地的具体疫情而制订的预防接种的疫病种类、接种时间、次数及间隔等具体实施程序。猪场未根据当地猪病流行情况和本场疫病发生的实际情况制订出合理的免疫程序、最佳的免疫次数和免疫间隔，会导致免疫失败。

② 给怀孕母猪接种的弱毒苗有可能进入胎儿体内，胎儿的免疫系统尚未成熟，导致免疫耐受和持续感染，有的可引起流产、死胎或畸形，如注射猪丹毒菌苗。

③ 如果猪群在免疫期间遭受感染，疫苗还来不及诱导免疫力，猪群就会发生临床疫病，表现为疫苗免疫失败。由于在这种情况下，疾病症状会在接种后不久出现，人们就会误以为是由疫苗导致的发病。

④ 未对猪群免疫力及时进行检测，如对接种后未产生保护性免疫力、抗体水平下降至临界值的猪只没有及时进行补免，造成免疫空白，一旦遭遇强毒感染，就会导致发病。

⑤ 给不健康的猪群接种，猪只不能产生抵抗感染的足够免疫力。

⑥ 未选用合适的疫苗，如在猪瘟强毒流行地区，给猪使用猪瘟、猪丹毒、猪肺疫三联苗，但由于猪瘟病毒的免疫剂量较小，猪瘟免疫效果差。

⑦ 疫苗接种的方法、剂量不当：一是技术不熟练，注射时打空针、漏针，或反复在一点注射，造成该部位肌肉坏死；或用过短过粗的针头注射，造成疫苗外溢。二是选择免疫方法、剂量不当，擅自减少剂量或操作不精，或者是随意加大剂量。应用口服式饮水免疫时，疫苗混合不均，造成饮入量过大或过小。疫苗剂量过大也会产生副作用或出现免疫麻痹反应；疫苗剂量过小不能产生足够的抗体，易出现免疫耐受。

⑧ 疫苗接种途径。对每一种疫苗来说都有其特定的接种途径。如将皮下接种的疫苗错

误地进行了肌肉接种就会导致失败。

⑨ 器械、用具、接种部位消毒不严。稀释疫苗的工具及器械（针头、注射器）未经消毒、消毒不严或虽经正确消毒但存放时间过长，超过消毒有效期，操作时造成疫苗被污染等，均会影响免疫效果。在免疫接种时，没有用酒精对碘酊消毒部位进行脱碘处理而急于注射，使碘酊与疫苗接触，这对活疫苗有破坏作用。另外包裹注射针头外的棉花酒精温湿度过大，酒精渗进针孔，也将损坏活疫苗活力。针头选用要合适，否则会影响免疫效果。

3. 母源抗体干扰

母源抗体是从母体中获得的，具有双重性，既对初生仔猪有保护作用，又会干扰仔猪的首次免疫效果，尤其是用弱毒疫苗时。在给仔猪使用高质量的疫苗时，能否有良好的免疫效果与母源抗体滴度有关。体内未消失的母源抗体与注射疫苗中和，可影响仔猪主动免疫的产生。母源抗体有一定的消长规律，需待母源抗体水平降到一定程度时，方可进行免疫接种，否则不能产生预期的免疫效果。

4. 营养水平和健康状况

营养的缺乏将导致猪群免疫功能低下。缺乏维生素 A、B 族维生素、维生素 D、维生素 E 和多种微量元素及全价蛋白时能影响机体对抗原的免疫应答，免疫反应明显受到抑制。

猪健康状况差、发育异常、有遗传类疾病等，都会降低机体的免疫应答能力，增加对其他疾病的易感性，引起免疫抑制。

5. 猪体的免疫机能受到抑制

(1) 自身的免疫抑制 动物机体对接种抗原有免疫应答在一定程度上是受遗传控制的。猪的品种繁多，免疫应答各有差异，即使是同一品种不同个体的猪只，对同一疫苗的免疫反应其强弱也不一致。另外，猪只由于有先天性免疫缺陷，也会导致免疫失败。

(2) 毒物与毒素所引起的免疫抑制 霉菌毒素、重金属、工业化学物质和杀虫剂等可损害免疫系统，引起免疫抑制。它们即使在不使猪群发生中毒的剂量下，也能使猪群易感染疾病。饲料中的黄曲霉毒素可降低猪对猪瘟的免疫力，并由于继发沙门菌而加重临床症状，增加口腔接种猪痢疾密螺旋体的易感性。

(3) 药物引起的免疫抑制 免疫接种期间使用了免疫抑制药物，如地塞米松（糖皮质激素）、氯霉素（抗菌药），可导致免疫抑制。要限制使用可抑制机体免疫反应的药物，特别是在机体免疫接种期间。在免疫时可适当选用免疫增强剂，如 0.1% 亚硒酸钠维生素 E 合剂 1.0mL 及一些具有免疫增强作用的中药制剂。

(4) 环境应激引起的免疫抑制 应激因素，如环境过冷过热、湿度过大、通风不良、拥挤、饲料突变、运输、转群、混群、限饲、噪声、保定、疾病等，导致血浆皮质醇浓度显著升高，抑制猪群免疫功能。在应激因素的影响下，机体肾上腺皮质激素分泌增加。肾上腺皮质激素会损伤 T 淋巴细胞，对巨噬细胞也有抑制作用，增加 IgG 的分解代谢。所以当猪群处于应激反应敏感时接种疫苗，就会减弱猪的免疫能力。

(5) 病原体感染所引起的免疫抑制 引起免疫抑制的感染因素包括以下几个方面：

① 猪肺炎支原体感染损害呼吸道上皮黏液纤毛系统，引起单核细胞流入细支气管和血管周围，刺激机体产生促炎细胞因子，降低巨噬细胞的吞噬杀菌作用，引起免疫抑制。

② 猪繁殖与呼吸综合征病毒损伤猪体的免疫系统和呼吸系统，特别是肺，感染肺泡巨噬细胞或单核细胞，引起免疫抑制。人工感染猪Ⅱ型圆环病毒和猪繁殖与呼吸综合征病毒，

可出现猪多系统衰竭综合征（PMWS）。在进行猪肺炎支原体的免疫时或免疫之后，感染猪繁殖与呼吸综合征病毒将降低猪肺炎支原体的免疫效果。

③ 猪伪狂犬病病毒能损伤猪肺的防御体系，抑制肺泡巨噬细胞的功能。如伪狂犬病病毒可在单核细胞和肺泡巨噬细胞内进行复制并损害其杀菌和细胞毒功能。

④ 猪细小病毒可在肺泡巨噬细胞和淋巴细胞内复制，并损害巨噬细胞的吞噬功能和淋巴细胞的母细胞化能力。

⑤ 胸膜肺炎放线菌的细胞毒素对肺泡巨噬细胞有毒性。

⑥ 免疫前已感染了所免疫预防的疾病或其他疾病，降低了机体的抗病能力及对疫苗接种的应答能力。猪群免疫功能受到抑制时，猪群不能充分对免疫接种做出应答，甚至在正常情况下具有较低致病性的微生物或弱毒疫苗也可引起猪群发病，使猪群发生难以控制的复发性疾病、多种疾病综合征，导致猪只死亡率增加。在这种情况下必要时应使用死苗免疫。

6. 强毒株流行

强毒株流行，是免疫失败的重要原因，如猪瘟病毒的强毒株流行导致的我国猪瘟免疫失效。怀孕母猪感染猪瘟强毒株、野毒株后，通过胎盘造成乳猪在出生前即被感染，发生乳猪猪瘟。

7. 免疫干扰

(1) 已有抗体和细胞免疫的干扰 体内已有抗体的干扰指母源抗体的存在，可使仔猪在一定时间内被动得到保护，但又给免疫接种带来影响。一般情况下，母源抗体持续时间为：猪瘟 18～74 天，平均 60 天；猪丹毒 90 天左右；猪肺疫 60～70 天；猪伪狂犬病 21～28 天；猪细小病毒病 14～28 周。在此期内接种疫苗，由于抗体的中和吸附作用，不能诱发机体产生免疫应答，导致免疫失败。在母源抗体完全消失后再接种疫苗，又增加了小猪感染病原的风险。

(2) 病原微生物之间的干扰作用 同时免疫两种或多种弱毒苗往往会产生干扰现象，干扰的原因可能有两个方面：一是两种病毒感染的受体相似或相等，产生竞争作用；二是一种病毒感染细胞后产生干扰素，影响另一种病毒的复制。

(3) 药物的作用 在使用由细菌制成的活苗（如巴氏杆菌苗、猪丹毒杆菌苗）时，猪群在接种前后 10 天内使用（包括拌料）敏感的抗菌类药物（包括敏感的具有抗菌作用的中药），易造成免疫失败。将病毒苗与弱毒菌苗混合使用，若病毒苗中加有抗生素则可杀死弱毒菌苗，从而导致免疫失败。在使用活菌制剂（包括猪丹毒、猪肺疫、仔猪副伤寒弱毒苗）前 10 天和后 10 天，应避免给予猪只敏感的抗菌药（如在饲料、饮水中添加或肌内注射等）。若料中有敏感的抗菌药，应选用适宜灭活菌苗，而不能用活菌苗。

总之，导致猪群免疫失败的因素很多。防治猪病不能期望单纯依赖疫苗提供 100% 保护，只有结合防治措施，才能充分发挥疫苗的作用，避免免疫失败。

三、猪应激及应激原

应激是指作用于机体的一切超常刺激所引起的机体的紧张状态，是动物体对外界或内部的各种非常刺激产生的全身非特异性应答反应的总和。

1. 猪场的应激原

能引起动物产生应激反应的各种环境因素统称为应激原。应激原的强度不同，引起的应激反应的强度和进程也不同。在养猪生产中，能引起猪只产生应激反应的因素很多，主要有五个方面。

(1) 环境因素 包括高温，低温，强辐射，强噪声，低气压，贼风，空气中 CO_2、NH_3、H_2S 等有毒有害气体浓度过高，寒冷等。

(2) 饲养管理因素 如饥饿、过饱、日粮成分急剧变更、饮水不足、日常规程或饲养人员突然更换、饲养密度过大、过度惊吓、断奶、称重、转群、驱赶、捕捉、去势、打耳号、断尾、咬斗、创伤等。

(3) 预防接种与传染病的侵袭因素 如注射、治疗等。

(4) 运输中不良刺激因素 如出售、运送、储留、强赶、过度拥挤、持续闷热等。

(5) 其他因素 对生产性能高强度选育和利用等因素。

2. 应激的特点

(1) 非特异性 动物体受到应激原刺激后，会产生相同的非特异性反应，其表现为：肾上腺皮质变粗，分泌活性提高；胸腺、脾脏和其他淋巴组织萎缩，血液嗜酸性白细胞和淋巴细胞减少、嗜中性白细胞增多；胃和十二指肠溃疡出血。这种变化称"全身（一般）适应综合征（GAS）"。应激反应有时为局部性，如炎症，有时为全身性，如全身适应综合征，但不论是局部性的或全身性的都与作用因子的种类无关，通常是机体的统一反应，因此认为具有适应性的意义。

(2) 保护性 应激反应对动物机体具有一定的保护作用，目的是动员机体的防御系统去克服应激原造成的不良影响，以使机体在不利的环境中仍能保持体内平衡。机体进入这种应激状态，如获得成功，机体通过应激反应扩大了其适应范围，增强了其适应环境能力。

(3) 破坏性 如果机体缺乏应激反应或应激反应失败，体内平衡遭到破坏，动物的生产性能和抗病能力就会下降，严重时会导致死亡。

3. 应激对猪的影响

(1) 对猪健康的影响 严重的应激使猪群的免疫力和抵抗力降低，导致发病率和死亡率增加。应激作为非特异性的致病因素，与多种疾病的发生有关。有的是应激直接造成的，如消化性溃疡、猝死、运输综合征等；有的应激破坏了体内平衡，而降低猪群抗病能力，使其处于亚健康状态，有利于病原微生物的侵入，进而使猪群易患各种传染病。

(2) 对猪生产力的影响 应激时，猪的生长发育受阻，生长速度减慢或停滞，体重下降，饲料报酬降低。如饲养密度过大，猪的增重和饲料报酬会受到明显影响。试验证明，10 头/组的猪群平均头日增重为 580g，而 20 头/组、30 头/组、40 头/组的猪群平均头日增重比 10 头/组的分别减少 5%、8%、10%，头饲料消耗分别增加 8%、9%、10%，头体重达到 90kg 的天数分别增加（平均 123 天）6 天、8 天、10 天。

(3) 对猪繁殖力的影响 强烈而长时间的应激，会导致猪性激素分泌异常，性机能紊乱，繁殖力降低。公猪性欲减弱，射精量减少，精子活力降低，活精子占精子总数的比率下降。青年母猪初情期和性成熟延迟，发情也推迟，隐性发情甚至不发情，卵巢机能和性机能减退，受胎率显著下降，妊娠母猪出现胚胎早期吸收、胎儿畸形、流产、难产、死胎或不孕等现象，哺乳母猪泌乳减少或无乳，新生仔猪出生重小、成活率低等。

(4) 对猪肉品质的影响 猪在应激原的作用下产生恶性高热猝死（MHS）以及肉质变劣，即猪应激综合征（PSS），使猪肉品质下降，屠宰后多见 PSE 肉，即肉色苍白（pale）、肉质松软（soft）、有渗出物（exudative）。而长时间低强度应激原的刺激又可导致产生 DFD 肉，即肌肉干燥（dry）、质地粗硬（firm）、色泽深暗（dark）。这些劣质肉的贮藏、烹调、适口性等都很差，给养猪生产造成了巨大的经济损失。

工作目标

1. 通过实施有效消毒，对猪群进行科学的疫苗接种，及时通过净化猪场寄生虫病等措施控制传染性疾病，保证猪群健康，降低养猪生产成本。
2. 通过环境控制，杜绝应激原，提高猪的生产效率和繁殖性能。
3. 通过合理处理利用猪场废弃物减少环境污染，保护环境。

工作内容

工作内容一　预防猪应激

一、测定猪应激敏感性

猪应激综合征（PSS）是导致 PSE 猪肉产生的主要原因，因此，测定猪应激敏感性对肉质研究有着非常重要的意义。

1. 氟烷（应激因子）测定

PSS 的遗传基础受常染色体上一隐性氟烷敏感基因（Hal^n）控制，而且具有不完全的外显率。通过氟烷测定进行检测，凡对氟烷表现敏感的猪称氟烷阳性猪（HP），为应激敏感猪，反之称氟烷阴性猪（HN），为抗应激性猪。

具体方法为：被测猪（体重为 20~25kg）吸入氟烷（$CF_3CHBrCl$），在短时间麻醉，最长时间为 4min，应激敏感猪会发生强烈的肌肉痉挛，此时如症状明显，应立即停止测试，否则，会使供试猪死亡。而抗应激性猪的肌肉呈松弛状态。

2. 热性高热猝死（MHS）基因检测

有研究者发现，兰尼定受体（RYR1）基因的突变将引起热性高热猝死（MHS），由此可对猪的应激敏感性进行 DNA 诊断。

具体方法为：采集血液、组织或毛发等样品，从中提取 DNA，采用 PCR 技术对样品的 RYR1 基因进行检测，准确率较高。

3. CK 测定（肌酸激酶测定）

CK 测定是配合 MHS 基因检测的一种方法，可使检测结果更准确。

具体方法为：首先在供测猪（体重为 20~25kg 或 80~100kg）体内人为导致一个内应激反应（给予化学刺激——新斯的明+阿托品），4~6h 后取血进行 CK 测定。应激敏感猪 CK 浓度提高。

二、预防应激发生

1. 选择抗应激猪种

选择抗应激猪种进行育种，即对猪种抗应激性遗传素质的选择，是提高猪群抗应激能力、改善猪肉品质、减少经济损失的有效方法。因此，在购买引进猪苗时，应注意挑选抗应激性能强的品种，如大约克、杜洛克及我国的地方猪种等，以减少或杜绝发病内因。在自繁自育过程中，通过临床观察，对具有应激表现，如肌颤抖、尾颤抖、皮肤易起红斑、体温易升高、3~5周龄的应激敏感仔猪采食量少、兴奋好斗、母猪发生无乳症、繁殖障碍、公猪性欲差等的猪，在进行种猪选育时逐步淘汰，不宜留用。使猪体的应激基因频率下降，还可以进一步采用氟烷检测和CK测定，检测应激敏感猪只，并及时淘汰。猪种优良的品种选育是预防猪应激综合征的最好办法之一。

2. 提供充足营养

根据猪只的不同生长期，科学配制日粮，保证饲料的营养全面和充足。

(1) 糖类和脂肪 糖类和脂肪是猪的主要能量来源，但是糖类的体增热大于脂肪，因此，应适当降低饲料中糖类的含量。油脂容积小，净能值高，体增热少，是高温条件下猪理想的能量来源，可在饲料中添加5%以内的油脂。研究表明，15~30kg、30~60kg、60~90kg的猪在平均气温31℃条件下，适宜能量浓度分别为14.49MJ/kg、14.62MJ/kg、15.46MJ/kg，适宜能量蛋白比为80MJ/kg、91MJ/kg、108MJ/kg。因此要适当降低饲料中糖类的含量，减少体增热，减轻猪的散热负担，促进肉猪生长，防止母猪营养状态下降，保证母猪妊娠后期胎儿的发育。

(2) 蛋白质 应激状态下猪对蛋白质的需要量增加，因此增加饲料中的粗蛋白含量，能提高饲料利用率。另外，平衡氨基酸、降低粗蛋白摄入量是缓解猪热应激的重要措施。在日均气温30.7℃的条件下，将生长猪能量提高3.23%、蛋白质增加2%，在日采食量相同的情况下，日增重提高8.03%，料肉比降低7.69%。

(3) 维生素、微量元素 饲料中维生素、微量元素含量要充分，可在饲料中添加维生素C和维生素E，能够提高猪的免疫力，增强抗应激能力，增加采食量和日增重。使用生物素和胆碱等抗应激添加剂，补铬、补钙、降磷，适量添加碳酸氢钠（250mg/kg）和钾，对抗应激、提高生产性能、调节内分泌功能、影响免疫反应及改善胴体品质均具有一定作用。

(4) 添加剂 在饲料中使用复合型抗应激类添加剂，如将中草药、维生素、矿物质、电解质等按一定比例配制成添加剂，以增强猪的适应性和抗应激的能力。

(5) 饲料成分 注意不要突然改变饲料成分，要控制饲粮粗纤维水平。

(6) 饮水 保证猪群有足够的清洁饮水。

(7) 能量 盛夏时期，日粮中的能量饲料应相对减少，可增加青绿饲料。平时能量饲料为日粮的50%~70%，夏季为40%~50%；青绿饲料可由0.5~1kg增加到1~1.5kg。所喂饲料均应新鲜、卫生、无霉变。以上措施均可缓和猪的热应激。

3. 科学管理猪群

加强管理，改善环境条件，是减少猪应激的重要措施之一。

① 合理地调整饲养密度，避免猪只拥挤，可降低猪舍内温度。

② 安装自动饮水器，供给猪充足的饮水，促进体热散失。

③ 把干喂改为湿喂或采用颗粒饲料，可增加猪采食量。增加饲喂次数，尽量避开天气炎热时投料，夜间加喂1次。搞好饲料保管，防止霉变。

④ 为了提高母猪繁殖力，应避开高温季节配种，可采用同期发情的办法，使大多数母猪集中在气温较适宜的季节配种。

⑤ 猪舍建筑结构要科学合理，隔热通风性能良好，避免外界因素过多地干扰。

⑥ 运输时避免猪群拥挤,尽量减少抓捕、保定、驱赶、骚扰等,即使抓捕也要避免过度的惊恐刺激。

⑦ 猪舍温度不宜突变,以防猪只受到过冷过热的刺激而产生应激反应。对难以避免的应激原,尽量使其分散,作用延缓,强度减弱。也要做好防寒保温工作。

⑧ 要做好仔猪断奶后的护理工作,采用逐步断奶法。

⑨ 应注意勤换垫草,经常打扫猪舍,保持猪舍的清洁、干燥。要注意训练仔猪养成定点排便的习惯。

⑩ 舍内要保持适当的通风,提高空气质量,减少空气中的灰尘含量,这样有利于降低呼吸道疾病的发生。

⑪ 认真做好保育舍的消毒工作,按猪的保健计划做好猪的体内、外驱虫及预防接种等工作。

⑫ 猪舍温度过高时可用胶管或喷雾器定时向猪体(分娩舍除外)和屋顶喷水降温或人工洒水降温。蒸发降温是最有效的方法之一,对于单体限位栏和分娩舍母猪可用滴水降温系统,滴水器安装在猪肩部上方,间隔1h左右在猪颈、肩和背部皮肤上进行低流量滴水降温,降温效果显著。但滴水降温速度较慢,不能很好地控制整栋猪舍温度。对空怀和妊娠母猪、生长育肥猪,夏秋季天气炎热时采用喷雾或喷淋降温的办法,降温速度快,5~10min即可将舍内温度降低5~8℃,且能净化空气,但会增加舍内和床面湿度。还可采用湿帘风机降温。湿帘风机降温系统是近年来兴起的效果比较理想的一种降温方法,当湿帘厚度为12cm、过帘风速为1.0~1.2m/s时,湿帘降温效率为81%~87%,可使舍温降低5~7℃。空气越干燥、温度越高,经过湿帘的空气降温幅度越大,效果越显著。

⑬ 改善运输条件,在调运猪只过程中,要避免高温、拥挤、疲劳和野蛮装卸,送宰的生猪严禁饱食,同时注意不要任意混群,也要尽量减少和避免各种干扰和不良刺激。在购买猪时应了解其有无应激病史。

4. 正确使用药物预防

(1) 抗热应激药物 国内外常用的抗应激添加剂有应激预防剂、促适应剂和应激缓解剂等。应激预防剂,以减弱应激原对机体的刺激作用为目的,该类药物一般为安定(止痛)和镇静剂,这类药只允许用于兽医治疗,不允许以饲料或饮水方式给予。促适应剂,以提高机体的非特异性抵抗力,增强抗应激为目的,包括参与糖类代谢的有机酸物质、缓解酸中毒和维持酸碱平衡的物质($NaHCO_3$、NH_4Cl、KCl等)、微量元素(锌、硒等)、微生态制剂、中药制剂、维生素制剂(维生素C、维生素E)等。应激缓解剂,是以缓解热应激为主要目的的物质,如杆菌肽锌等。市场上的抗应激产品多属单一物质,鉴于应激对动物的影响是多方面的,而且不同应激原对动物的影响也是不同的,研制复合抗应激剂或系列抗应激剂是未来研究的方向。以中药或天然植物提取物为原料寻求兼有预防应激、促进动物对应激原的适应性、缓解应激等效应的抗应激剂是研制新型抗应激剂的重要思路之一。

① 镇静剂 如氯丙嗪、利血平、安定等也有防治应激的作用。在调运猪只前,肌内注射氯丙嗪(1~2mg/kg体重),可预防、减缓运输应激。对病猪应单养,对重症者肌内注射或口服氯丙嗪1~3mg/kg体重或催眠灵50mg/kg体重,静脉注射5%碳酸氢钠40~120mL;为防止过敏性休克和变态反应性炎症可静脉注射氢化可的松或地塞米松磷酸钠等皮质激素适量。镇静类药物可抑制中枢神经及机体活动,以减轻热应激的影响。镇静剂中首选药物是氯丙嗪,按平均肌内注射2mg/kg体重。

② 其他类药物　激素（肾上腺皮质激素）、维生素类（B族维生素、维生素C、复合维生素、亚硒酸钠维生素E合剂、生物素和胆碱）、微量元素（硒）、有机酸类（琥珀酸、苹果酸、延胡索酸、柠檬酸等）、缓解中毒的药物（小苏打等）也有防治应激的作用。或于转群前一天按每天每千克体重口服1.5mg阿司匹林。给饲养在炎热环境中的猪的饲料中补充300μg/kg铬（吡啶羧酸铬），或200mg/kg安宝，或10mg/kg大豆黄素，或牛磺酸400mg/kg等，对热应激时提高肥育猪的采食量、免疫力有益。此外还可用杆菌肽锌、黄霉素等，有利于增强猪的抗病能力，抑制肠道内有害菌的繁殖，促进生长，提高饲料利用率，同时对缓解热应激有一定的效果。

(2) 中药添加剂　在夏季高温时，使用具有开胃健脾、清热消暑功能的中药配制饲料添加剂，可以缓解热应激对商品猪生产性能的影响。在分娩后18天的经产母猪基础日粮中添加中药（黄芩、益母草、女贞子、陈皮、生地、玄参）可有效改善高温产后母猪的繁殖性能。中药刺五加，可减少猪只应激反应。柴胡可调节体温、对抗热应激。天麻对抗惊厥。远志可降低动物对应激原的敏感性，缓解其攻击性行为。五味子可调节整体代谢强度，提高其生产水平，调节中枢神经系统。板蓝根可增强免疫力，提高抗病能力。人参作为激素样物质可增强繁殖性能。麦芽可维护消化道黏膜细胞的增殖与修复、促进消化、增强食欲、改善营养等。这些中药添加剂在抗应激剂中的作用是不可低估的。

(3) 混合配比　将中药、维生素、矿物质、电解质等按一定比例配制成添加剂，能协调猪体内的调节功能，增强猪的适应性和抵抗高温的能力，从而缓解猪的热应激。

5. 科学屠宰生猪

来自不同地区的猪混群后会发生剧烈的争斗，使猪的胴体重量下降。据英国主要屠宰场调查，由于猪群的争斗导致猪胴体损失可达40％。发生应激反应的动物，屠宰后的肌肉中含有对人体健康有害的物质。因此，宰杀过程一定要迅速，以免猪只产生应激反应而导致肉质下降。

工作内容二　消毒猪场

消毒是指清除或杀灭环境中的病原微生物及其他有害物质，达到预防和阻止疫病发生、传播和蔓延的目的。

一、确定消毒时间

根据消毒目的和时间、区域可分为预防消毒、紧急消毒和终末消毒。

1. 预防消毒（日常消毒）

为了预防各种传染病的发生，对猪场环境、猪的圈舍、设备、用具、饮水等进行的常规性、长期性、定期或不定期的消毒工作；或对健康的动物群体或隐性感染的群体，在没有被发现有某种传染病或其他疫病的病原体感染情况下，对可能受到某些病原微生物或其他有害病原微生物污染的环境、物品进行严格的消毒，称为预防性消毒。预防消毒是猪场的常规性工作之一，是预防猪的各种传染病的重要措施。另外，猪场的附属部门，如兽医站、门卫以及提供饮水、饲料和运输车等部门的消毒均为预防性消毒。

(1) 经常性消毒　指在未发生传染病的条件下，为了预防传染病的发生，消灭可能存在的病原体，根据日常管理的需要，随时或经常对猪场环境以及经常接触到的人以及一些器物如工作衣、帽、靴进行消毒。消毒的主要对象是接触面广、流动性大、易受病原体污染的器物、设施和出入猪场的人员、车辆等。在场舍入口处设消毒池（槽）和紫外线杀菌灯，是最简单易行的经常性消毒方法之一，人员或猪群出入时，踏过消毒池（槽）内的消毒液以杀死病原微生物。消毒池（槽）须由兽医管理，定期清除污物，更换新配制的消毒液。另外，进场时人员经过淋浴并且换穿场内经紫外线消毒后的衣帽，再进入生产区，也是一种行之有效的预防措施，即使对要求极严格的种猪场，淋浴也是预防传染病发生的有效方法。

(2) 定期消毒 指在未发生传染病时，为了预防传染病的发生，对于有可能存在病原体的场所或设施如圈舍、栏圈、设备用具等进行定期消毒。当猪群出售、猪舍空出后，必须对猪舍及设备、设施进行全面清洗和消毒，以彻底消灭微生物，使环境保持清洁卫生。

2. 紧急消毒

在疫情暴发和流行过程中，对猪场、圈舍、排泄物、分泌物及污染的场所及用具等及时进行的消毒称为紧急消毒。其目的是在最短的时间内，隔离消灭传染源排泄在外界环境中的病原体，切断传播途径，防止传染病的扩散蔓延，把传染病控制在最小区域范围内。或当疫区内有传染源存在，如某一传染病正在某一区域流行时，针对猪群、猪舍环境采取的消毒措施，目的是及时杀灭或消除感染的病原体。

3. 终末消毒（大消毒）

终末消毒是指猪场发生传染病以后，待全部病猪处理完毕，即当猪群痊愈或最后一只病猪死亡后，经过2周再没有新的病例发生，在疫区解除封锁之前，为了消灭疫区内可能残留的病原体所进行的全面彻底消毒。即对被发病猪所污染的环境（圈、舍、物品、工具、饮食具及周围空气等整个被传染源所污染的外环境及其分泌物或排泄物）所进行全面彻底的消毒。

二、确定消毒方法

在猪场消毒过程中，采用的消毒方法分为物理消毒法、化学消毒法和生物学消毒法。

1. 物理消毒法

物理消毒法是指应用物理因素杀灭或消除病原微生物的方法。猪场物理消毒法主要包括机械性消毒（清扫、擦抹、刷除、高压水枪冲洗、通风换气等）、紫外线消毒、高温消毒（干热、湿热、蒸煮、煮沸、火焰焚烧等）的方法，这些方法是较常用的简便经济的消毒方法，多用于猪场的场地、猪舍设备、各种用具的消毒。猪场常用物理消毒方法见表7-2-1。

表7-2-1 猪场常用物理消毒方法

方法	采取措施	适用范围及对象	注意事项
机械性消毒	用清扫、擦抹、刷除、高压水枪冲洗、通风换气等手段达到清除病原体的目的；必要时舍内外的表层土也一起清除，减少场地中病原微生物的数量	适用于其他方法消毒之前的猪舍清理，可除掉70%以上的病原体，并为化学消毒效果的提高创造必要的条件	机械清除并不能完全达到杀灭病原体目的，而是消毒工作中一个主要的消毒环节，在生产中不能作为唯一有效的消毒方法来利用，必须结合化学性、生物性的消毒方法使用

续表

方法	采取措施	适用范围及对象	注意事项
紫外线照射	利用紫外线对病原微生物（细菌、病毒、芽孢等病原体）的辐射损伤和破坏核酸的功能，使病原微生物致死，从而达到消毒的目的	适用于猪圈舍的垫草、用具、进出的工作人员等的消毒，对被污染的土壤、牧场、场地表层的消毒	紫外线只能杀灭物体表面和空气中的微生物。当空气中微粒较多时，紫外线的杀菌效果降低。紫外线的杀菌效果还受环境温度的影响，消毒效果最好的环境温度为20~40℃
高温消毒	利用高温灭活包括细菌、真菌、病毒和抵抗力最强的细菌芽孢在内的一切病原微生物	火焰灭菌，适用于用具、地面、墙壁以及不怕热的金属医疗器材；对于受到污染的易燃且无利用价值的垫草、粪便、器具及病死畜禽尸体等应焚烧以达到彻底消毒目的；煮沸消毒常用于体积较小且耐煮物品如衣物、金属、玻璃等器具的消毒；高压蒸汽消毒常用于医疗器械等物品的消毒	①煮沸消毒温度接近100℃，10~20min可以杀死所有细菌的繁殖体，若在水中加入5%~10%的肥皂或碱，或1%的碳酸钠，或2%~5%的石炭酸可增强杀力。对于寄生虫性病原体，消毒时间应加长 ②高压蒸汽灭菌使许多无芽孢杆菌（如伤寒杆菌、结核杆菌等）在62~63℃下，20~30min死亡。大多数病原微生物的繁殖体在60~70℃条件0.5h内死亡；一般细菌的繁殖体在100℃下数分钟内死亡

2. 化学消毒法

化学消毒法是利用化学药物杀灭病原微生物的方法，是生产中最常用的消毒方法之一，主要应用于猪场内外环境，猪舍、饲槽，各种物品、用具表面，以及饮水的消毒等。因病原微生物的形态、生长、繁殖、致病力、抗原性等的不同，各种化学物质对病原微生物的影响也不相同。即使是同一种化学物质，其浓度、温度、作用时间的长短及作用对象等的不同，也表现出不同的抑菌和灭菌效果。生产中，根据消毒的对象不同，选用不同的药物（消毒剂）进行清洗、浸泡、喷洒或熏蒸，以杀灭病原体。

(1) 消毒剂 用于杀灭或清除病原微生物的化学药物称为消毒剂，包括杀灭无生命物体上的病原微生物和生命体皮肤、黏膜、浅表体腔病原微生物的化学药品。

① 消毒剂作用机理 使病原体蛋白质变性、发生沉淀，如酚类、醇类、醛类等，此类药品仅适用于环境消毒；干扰病原体的重要酶系统，影响菌体代谢，如重金属盐类、氧化剂和卤素类消毒剂；增加菌体细胞膜的通透性，如目前广泛使用的双链季铵盐类消毒剂。

② 消毒剂类型及特性 按用途分为环境消毒剂和带畜（禽）体表消毒剂（包括饮水、器械等）；按杀菌能力分为灭菌剂、高效（水平）消毒剂、中效（水平）消毒剂、低效（水平）消毒剂。

生产中常用的消毒剂，按照化学性质划分见表7-2-2。

表7-2-2 常用化学消毒剂的种类及特性

分类	常用消毒剂举例	特性及适用范围	注意事项
含氯消毒剂	有机含氯消毒剂、无机含氯消毒剂	在水中能产生杀菌作用的活性次氯，可杀灭所有类型的病原微生物，如对肠道杆菌、肠道球菌、金黄色葡萄球菌、口蹄疫病毒、猪轮状病毒、猪传染性水疱病毒和胃肠炎病毒等均有较强的杀灭作用；使用方便、价格适宜	对金属有腐蚀性；药效持续时间较短；贮存容易失效

续表

分类	常用消毒剂举例	特性及适用范围	注意事项
醛类消毒剂	甲醛、戊二醛、聚甲醛、邻苯二甲醛	杀菌广谱,可杀灭细菌、芽孢、真菌和病毒;性质稳定,耐贮存;受有机物影响小;醛类熏蒸消毒效果佳	有一定毒性和刺激性,如对人体皮肤和黏膜有刺激和固化作用,并可使人致敏;有特殊臭味;受湿度影响大
碘类消毒剂	碘水溶液、碘酊(俗称碘酒)、碘甘油和碘伏类制剂(包括聚维酮碘和聚醇醚碘)	能杀死细菌、真菌、芽孢、病毒和藻类。对金属设施及用具的腐蚀性较低,低浓度时可以进行饮水消毒和带猪消毒	碘伏类制剂又分为非离子型、阳离子型及阴离子型三大类。非离子型碘伏是使用最广泛、最安全的碘伏
氧化剂类	过氧乙酸	氧化性广谱消毒剂,可迅速杀灭大肠杆菌、金黄色葡萄球菌、白色念珠菌、细菌芽孢及活体病毒等,被广泛用于物体表面消毒、环境消毒、空气消毒、耐腐蚀医疗器械的灭菌消毒方面,因其具有挥发性,所以消毒后不会有残留	易分解,应于用前配制,避免接触金属离子
酚类	复合酚制剂(含酚41%~49%、乙酸22%~26%)	广谱、高效的消毒剂,性质稳定,通常一次用药,药效可以维持5~7天;生产简易;腐蚀性轻微; 常用于空舍消毒	杀菌力有限,不能作为灭菌剂;不能带猪消毒和饮水消毒,且气味滞留(宰前可影响肉质风味),长时间浸泡可破坏颜色,并能损害橡胶制品;与碱性药物或其他消毒剂混合使用效果差
表面活性剂(双链季铵盐类消毒剂)	阳离子表面活性剂	抗菌广谱,对细菌、霉菌、真菌、藻类和病毒均具有杀灭作用;具有性质稳定、安全性好、无刺激性和腐蚀性等特点;对常见猪瘟病毒、口蹄疫病毒均有良好的效果	要避免与阴离子活性剂,如肥皂等共用,也不能与碘、碘化物、过氧化物等合用,否则能降低消毒的效果。不适用粪便、污水消毒及芽孢菌消毒
醇类	乙醇、异丙醇	可快速杀灭多种病原微生物,如细菌繁殖体、真菌和多种病毒(单纯疱疹病毒、乙肝病毒、人类免疫缺陷病毒等)	不能杀灭细菌芽孢。受有机物影响,易挥发,因此应采用浸泡消毒或反复擦拭以保证消毒时间
强碱类	氢氧化钠、氢氧化钾、生石灰	对病毒和革兰阴性杆菌的杀灭作用最强,生产中比较常用	腐蚀性强
重金属类	汞、银、锌	因其盐类化合物能与细菌蛋白质结合,使蛋白质沉淀而发挥杀菌作用	硫柳汞高浓度可杀菌,低浓度时仅有抑菌作用
酸类	有机酸、无机酸	高浓度的能使菌体蛋白质变性和水解,低浓度的可以改变菌体蛋白两性物质的离解度,抑制细胞膜的通透性,影响细菌的吸收、排泄、代谢和生长。还可以与其他阳离子在菌体表面竞争性吸附,妨碍细菌的正常活动	有机酸的抗菌作用比无机酸强

在化学消毒剂长期应用的实践中,单方消毒剂使用时存在不足,已不能满足各行各业消毒的需要。近年来,国内外相继发展了数百种新型复方消毒剂,提高了消毒剂的质量,扩大了应用范围和加强了使用效果。复方化学消毒剂配伍类型主要有两大类(配伍原则):一类是消毒剂与消毒剂,两种或两种以上消毒剂复配,例如季铵盐类与碘的复配、戊二醛与过氧化氢的复配,其杀菌效果达到协同和增效,即 1+1>2;另一类是消毒剂与辅助剂,一种消毒剂加入适当的稳定剂或缓冲剂、增效剂,以改善消毒剂的综合性能,即 1+0>1。

常用的复方消毒剂见表 7-2-3。

表 7-2-3 复方消毒剂的种类及成分

分类	主要成分	配伍成分
复方含氯消毒剂	次氯酸钠、次氯酸钙、二氯异氰尿酸钠、氯化磷酸三钠、二氯二甲基海因等	表面活性剂、助洗剂、防腐剂、稳定剂
复方季铵盐类消毒剂	二甲基乙基苄基氯化铵、二甲基苄基溴化铵、二甲基苄基氯化铵以及双癸季铵盐如双癸甲溴化铵、溴化双(十二烷基二甲基)亚乙基二铵	醛类(戊二醛、甲醛)、醇类(乙醇、异丙醇)、过氧化物类(二氧化氯、过氧乙酸)以及氯己定
含碘复方消毒剂	络合物碘伏,常见的为聚乙烯吡咯烷酮、聚乙氧基醇等。我国现有碘伏产品中有聚乙烯吡咯烷酮碘和聚乙二醇碘等	阴离子表面活性剂、阳离子表面活性剂和非离子表面活性剂
醛类复方消毒剂	戊二醛	与洗涤剂的复配,降低了毒性,增强了杀菌作用;与过氧化氢的复配,远高于戊二醛和过氧化氢的杀菌效果
醇类复方消毒剂	甲醇、乙醇	以次氯酸钠与醇的复配为最多,用 50%甲醇溶液和浓度 2000mg/L 有效氯的次氯酸钠溶液复配,其杀菌作用高于甲醇和次氯酸钠水溶液。乙醇与氯己定复配的产品很多,也可与醛类复配,亦可与碘类复配等

猪场常用消毒剂见表 7-2-4。

表 7-2-4 猪场常用消毒剂的适用条件及使用方法

消毒剂名称	类别	常用浓度	适用温度	pH 值	使用方法
络合碘	碘伏	1:500	≥0℃	3	舍内带猪消毒
生石灰	碱	20%新鲜配制	≥0℃	≥13	喷洒、刷墙
氢氧化钠	碱	1%~5%	≥22℃	≥13	舍外环境消毒
戊二醛	醛类	1:(300~1000)	≥15℃	8	器械浸泡
二氯异氰尿酸钠	氯	1:800	≥0℃	6	舍内喷雾
过氧乙酸	氧化剂	0.05%~0.1%	≥0℃	3	舍内喷雾,空舍熏蒸
福尔马林(甲醛水溶液)	醛类	5%~10%	≥15℃	3	舍内、器具的熏蒸消毒
来苏尔(煤酚皂溶液)	酚类	2%~5%	≥20℃	3	猪舍、圈栏、剖检器械等的喷洒、冲洗和浸泡

(2) 化学消毒的方法 常用的化学消毒法有清洗法、浸泡法、喷洒法、熏蒸法和气

雾法。

① 清洗法　用一定浓度的消毒剂对消毒对象进行擦拭或清洗，以达到消毒目的。常用于对种蛋、畜舍地面、墙裙、器具进行消毒。

② 浸泡法　如接种或打针时，对注射局部用酒精棉球、碘酒擦拭；对一些器械、用具、衣物等的浸泡。一般应洗涤干净后再进行浸泡，药液要浸过物体，浸泡时间应长些，水温应高些。猪舍入口消毒槽内，可用浸泡药物的草垫或草袋对人员的靴鞋进行消毒。

③ 喷洒法　喷洒地面、墙壁、舍内固定设备等，可用细眼喷壶；对舍内空间消毒，则用喷雾器。喷洒要全面，药液要喷到物体的各个部位。一般喷洒地面，药液量为 $2L/m^2$；喷洒墙壁、顶棚，药液量为 $1L/m^2$。

④ 熏蒸法　适用于密闭的猪舍和饲料厂库等其他建筑物。这种方法简便、省事，对房屋结构无损，消毒全面，常用的药物有福尔马林（40%的甲醛水溶液）、过氧乙酸水溶液等。为加速蒸发，常利用高锰酸钾的氧化作用。熏蒸时，猪舍及设备必须清洗干净，畜舍要密封，不能漏气。

⑤ 气雾法　气雾是消毒液倒进气雾发生器后喷射出的雾状微粒，是消灭气携病原微生物的理想办法。猪舍的空气消毒和带猪消毒等常用。

(3) 提高化学消毒效果

① 选择化学消毒剂

a. 消毒剂的特性。同其他药物一样，消毒剂对病原微生物具有一定的选择性，某些药物只对某一部分病原微生物有抑制或杀灭作用，而对另一些病原微生物效力较差或不发生作用。也有一些消毒剂对各种病原微生物均有抑制或杀灭作用，称为广谱消毒剂。所以在选择消毒剂时，一定要考虑消毒剂的特异性。

b. 消毒剂的浓度。消毒剂的消毒效果一般与其浓度成正比，也就是说，化学消毒剂的浓度越大，其对病原微生物的毒性作用也越强。但有些消毒剂在适宜的浓度时，具有较强的杀菌效力，如浓度75%的酒精。

② 分析病原微生物

a. 病原微生物的种类。由于不同种类病原微生物的形态结构及代谢方式等生物学特性不同，对化学消毒剂的反应也不同。即使是同一种类而不是同一类群对消毒剂的敏感性也不完全一样。因此在生产中要根据消毒和杀灭的对象选用消毒剂，才能达到理想效果。

b. 病原微生物的数量。同样条件下，病原微生物的数量不同对同一种消毒剂的反应也不同。一般来说，细菌的数量越多，要求消毒剂浓度越大或消毒时间也越长。

③ 环境因素

a. 消毒剂与有机物质。当病原微生物所处的环境中有粪便、痰液、脓液、血液及其他排泄物等有机物质存在时，会严重影响消毒剂的效果。

b. 消毒剂与温湿度及作用时间。多数消毒剂在较高温度下的消毒效果比在较低温度下的效果好。湿度作为一个环境因素也能影响消毒效果，如用过氧乙酸及甲醛熏蒸消毒时，保持温度24℃以上、相对湿度60%～80%时，效果最好，如果湿度过低，则效果不佳。

c. 消毒剂与酸碱度及物理状态。多数消毒剂的消毒效果均受消毒环境pH值的影响。如碘制剂、酸类、福尔马林等阴离子消毒剂，在酸性环境中杀菌作用增强。而阳离子消毒剂如新洁尔灭等，在碱性环境中杀菌力增强。又如2%戊二醛，在pH 4～5的酸性环境下，杀菌作用很弱，对芽孢无效，若在溶液内加入0.3%碳酸氢钠碱性激活剂，将pH调到7.5～

8.5，即成为2%的碱性戊二醛溶液，杀菌作用显著增强，能杀死芽孢。另外，pH也影响消毒剂的电离度，一般来说，未电离的分子较易通过细菌的细胞膜，杀菌效果较好。

物理状态影响消毒剂的渗透，只有溶液才能进入病原微生物体内，发挥应有的消毒作用，而固体和气体则不能进入病原微生物细胞中，因此，固体消毒剂必须溶于水中，以及气体消毒剂必须溶于病原微生物周围的液层中，才能发挥作用。所以，使用熏蒸消毒时，增加湿度有利于消毒效果的提高。

3. 生物消毒法

生物消毒法是利用自然界中广泛存在的微生物在氧化分解污物（如垫草、粪便等）中的有机物时所产生的大量热能来杀死病原体。在猪场中最常用的是粪便和垃圾的堆积发酵，它是利用嗜热细菌繁殖产生的热量杀灭病原微生物的。

三、猪场消毒

1. 对人员消毒

工作人员进入生产区净道或猪舍前要经过更衣、消毒池消毒、紫外线消毒等。猪场一般谢绝参观，严格控制外来人员随意进入。

2. 对环境消毒

猪舍周围环境每2～3周用2%火碱消毒或撒生石灰一次，猪场周围及场内污水池、排粪坑、下水道出口，每月用漂白粉消毒一次。在大门口猪舍入口设消毒池，使用2%火碱或5%来苏尔溶液，注意定期更换消毒液。每隔1～2周，用2%～3%火碱溶液喷洒消毒通道；用2%～3%火碱，或3%～5%的甲醛，或0.5%的过氧乙酸喷洒消毒场地。

3. 对猪舍消毒

每批猪只调出后要彻底清扫干净猪舍，用高压水枪冲洗，然后进行喷雾消毒或熏蒸消毒。消毒顺序为：先喷洒地面，然后再喷洒墙壁；用清水刷洗饲槽，将消毒药味除去；最后开门窗通风。在进行猪舍消毒时，也应将附近场院以及病畜、污染的地方和物品等同时进行消毒。

4. 带猪消毒

(1) 一般性带猪消毒 定期进行带猪消毒，有利于减少环境中的病原微生物。猪体消毒常用喷雾消毒法，即将消毒药液用压缩空气雾化后，喷到猪体表上，以杀灭和减少体表和畜舍内空气中的病原微生物。此法既可减少畜体及环境中的病原微生物，净化环境，又可降低舍内尘埃，夏季还有降温作用。常用的药物有0.2%～0.3%过氧乙酸，用药量为20～40mL/m³，也可用0.2%的次氯酸钠溶液或0.1%新洁尔灭溶液。为了减少对工作人员的刺激，在消毒时需佩戴口罩。

(2) 不同类别猪的保健消毒 妊娠母猪在分娩前5天，最好用热毛巾对全身皮肤进行清洁，然后用0.1%高锰酸钾水擦洗全身，在临产前3天再消毒1次，重点要擦洗会阴部和乳头，保证仔猪在出生后和哺乳期间免受病原微生物的侵染。哺乳期母猪的乳房要定期进行清洗和消毒。新生仔猪在分娩后用热毛巾对其全身皮肤进行擦洗，要保证舍内温度在25℃以上，然后用0.1%高锰酸钾水擦洗全身，再用毛巾擦干。

5. 用具消毒

定期对保温箱、补料槽、饲料车、料箱、针管等进行消毒，一般是先将用具冲洗干净后，再用0.1%新洁尔灭或0.2%～0.5%过氧乙酸消毒，然后在密闭的室内进行熏蒸。

6. 粪便的消毒

患传染病和寄生虫病病畜的粪便的消毒方法有多种，如焚烧法、化学药品法、掩埋法和生物热消毒法等。实践中最常用的是生物热消毒法，此法能使由非芽孢病原微生物污染的粪便变为无害，且不丧失肥料的应用价值。

7. 垫料消毒

对于猪场的垫料，可以通过阳光照射的方法进行消毒。这是一种经济、简单的方法，是将垫草等放在烈日下，曝晒2～3h，能杀灭多种病原微生物。对于少量垫草，可以直接用紫外线等照射1～2h，就可以杀灭大部分病原微生物。

工作内容三 猪群免疫接种

一、免疫接种的概念与类型

免疫接种是根据特异性免疫的原理，采用人工方法给易感动物接种疫苗、类毒素或免疫血清等生物制品，使机体产生对相应病原体的抵抗力（即主动免疫或被动免疫），易感动物也就转化为非易感动物，从而达到保护个体和群体、预防和控制疫病的目的。

免疫失败就是进行了免疫，但猪群或猪只个体不能获得抵抗感染的足够保护力，仍然发生相应的亚临床型疾病甚至临床型疾病。

免疫接种分为预防免疫接种、紧急免疫接种和临时免疫接种三种。

二、制订免疫程序

制订猪场常见传染病的免疫程序见表7-3-1。

表7-3-1 猪场常见传染病免疫程序

疫苗类型	免疫对象	免疫时间及操作方法
口蹄疫	种公猪	每年注射疫苗两次，每隔6个月注射疫苗一次。普通苗每次肌内注射3mL/头或者后海穴注射1.5mL/头，高效苗每次肌内注射2mL/头或者后海穴注射1mL/头
	育肥猪	出生后30～40日龄首免，肌内注射普通苗2mL/头或者高效苗1mL/头，也可后海穴注射普通苗1.5mL/头或者高效苗1mL/头。60～70日龄二免，肌内注射普通苗3mL/头或者高效苗2mL/头，也可后海穴注射普通苗1.5mL/头或者高效苗1mL/头。应用普通苗的出栏前30天三免，肌内注射普通苗3mL/头，也可后海穴注射普通苗1.5mL/头
	后备母猪	仔猪二免后每隔6个月免疫一次，普通苗肌内注射3mL/头或者后海穴注射1.5mL/头；高效苗肌内注射2mL/头或者后海穴注射1mL/头
猪瘟	种公猪	每年春、秋季用猪瘟兔化弱毒疫苗各免疫接种一次
	种母猪	于产前30天免疫接种一次；或春、秋两季各免疫接种一次
	仔猪	20日龄、70日龄各免疫接种一次；或仔猪出生后不吃初乳前立即用猪瘟兔化弱毒疫苗接种一次，注射1.5～2h后可哺乳
	后备种猪	产前1个月免疫接种一次；选留作种用时立即免疫接种一次
仔猪副伤寒	仔猪	断奶后（30～35日龄）口服或注射1头份仔猪副伤寒弱毒冻干菌苗；对经常发生仔猪副伤寒的猪场和地区，为了加强免疫力，可在断奶前后各免疫一次，间隔3～4周

续表

疫苗类型	免疫对象	免疫时间及操作方法
仔猪黄、白痢	初产母猪（未免仔猪黄白痢疫苗）	于开产前30~40天和15~20天，各免疫接种1头份
	经产母猪	开产前15~20天免疫接种1头份
	仔猪	3~5日龄给仔猪免疫一次，使仔猪生后30天内免受猪大肠菌的侵害
猪水肿病	仔猪	出生后半个月，颈部肌内注射猪水肿病油乳剂灭活疫苗1头份，免疫期6个月
仔猪红痢	妊娠母猪	妊娠母猪初次注射本疫苗时，应接种2次，第一次在分娩前1个月，第二次在分娩前半个月。如妊娠母猪注射过本菌苗，分娩前半个月肌内注射仔猪红痢菌苗1头份。免疫期1年
猪细小病毒病	种公猪	每年用猪细小病毒病疫苗免疫接种一次
	种母猪	每年用猪细小病毒病疫苗免疫接种一次
	后备母猪	配种前4~5天免疫接种一次，2~3周后再加强免疫一次，免疫期可达7~12个月
猪喘气病	种猪	成年猪每年用猪喘气病弱毒菌苗免疫接种一次（右侧胸腔注射）
	妊娠母猪	怀孕2个月后免疫接种一次
	仔猪	7~15日龄免疫接种一次
	后备种猪	配种前免疫一次
猪乙型脑炎	种猪、后备母猪	在蚊蝇多生季节到来前（4~5月份）用乙型脑炎弱毒疫苗免疫接种一次
猪传染性萎缩性鼻炎	公猪、母猪	春、秋两季各注射支气管败血波氏杆菌灭活菌苗一次
	仔猪	70日龄注射一次
猪流行性腹泻、传染性胃肠炎	妊娠母猪	产前30天肌内注射猪流行性腹泻和猪传染性胃肠炎油乳剂灭活苗1头份
	仔猪	7~10日龄肌内注射1头份，免疫期半年
猪伪狂犬病	育肥猪	每年接种一次
	仔猪	生后7~10日龄首次注射0.5头份，断奶后注射1头份，免疫期为12个月

制订阶段性免疫程序见表7-3-2。

表7-3-2 猪阶段性免疫程序

猪群	疫苗种类	免疫时间及方法
种公猪	猪瘟苗	每年春秋两季各肌内注射一次
	猪口蹄疫O型灭活苗	每年春秋两季各肌内注射一次
种母猪	猪瘟苗	每年春秋两季各肌内注射一次
	猪口蹄疫苗	每年春秋两季各肌内注射一次
	仔猪下痢菌苗	妊娠母猪于产前40~42天和产前15~20天各注射一次仔猪下痢菌苗以预防仔猪黄、白痢
	仔猪红痢菌苗	妊娠母猪于产前30天和产前15天各注射一次红痢菌苗以预防仔猪红痢
仔猪	猪瘟苗	20日龄和70日龄各肌内注射一次猪瘟苗或在初生未吃初乳前立即接种一次
	仔猪副伤寒苗	断奶时（30~35日龄）口服或肌内注射一次
	猪口蹄疫O型灭活苗	60日龄肌内注射一次

续表

猪群	疫苗种类	免疫时间及方法
后备猪	猪口蹄疫苗	后备母猪60日龄肌内注射一次
	猪乙型脑炎弱毒苗	4~5月和配种前各肌内注射一次
	猪瘟苗	产前一个月肌内注射一次猪瘟苗,选出作种猪时再接种一次

各类疫苗在运输、保存过程中注意不要受热,活疫苗必须低温冷冻保存,灭活疫苗要求在4~8℃条件下保存;接种疫苗应在猪健康时进行,对瘦弱、临产母猪不予注射猪口蹄疫疫苗,采取定期预防注射与经常补针相结合的办法,争取做到头头注射、个个免疫;接种疫苗时,不能同时使用抗血清;猪口蹄疫疫苗注射后15天内不能应用抗生素,其他疫苗尤其是菌苗在注射前3天及后7天内不能应用抗生素,以免疫苗失效。

三、提高猪群免疫效果

1. 正确选择疫苗,规范操作程序

① 到国家认定的经营单位购买有正规的企业名称、标签说明书、产品批准文号、生产批号、生产日期和有效期等的质量可靠的疫苗。

② 按照生物制品管理有关规定,正确保存、运输和使用疫苗。疫苗的保存及整个流转过程(包括运输、入库、贮存、接种等)都必须保证在低温状态下,按规定避光保存,使疫苗中的病毒含量保证在有效范围内。冻干疫苗一般需要在-15℃以下冷冻保存,温度越低,保存时间越长;一些进口冻干疫苗因加入了耐热保护剂,可以在4~6℃保存;油乳剂疫苗的保存温度一般在2~8℃。

③ 严格按照说明书使用疫苗,使用时首先要注意疫苗包装是否完好,是否在有效期内,严格按要求选择合适的稀释液进行稀释使用,稀释液温度不能太高,刚取出的冻干疫苗要放置一段时间,待到与稀释液温度相近时,再按说明进行稀释,防止疫苗由于温差变化过大而失活。不能在稀释液中随便添加抗生素等物质。稀释后的疫苗要振荡均匀后抽取使用。

④ 疫苗要现配现用,稀释后的疫苗要及时使用,气温15℃左右当天用完;15~25℃,6h用完;25℃以上,4h以内用完。未用完的疫苗及空瓶要经高温灭活处理后废弃,以免余毒扩散、弱毒返强和污染环境。

⑤ 选择恰当的针头,正确进行消毒,掌握熟练的接种技术。在免疫接种时,应根据对象不同,选择恰当的针头,给小猪免疫时,针头可短些,但给大猪进行颈部肌内注射疫苗时,注射器针头(35mm长)应垂直于皮肤注入猪的颈部肌肉层内,防止注入皮下脂肪层而影响疫苗的实效性。注射前应做好注射部位的消毒和脱毒处理。注射时防止打空针、漏针。

2. 制订科学的免疫程序,严格按照规程执行

根据当地疫病发生和流行情况,以及省、市、自治区(县)动物防疫部门制订的免疫程序,结合养猪场的综合防治条件及猪的抗体水平来确定接种疫苗的种类、时间、方法、次数和剂量。制订免疫程序应遵循以下原则:一是规模猪场的免疫程序由传染病的特性决定,对持续时间长、危害程度大的某些传染病应制订长期的免疫防治对策;二是根据疫苗的种类、接种途径、产生免疫力需要的时间、免疫力的持续期等相关的疫苗免疫学特性制订科学的免疫程序;三是各规模猪场根据本场实际制订免疫程序,在执行过程中应有相对的稳定性;四是在确定免疫程序时,最好先测定仔猪断奶时的母源抗体效价,再确定免疫的时间和剂量。

一般情况,预防传染性胃肠炎、流行性腹泻等传染病应当在每年的流行季节来临时进行免疫接种。一些隐性内源性传染病如伪狂犬病、细小病毒感染、乙型脑炎、气喘病、萎缩性鼻炎、猪繁殖与呼吸综合征等常常在猪场内长期潜伏、不定期发生,可以通过检验检疫判断其危害程度和发病方式,酌情选用疫苗,一般对种猪进行基础免疫即可。

控制一些急性内源性传染病,如仔猪的黄白痢、链球菌病、轮状病毒感染等,应当着重改善猪场环境条件,适当使用药物,是否接种疫苗要根据猪场实际情况决定。

3. 克服母源抗体干扰

通过母源抗体水平的检测制订合理的免疫程序,如果仔猪群存在较高水平的抗体,则会影响疫苗的免疫效果。

据报道,仔猪1日龄中和抗体滴度在1∶512以上,10日龄中和抗体滴度在1∶128以上,15日龄下降至1∶64以上,这期间保护率为100%;20日龄时抗体滴度下降至1∶32,保护率为75%,此时为疫苗的临界线;30日龄时抗体滴度下降至1∶16以下,无免疫力。如果新生仔猪有母源抗体存在,且抗体水平未降到适当水平(中和抗体滴度为1∶32)就给仔猪接种疫苗,这样会造成母源抗体封闭,破坏猪机体的被动免疫,从而发生猪瘟。也有的仔猪在21~25日龄接种了疫苗,从此再也没有免疫接种,由于仔猪体内尚残留部分母源抗体,能干扰疫苗的免疫力,免疫时间较短,抵抗不住野毒的侵袭而得病,导致免疫失效。

4. 防止免疫抑制性疾病发生

一是要注意饲料营养成分的监测,确保不含霉菌毒素和其他化学物质,饲喂近期生产的优质全价饲料,夏季应注意添加多维素(许多维生素在夏季容易被还原而失效),增加机体抵抗力。二是要搞好环境卫生,消灭传染源。三是减少应激因素的产生,在免疫前后24h内应尽量减少应激、不改变饲料品质、不安排转群、减少噪声、控制好温度和饲养密度、通风、勤换垫料,适当增加蛋氨酸、缬氨酸、维生素A、B族维生素、维生素C、维生素D及脂肪酸等。接种疫苗时要处置得当,防止猪受到惊吓。遇到不可避免的应激时,应在接种前后3~5天,在饮水中加入抗应激制剂,如电解多维、维生素C、维生素E;或在饲料中加入利血平、氯丙嗪等抗应激药物,以有效缓解和降低各种应激,增强免疫效果。四是认真做好免疫抑制性疾病的防治工作,勤观察,发现疾病及时治疗,等猪健康后再进行免疫。

5. 建立健全的卫生制度

一是猪场应建立卫生管理制度,实行生产区与生活区分区管理,严禁人员随意进出,加强猪群的健康管理。二是建立切实可行的消毒制度,如在进出口设消毒池、猪舍内定期消毒、"全进全出"清洗消毒、定期全场大消毒等。三是建立预防接种和驱虫制度,按时做好药物驱虫工作。四是建立检疫与疫病监测制度,尤其是做好引种的隔离防疫工作。五是建立健全病死猪无害化处理制度,及时隔离病猪,规范病死猪的无害化处理。六是猪场应针对存在的细菌性疾病种类和发生阶段,规范使用兽药,采用集体处理与个别用药相结合,注意用药方式、剂量和疗程,减少或避免用药对免疫工作的影响。

6. 树立"养重于防,防重于治"的理念

在饲养管理过程中,要始终树立"养重于防,防重于治"的饲养管理理念。不要盲目迷信和夸大免疫的作用,免疫只是防控疾病的重要手段之一。要在定期开展免疫工作的同时,切实加强养猪生产各个环节的消毒卫生工作,降低和消除猪场内的病原微生物,减少和杜绝

猪群的外源性感染机会，加强饲养管理，提高猪只自身抗病力。

总之，猪场防疫的好坏是关系到养猪的效益高低和成败的重要环节。要加强对基层免疫人员的技术培训，提高从业人员水平。制定免疫程序一定符合本场实际情况，在疫苗的选购、运输、存储、使用等各个环节都需要有高度责任心和进行细致周到的工作，才能达到更好的免疫效果。

工作内容四　控制与净化猪场寄生虫病

猪的寄生虫病对养猪业的危害主要表现在由于寄生虫慢性消耗所造成的经济损失，国外新近文献资料上也开始称寄生虫病为"亚临床症状"，当然也可以像传染病一样引起母猪的流产（如弓形虫病、附红细胞体病）、猪只死亡（如疥螨病初次的严重感染、仔猪等孢球虫及鞭毛虫等的严重感染）等。在规模化猪场流行并造成危害的寄生虫病，虽不至于造成猪只的死亡，但会出现难治愈、易多发及场内流行率很高的现象，如猪蛔虫、猪结肠小袋纤毛虫和猪毛首线虫，这些寄生虫生活史简单、不需中间宿主（为土源性线虫），且虫卵抵抗力强，容易通过饮水或地面感染引发寄生虫病。此外，如猪的孢球虫、猪附红细胞体、弓形体、类圆线虫等日益成为规模化猪场的主要寄生虫。

一、分析猪场主要寄生虫病的类型

① 皮肤寄生虫病　如疥螨病、蠕形螨病、三色依蝇蛆病以及猪血虱和虻与蚊引起的皮肤病等。

② 肌肉寄生虫病　如旋毛虫病、猪囊虫病。

③ 心脏及血液寄生虫病　如附红细胞体病、猪浆膜丝虫病。

④ 消化道线虫绦虫病　如蛔虫病、食道口线虫病（结节虫病）、毛首线虫病（鞭虫）、钩虫病、类圆线虫病、膜壳绦虫病。

⑤ 肾虫病。

⑥ 弓形体病。

⑦ 仔猪球虫病。

⑧ 隐孢子虫病。

⑨ 结肠小袋纤毛虫病。

二、综合净化寄生虫病

1. 控制与净化猪疥螨

（1）长效驱虫注射液（伊维菌素）＋体外高效喷雾杀虫药（溴氰菊酯）　种公猪每年注射长效驱虫注射液（伊维菌素的升级产品"通灭"或"全灭"）2次；母猪产仔前2周注射1次；仔猪断奶时注射1次；商品猪引进当日注射1次；注射长效驱虫注射液后全场喷雾杀虫2次。该方案适用于疥螨和内寄生虫感染严重的猪场，连续使用，可以达到净化的效果。

（2）长效驱虫预混剂（芬苯达唑、伊维菌素的升级产品）＋体外高效喷雾杀虫药　首先全群猪只用药1次；种公猪、种母猪：每3个月用预混剂拌料驱虫1次；仔猪：在断奶后转群时拌料驱虫1次；育成猪：转群时拌料驱虫1次；引进猪：并群前拌料驱虫1次；用预混剂驱虫的同时全场喷雾杀虫2次。该方案适用于疥螨和内寄生虫感染不严重的猪场。

2. 控制与净化猪蛔虫病

控制和净化猪蛔虫的关键是正确使用驱虫药物以防止猪蛔虫的反复感染。

(1) 猪蛔虫中、轻度感染的猪场 针对不同猪群，可采用以下用药程序：怀孕母猪在其怀孕前和产仔前1~2周进行驱虫1次；种公猪每年至少驱虫2次；断奶仔猪在转入新圈前驱虫1次，并且在4~6周后再驱虫1次；后备猪在配种前驱虫1次；新引进的猪必须驱虫后再并群。

(2) 猪蛔虫重度感染的猪场 针对不同猪群可采用以下用药程序：商品仔猪出生后30日龄第1次驱虫，以后每隔1~1.5个月驱虫1次；种公猪及后备母猪每隔1~1.5个月驱虫1次；母猪配种前和怀孕母猪产前2周内各驱虫1次；新引进的猪必须驱虫后再并群。

驱蛔虫药物可选用左旋咪唑、丙硫咪唑、芬苯达唑、氟苯达唑及伊维菌素等。同时，应注意猪舍的清洁卫生，产房和猪舍在进猪前都需进行彻底清洗和消毒，可减少蛔虫卵对环境的污染。尽量将猪的粪便和垫草在固定地点堆积发酵。

3. 控制猪弓形体病

(1) 正确选用药物 具体选用药物及使用方法见表7-4-1。

表 7-4-1　治疗猪弓形体病的药物及使用方法

药物	使用方法
10%增效磺胺-5-甲氧嘧啶(或磺胺-6-甲氧嘧啶)注射液	按0.2mL/kg体重剂量肌内注射，每日2次，连用3~5天
磺胺-6-甲氧嘧啶	按60~100mg/kg体重，单独口服或配合甲氧苄氨嘧啶(TMP,14mg/kg体重)口服，每日1次，连用4次
12%复方磺胺甲氧吡嗪注射液	50~60mg/kg体重，每日1次肌内注射，连用3~5天
复方磺胺嘧啶钠注射液	按70mg/kg剂量(首次量加倍)肌内注射，每日2次，连用3~5天
磺胺嘧啶与甲氧苄氨嘧啶联合	前者70mg/kg、后者14mg/kg，每日2次，连用3~5天
磺胺嘧啶与乙胺嘧啶联合	前者70mg/kg、后者6mg/kg，每日2次，连用3~5天

(2) 综合预防 由于本病感染源广、感染途径多，而且当前没有有效疫苗进行预防，因此必须采用综合防治措施进行预防控制。

① 猪场内禁止养猫，对野猫也要捕捉扑杀，及时杀虫灭鼠，以防滋养体、包囊或卵囊污染饲料、饮水和环境，造成感染。

② 做好日常卫生消毒工作。对病死猪、流产的胎儿和分泌物进行焚烧深埋处理，场地进行严格消毒，常用来苏尔或0.5%氨水进行猪舍及用具的消毒。

③ 药物预防。规模化猪场要制订有效可行的预防措施，发病猪场在每年10~11月，于饲料中按200~300mg/kg的剂量添加磺胺-6-甲氧嘧啶，连用3~5天，停药20天后，再用2~4天，可有效预防本病的发生。

4. 控制与净化猪附红细胞体病

猪附红细胞体的传播途径主要有接触性、血源性、垂直性及媒介昆虫传播等，其中垂直性及媒介昆虫传播为主要的传播途径。本病的控制与净化主要从以下两方面进行。

(1) 及时治疗病猪 药物治疗关键是发病早期用药，但不管是注射给药或是口服用药，都只能够缓解临床症状，让机体与病原处于一个相对平衡的状态而不继续发病，基本不能彻底根除病原。可选药物见表 7-4-2。

表 7-4-2　治疗猪附红细胞体病的药物及使用方法

药物	使用方法
贝尼尔注射液	8mg/kg 体重,深部肌内注射,2 次/天,连用 3 天;同时在饲料中添加土霉素,按 200~400μg/kg 混饲
新胂凡纳明(914)	15~45mg/kg 体重,静脉注射,防止漏出血管
大蒜素	10~15mg/kg 体重,用生理盐水稀释后静脉注射,连用 3~5 天
盐酸四环素注射液	5~10mg/kg 体重＋5％葡萄糖注射液 200~300mL,静脉注射,连用 3 天
强力霉素注射液	1~3mg/kg 体重,静脉注射或肌内注射,连用 3 天

(2) 做好预防工作　预防本病的发生主要采取综合性措施,对于一个猪群而言,阻断感染的传播途径、增强机体抵抗力和减少应激反应的发生是很重要的。对于附红细胞体感染呈阴性的猪群,应着重搞好圈舍和饲养用具的卫生,并定期进行消毒。同时加强对吸血昆虫的杀灭,严防吸血昆虫叮咬而引起本病传播;在实施诸如阉割、打耳号、注射等饲养管理程序时,应防止外科器械和注射器被血液污染而引起传播。对于呈隐性感染的猪群而言,发病的频率可能会增高,但是宿主与病原之间最终会达到某种平衡,如果这种平衡被打破,那么急性附红细胞体病会在任何时候发生。因此,应尽量减少对猪群的应激,采用增强猪群抵抗力的办法,可定期在饲料中添加一定比例的免疫增强剂,也可添加一定量的预防类药物,如土霉素(混饲,20mg/kg 体重)、四环素(5~10mg/kg 体重)等,以保持机体与病原处于某种平衡状态而不致发病。

5. 控制与净化孢球虫病

由于养猪规模化和集约化生产的发展,仔猪球虫病的发生越来越常见并有逐年上升趋势,所以在养猪生产中应引起足够重视。本病的控制与净化主要从以下两方面着手。

(1) 及时治疗病猪　5％的三嗪酮悬液以及止痢注射液对仔猪球虫病有极好的治疗预防效果。

(2) 强化综合预防措施　新生仔猪应以初乳喂养,保持幼龄猪舍清洁、干燥;饲槽和饮水器应定期消毒,防止粪便污染;尽量减少因断奶、饲料突变和运输产生的应激因素。母猪在产前 2 周和整个哺乳期饲料内添加 200mg/kg 的氨丙啉对孢球虫病具有良好的预防效果。

三、控制与预防猪场蝇类

每个规模化猪场都在尽可能地想办法来解决苍蝇控制问题,但大部分效果不理想。目前主要的实用可行的控制办法分为以下几类。

(1) 喷雾灭蝇法　此法简单实用,成本低,使用安全。

(2) 用糖或信息激素作诱导　拌杀虫剂进行诱杀,此法具有经济、安全、高效的特性,多点放置效果佳。

(3) 使用杀蛆药　在饲料中添加环丙氨嗪(5g/t,99％纯度),利用其绝大部分以原型及其代谢产物的形式随粪便排出体外的特性,将粪便蝇蛆杀灭。

(4) 控制猪舍内湿度,对粪便进行处理　保持舍内干燥是控制苍蝇繁殖的最好方法,加速粪便干燥与湿化粪便的方法均可抑制苍蝇繁殖。

工作内容五　处理猪场废弃物

目前，我国的养猪生产正在由小规模分散、农牧结合方式快速向集约化、规模化、工厂化生产方式转变，每年产生大量的粪尿（表 7-5-1）与污水等废弃物，如果处理不当，很容易对周围环境造成严重污染。因此，加强猪场的环境保护，合理利用废弃物，减少对环境的污染，是养猪生产必须解决的问题。目前，国内外治理猪场污染主要分为产前、产中和产后治理与利用。

表 7-5-1　不同阶段猪群的粪尿产量（鲜量）

种类	体重/kg	每头每天排泄量/kg			平均每头每年排泄量/t		
		粪量	尿量	粪尿合计	粪量	尿量	粪尿合计
种公猪	200~300	2.0~3.0	4.0~7.0	6.0~10.0	0.9	2.0	2.9
空怀、妊娠母猪	160~300	2.1~2.8	4.0~7.0	6.1~9.8	0.9	2.0	2.9
哺乳母猪	—	2.5~4.2	4.0~7.0	6.5~11.2	1.2	2.0	3.2
培育仔猪	30	1.1~1.6	1.0~3.0	2.1~4.6	0.5	0.7	1.2
育成猪	60	1.9~2.7	2.0~5.0	3.9~7.7	0.8	1.3	2.1
育肥猪	90	2.3~3.2	3.0~7.0	5.3~10.2	1.0	1.8	2.8

一、产前控制饲养规模

猪场污染物的排放量与生产规模成正比，规划猪场时，必须充分考虑污染物的处理能力，做到生产规模与处理能力相适应，保证全部污染物得到及时有效处理。

发达国家对养猪场污染物的治理主要采用源头控制的对策，因为即使在对农民有巨额补贴的欧洲国家，能够采用污水处理设备的养猪场也很少，为此养猪场的面源控制，主要通过制订养猪场农田最低配置（指养猪场饲养量必须与周边可蓄纳猪粪便的农田面积相匹配）、养猪场化粪池容量、密封性等方面的规定进行。在日本、欧洲大部分国家和地区，强制要求单位面积的养猪数量，使养猪数量与地表的植物及自净能力相适应。

借鉴国外的经验，我国在新建养猪场时，应进行合理的规划，以环境容量来控制养猪场的总量规模，调整养猪场布局，划定禁养区、限养区和适养区，同时应加强对新建场的严格审批制度，新建场一般都要设置隔离或绿化带，并执行新建项目的环境影响评价制度和污染治理设施建设的"三同时"（养猪场建设应与污染物的综合利用、处理与处置同时设计、同时施工和同时投入使用）制度，还可以借鉴工业污染治理中的经验，从制订工艺标准、购买设备补贴以及提高水价等方面推行节水型畜牧生产工艺，从源头上控制集约化养猪场污水量。

二、产中科学治理

按猪的饲养标准科学配制日粮，加强饲养管理，提高饲料转化率，不仅能够减少饲料浪费，还能减少排泄物中养分含量，这是降低猪粪尿对环境造成污染的根本措施。

1. 采取营养性环保措施

① 按照"理想蛋白质模式"，配制平衡日粮，合理添加人工合成的氨基酸，适当降低饲料中蛋白质的含量，可提高饲料蛋白质的利用率，使粪尿中氮的排泄量减少 30%~45%。

② 应用有机微量元素代替无机微量元素，提高微量元素的利用效率，降低微量元素的

③ 应用酶制剂，提高猪对蛋白质、矿物微量元素的利用率。大量的研究结果证明，在日粮中添加植酸酶可显著提高植物性饲料中植酸磷的利用效率，使猪粪中磷的含量减少50%以上，被公认为是降低磷排泄量最有效的方法之一。饲料中添加纤维素酶和蛋白酶等消化酶，可以减少粪便排放量和粪中的含氮量。

④ 应用微生态制剂，在猪体内创造有利于其生长的微生态环境，维持肠道正常生理功能，促进动物肠道内营养物质的消化和吸收，提高饲料利用率，同时，还能抑制腐败菌的繁殖，降低肠道和血液中内毒素及尿素酶的含量，有效减少有害气体产生。

⑤ 在饲料中合理添加脂肪，提高能量水平，可显著降低粪便的排泄量。

2. 多阶段饲喂

多阶段饲喂法可提高饲料转化率，猪在肥育后期，采用二阶段饲喂比采用一阶段饲喂法的氮排泄量减少8.5%。饲喂阶段分得越细，不同营养水平日粮种类分得越多，越有利于减少氮的排泄。

3. 强化管理

推广猪场清洁生产技术，采用科学的房舍结构、生产工艺，实现固体和液体、粪与尿、雨水和污水三分离，降低污水产生量和降低污水氨、氮浓度。通过对生产过程中主要产生污染环节实行全程控制，达到控制和防治畜禽养殖可能对环境产生的污染。

三、产后处理与利用

猪场粪尿及污水的合理利用，既可以防止环境污染，又能变废为宝，利用方法主要是用作肥料、用作制沼气的原料、用作饲料和培养料等。

1. 粪便的无害化处理与利用

(1) 堆肥发酵 堆肥发酵是利用微生物分解物料中的有机质并产生50～70℃的高温，杀死病原微生物、寄生虫及其虫卵和草籽等，腐熟后的物料无臭，复杂有机物被降解为易被植物吸收的简单化合物，变成高效有机肥料。

① 自然堆肥 自然堆肥法为传统的堆肥方法，将物料堆成长、宽、高分别为10～15m、2～4m、1.5～2m的条垛，在气温20℃左右需腐熟15～20天，其间需翻堆1～2次，以供氧、散热和使发酵均匀，此后需静置堆放2～3个月即可完全成熟。为加快发酵速度，可在垛内埋秸秆束或垛底铺设通风管，在堆垛前20天因经常通风，则不必翻垛，温度可升至60℃。此后在自然温度下堆放2～4个月即可完全腐熟。该方法不需要设备和耗能，但占地面积大，腐熟慢，效率低。

② 现代堆肥法 堆肥作为传统的生物处理技术经过多年的改良，现正朝着机械化、商品化方向发展，设备效率也日益提高。现代堆肥法是根据堆肥原理，利用发酵池、发酵罐（塔）等设备，为微生物活动提供必要条件，可提高效率10倍以上。堆肥要求物料含水率60%～70%，碳氮比（25～30）：1，堆腐过程中要求通风供氧，天冷适当供温，腐熟后物料含水率为30%左右。为便于贮存和运输，需降低水分至13%左右，并粉碎、过筛、装袋。因此，堆肥发酵设备包括发酵前调整物料水分和碳氮比的预处理设备和腐熟后物料的干燥、粉碎等设备，可形成不同组合的成套设备。

③ 大棚式堆肥发酵 发酵棚可利用从玻璃钢或塑料棚顶透入的太阳能，保障低温季节

的发酵。设在棚内的发酵槽为条形或环形地上槽，槽宽4～6m，槽壁高0.6～1.5m，槽壁上面设置轨道，与槽同宽的自走式搅拌机可沿轨道行走，速度为2～5m/min。条形槽长50～60m，每天将经过预处理（调整水分和碳氮比）的物料放入槽一端，搅拌机往复行走搅拌并将新料推进与原有的料混合，起充氧和细菌接种的作用。环形槽总长度100～150m，带盛料斗的搅拌机环槽行走，边撒布物料边搅拌。一般每平方米槽面积可处理4头猪的粪便，腐熟时间为25天左右。腐熟物料出槽时应存留1/4～1/3，起接种和调整水分的作用。

④ 粪污异位发酵　异位发酵就是将养猪与粪污发酵处理分开，在猪舍外另建垫料发酵棚舍，猪不接触垫料，猪场粪污收集后，利用生物菌发酵处理粪污的方法。

异位发酵技术主要是利用发酵槽内铺好的好氧发酵垫料为载体培养好氧微生物。猪舍粪污通过封闭渠道进入粪污收集池，用潜污泵将粪污通过PVC管道泵入发酵床。

垫料最适宜用木屑和谷壳，一般按3:2比例混合使用。如果木屑缺少，可适当增加谷壳或以玉米秸秆粉末代替，但木屑比例不少于30%。在发酵床中将垫料物料充分混合均匀，慢慢喷洒菌液和猪粪尿，湿度以抓起一团垫料握紧后松开手掌，垫料依然可成团但无水滴滴下为适宜。将所有垫料堆积不低于1m。正常情况2～3天开始启动升温，发酵6天后，垫料中央温度上升到50℃以上，即可摊开形成发酵床使用。

根据垫料发酵情况，适时添加粪污，一般每隔1～3天（夏天1天、冬天2～3天）通过潜污泵和PVC管道将粪污均匀喷洒到发酵床面，不得将粪污堆积在某一区域，以防该区域造成死床。

发酵床需要每天进行翻耙，特别是粪污喷洒当日要耙匀。如使用翻耙机则每天至少需要翻耙1～2个来回，使发酵床获得足够的氧气，保证发酵效果。

每月根据发酵床垫料消耗情况，适当补充垫料和菌种，菌种补加量一般为5g/m²，均匀喷洒到发酵床中。一般发酵可维持使用3年左右。

异位发酵技术有效克服了原位发酵床消毒不方便、易诱发呼吸道疾病以及猪舍改造成本高等问题，在环境保护方面为养猪开辟了一条新途径。

(2) 生产沼气　沼气是有机物质在厌氧环境中，在适宜的温度、湿度、酸碱度、碳氮比等条件下，通过厌氧微生物发酵作用而产生的一种可燃气体。沼气可作为能源，沼渣、沼液可作为肥料，废物资源化程度较高。沼气经燃烧后能产生大量热能（1m³的发热量为20.9～27.17MJ），可作为生活、生产用燃料，也可用于发电。在沼气生产过程中，因厌氧发酵可杀灭病原微生物和寄生虫，发酵后的沼液、沼渣又是很好的肥料。但此处理系统的建设投资高，且运行管理难度大。该处理系统较适用于南方气候温暖地区，北方地区由于气温低，大部分沼气要回用于反应器升温，限制了推广应用。其主要设备为格栅、固液分离机、污水泵、贮气罐、沼气脱水/脱硫设备、沼气加压系统、沼气输送管道系统等。

生产沼气后产生的残余物——沼液和沼渣含水率高、数量大，且含有很高的COD（耗氧量）值，若处理不当会引起二次环境污染，所以必须要采取适当的利用措施。常用的处理方法有以下几种。

① 用作植物生产的有机肥料　在进行园艺植物无土栽培时，沼气生产后的残余物是良好的液体培养基。

② 用作池塘水产养殖料　沼液是池塘河蚌育珠、滤食性鱼类养殖培育饵料生物的良好肥料，但一次性施用量不能过多，否则会引起水体富营养化而导致水中生物死亡。

③ **用作饲料** 沼渣、沼液脱水后可以替代一部分鱼、猪、牛的饲料。但与畜粪饲料化一样,要注意重金属等有毒有害物质在畜产品和水产品中的残留问题,避免影响畜产品和水产品的实用安全性。

(3) 用作饲料 畜禽粪便中,最有价值的营养物质是含氮化合物。合理利用猪粪中的含氮化合物,对解决蛋白质饲料资源不足问题有积极意义。目前,已有许多国家利用畜禽粪便加工饲料,猪粪也被用来喂牛、喂鱼、喂羊等,以此降低饲料成本。但要对粪便进行适当处理并控制其用量。

2. 污水的处理与利用

为防止猪场污水对周围环境水体造成污染,应通过限制应用大量水冲洗畜粪、减少地表降水流入污水收集和处理系统等一系列措施,减少污水产生量。同时,通过污水多级沉淀和固液分离,减少污水中有机物含量,并对排放的污水进行必要的处理。采用不同清粪工艺的猪场污水最高允许排水量见表 7-5-2。

表 7-5-2 采用不同清粪工艺的猪场污水最高允许排水量

清粪工艺	水冲工艺/[m^3/(百头·天)]		干清粪工艺/[m^3/(百头·天)]	
	冬季	夏季	冬季	夏季
标准值	2.5	3.5	1.2	1.8

注:废水最高允许排放量中的单位中,百头、千只均指存栏数;春、秋季废水最高允许排放量按冬、夏两季的平均值计算。

猪场粪尿污水处理首先做好源头控制,采用用水量少的饲养工艺,使粪与尿及污水分流,减少污水量和污水中污染物的浓度,并使固体粪便便于处理利用;其次,做好资源化处理,种养结合,生态养殖,变废为宝,实现养猪生产的良性循环,达到无废排放;最后,做到因地制宜,粪尿和污水处理工程要充分利用当地的自然条件和地理优势,采取先进的工艺和设备,避免二次污染。

污水处理的方法可分为物理处理法、化学处理法、生物处理法和自然处理法。其中以物理和生物方法应用较多,化学方法由于需要使用大量的化学药剂,费用较高,且存在二次污染问题,故应用较少。

① **物理处理法** 该法是将污水中的悬浮物、油类以及固体物质分离出来,包括沉淀法、固液分离法、过滤法等,是利用格栅、化粪池或滤网等设施进行简单的物理处理方法。

a. **沉淀法** 可利用污水在沉淀池中静置时,其不溶性较大颗粒的重力作用,将粪水中的固形物沉淀而除去。这是在重力作用下将重于水的悬浮物从水中分离出来的一种处理工艺,是废水处理中应用最广泛的方法之一。沉淀法可用于在沉淀调节池中去除无机杂粒;在一次沉淀调节池中去除有机悬浮物和其他固体物;在二次沉淀池中去除生物处理产生的生物污泥;在絮凝后去除絮凝体;在污泥浓缩池中分离污泥中的水分,使污泥得到浓缩等。

沉淀调节池(图 7-5-1、图 7-5-2)是分离悬浮物的一种主要构筑物,它是利用污水中容易产生沉渣、浮渣和水解、酸化快的特点降低污水浓度,用于水及废水的预处理、生物处理的后处理以及最终处理。沉淀调节池一般分为 3 级,污水滞留期 0.6～1 天,污水 COD 值降低 40%～60%。

b. **固液分离法** 对于清粪工艺为水泡粪或水冲粪的猪场,其排出的粪尿水混合液,一般要用分离机进行固液分离,以大幅度降低污水中的悬浮物含量,便于污水的后续处理;同时要控制分离固形物的含水率,以便于处理和利用(堆制或直接干燥、施用)。常用的固液

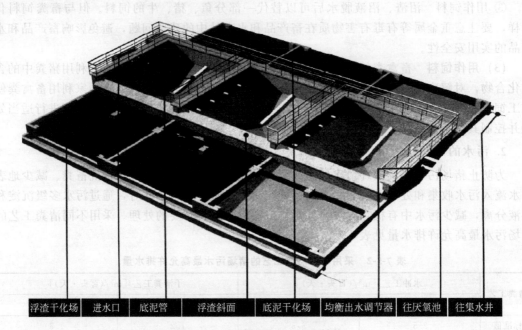

| 浮渣干化场 | 进水口 | 底泥管 | 浮渣斜面 | 底泥干化场 | 均衡出水调节器 | 往厌氧池 | 往集水井 |

图 7-5-1 沉淀调节池（内部结构）

| 固液分离 | 沉砂池 | 集水井 | 进水口 | 浮渣干化场 | 四级沉淀酸化调节池 | 浮渣斜面 |

图 7-5-2 沉淀调节池（外部结构）

分离机具有振动筛（平型、摇动型和往复型）、回转筛和挤压式分离机。分离机具所用筛网有多种，筛孔孔径为 0.17~1.21mm，可按需选用。挤压式分离机可连续运行，效率较高，分离固形物的含水率较低，并可通过调节加以控制。

c. 过滤法　它是利用过滤介质的筛除作用使颗粒较大的悬浮物被截留在介质的表面，来分离污水中悬浮颗粒性污染物的一种方法。

格栅是一种最简单的过滤设备，是污水处理工艺流程中必不可少的部分。它的作用主要是阻拦污水中所夹带的粗大的漂浮和悬浮固体，以免阻塞孔洞、闸门和管道，并保护水泵等机械设备。格栅是由一组平行的栅条制成的框架，斜置于废水流经的渠道上，设于污水处理场中所有的处理构筑物前，或设在泵前。栅框可为金属或玻璃钢制品。格栅按栅条间隙，可分为粗格栅和细格栅；按栅渣的清除方式，可分为人工清除格栅和机械清除格栅。

② 化学处理法　它是利用化学反应，使污水中的污染物发生化学变化而改变其性质，包括中和法、絮凝沉淀法、氧化还原法等。化学处理法由于需要使用大量的化学药剂，费用较高，且存在二次污染问题，故应用较少。

③ 生物处理法　这是利用微生物的代谢作用分解污水中的有机物而达到净化的目的。根据微生物的需氧与否，生物处理法分为有氧处理和厌氧处理两种。

a. 有氧处理　有氧处理工艺有传统的活性污泥法、生物滤池处理、生物转盘处理、生物接触氧化法、流化床处理等。根据微生物在水中是处于悬浮状态还是附着在某种填料上，好氧生物处理法又可分为活性污泥法和生物膜法。

ⓐ 活性污泥法：又称生物曝气法，是水中微生物在其生命活动中产生多糖类黏液，携带菌体的黏液聚集在一起构成菌胶团，菌胶团具有很大的表面积和吸附力，可大量吸附污水中的污染物颗粒而形成悬浮在水中的生物絮凝体——活性污泥，有机污染物在活性污泥中被微生物降解，污水因此而得到净化。其处理单元包括调整池、计量槽、初沉池（图 7-5-3、图 7-5-4）、活性淤泥曝气处理（图 7-5-5）、终沉池、淤泥浓缩池、淤泥晒干床及淤泥脱水机。

图 7-5-3　处理后排水口

图 7-5-4　初沉池

图 7-5-5　曝气处理

图 7-5-6　生物膜处理

ⓑ 生物膜法：又称固定膜法（图7-5-6）。当废水连续流经固体填料（碎石、塑料填料等）时，菌胶团就会在填料上生成污泥状的生物膜，生物膜中的微生物起到与活性污泥同样的净化废水的作用。生物膜法有生物滤池、生物转盘、生物接触氧化等多种处理构筑物。

b. 厌氧处理　厌氧生物处理过程又称厌氧消化，是在厌氧条件下由多种微生物共同作用，使有机物分解并生成 CH_4 和 CO_2 的过程。其主要特征是：能量需求大大降低，还可产生能量；污泥产量极低；对温度、pH值等环境因素更为敏感；处理后废水有机物浓度高于好氧处理；厌氧微生物可对好氧微生物所不能降解的一些有机物进行降解或局部降解；处理工程反应复杂。常用的厌氧工艺处理设施设备有普通消化池、厌氧滤池、上流式污泥床、厌氧流化床、厌氧膨胀床等。

④ 自然生物处理法　这是污水在自然条件下以微生物降解为主的处理方法，其中也包含了沉淀、光化学分解、过滤等净化作用。其主要有水体净化法和土壤净化法两类，属于前者的有氧化塘（好氧塘、兼性塘、厌氧塘）和养殖塘；属于后者的有土地处理（慢速渗滤、快速渗滤、地面漫流）和人工湿地等。这些方法一般投资省、动力消耗少，但占地面积较大、净化效率相对较低，在有条件的猪场和能满足净化要求的前提下，应尽量考虑采用此类方法。

3. 新型三段式红泥塑料污水处理沼气

该系统由我国台湾专家发明，大多数养殖场应用均运行正常。大陆引进后，因材料原因未能推广，后来经改进采用进口原料，使用台湾技术研发创新，开发成新型三段式红泥塑料污水处理沼气工艺工程（图7-5-7、图7-5-8）。针对畜禽养殖及污水处理过程中产生的"粪便、污水、沼气、粪渣、污泥"具备了完整的处理方案和技术。已完成两百多项畜禽养殖污染治理工程，遍布广东、广西、浙江、湖北等二十几个省、市、自治区。该工艺组成包括前

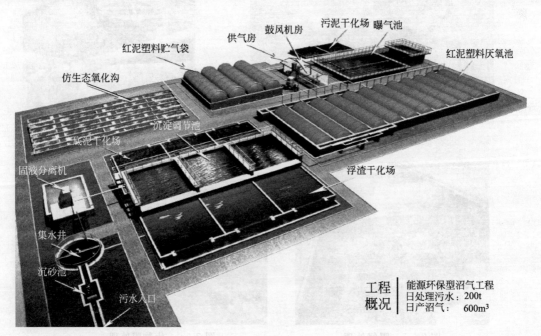

图7-5-7　新型三段式红泥塑料污水处理沼气工程效果图

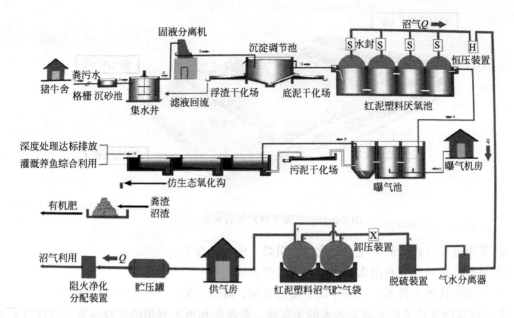

图 7-5-8 新型三段式红泥塑料污水处理沼气工艺流程

处理系统、红泥塑料厌氧发酵系统、沼液后续处理系统，各系统互为关联，形成一个完整的污水处理系统。

前处理系统（图 7-5-9）是污水处理效果的保证，是采用物理方式对厌氧发酵前的鲜粪水进行分离、沉淀和预处理，为兼性、专性厌氧细菌的生长创造有利条件，达到提高厌氧生物处理效果的目的，以往畜禽养殖粪污水治理忽视了前处理，造成后续处理设施负荷大，治理效果差。本工艺特别强调畜禽粪污水前处理阶段的充分减量化。通过设置沉砂、分离、沉淀等处理设施去除粪污水中的粪渣、沉渣、浮渣，均衡调节出水水质、水量，进入厌氧发酵装置的污水初步水解、酸化和充分减量化。

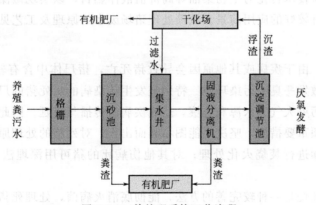

图 7-5-9 前处理系统工艺流程

红泥塑料厌氧发酵阶段是畜禽粪污水处理的核心，目的是将第一阶段的出水进行高效厌氧发酵反应，降解有机质并产生沼气。国内外对厌氧发酵装置进行了大量的研究，采用新材料在吸收了国内外先进工艺的基础上，成功研发了红泥塑料厌氧发酵装置（图 7-5-10），该装置主要有以下特点：

图 7-5-10　红泥塑料贮气袋安装 3D 图

① 采用进口材料，抗老化、耐腐蚀、阻燃，使用寿命长。
② 吸热性优，充分利用太阳能，提高发酵温度。
③ 采用现代加工技术，焊接牢固、安装方便、降低投资。
生物好氧净化是最终实现粪污水的无害化、资源化和再生利用的关键环节。该环节采用自然生态净化方式，对厌氧出水进行降解处理，通过多道溶解氧、升流式渗滤、污泥沉降和植物吸收，使污水中残余的有机物、营养素和其他污染物质进行多级转化、降解和去除。

4. 微藻处理猪场废水

污水处理和再利用是有效净化污水的关键。微藻具有较强的适应复杂环境的能力，微藻可以在生活废水和有机废水中生长，经筛选和培育微藻能耐受高浓度有机物和无机盐，具有很强的降解去除猪场废水中有机物的能力。微藻作为生物能源优势明显，利用微藻处理猪场废水，与传统的物理或化学处理方法相比，可以避免二次污染，即微藻在猪场废水中生长，将微藻培养和猪场废水净化处理相互结合，处理废水后的微藻可制成高蛋白易消化的动物饲料，或结合现代高新技术转化为生物柴油等高价值液体燃料，以实现微藻的生物转化和环境治理双重效果，具有较好的应用前景。微藻处理猪场废水的原理及工艺见图 7-5-11。

5. 处理死猪

在养猪生产中，由于疾病或其他原因会导致猪死亡，猪尸体中含有较多的病原微生物，也容易分解腐败，散发恶臭，污染环境。特别是发生传染病的病死猪的尸体若处理不善，其中的病原微生物会污染大气、水源和土壤，造成疾病的传播与蔓延。因此，做好死猪处理是防止疾病流行的一项重要措施，坚决不能图私利而出售。对死猪的处理原则是：对因烈性传染病而病死的猪必须进行焚烧火化处理；对其他伤病死的猪可用深埋法和高温分解法进行处理。

(1) 焚烧法　焚烧是一种较完善的方法，能彻底消灭病菌，处理死猪迅速卫生，但不能利用产品，且成本高，故不常用。但对一些危害人、畜健康极为严重的传染病病猪的尸体，仍有必要采用此法处理。焚烧时，先在地上挖一条十字形沟（沟长约 2.6m，宽 0.6m，深 0.5m），在沟的底部放木柴和干草作引火用，于十字沟交叉处铺上横木，其上放置死猪尸体，尸体四周用木柴围上，然后洒上煤油焚烧，直至尸体烧成黑炭为止。也可用专门的焚烧炉焚烧。焚烧炉由内衬耐火材料的炉体、燃油燃烧器、鼓风机和除尘除臭装置等组成。除尘

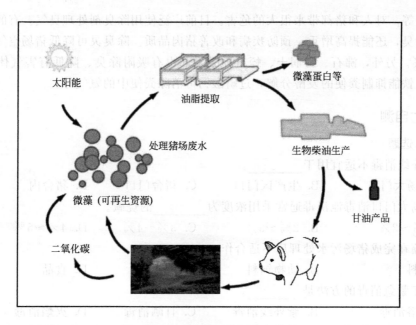

图 7-5-11 微藻处理猪场废水示意

除臭装置可除去猪尸焚化过程中产生的灰尘和臭气,使得在处理死猪的过程中不会对环境造成污染。

(2) 高温处理法 此法是将尸体放入特制的高温锅(温度达150℃)内或有盖的大铁锅内熬煮,以达到彻底消毒的目的。一般用高温分解法处理死猪是在大型的高温高压蒸汽消毒机(湿化机)中进行的。高温高压的蒸汽使猪尸中的脂肪熔化、蛋白质凝固,同时杀灭病菌和病毒。分离出的脂肪作为工业原料,其他可作为肥料。此法可保留一部分有价值的产品,但要注意熬煮的温度和时间,必须达到消毒的要求。这种方法投资大,适合于大型的养猪场,或大中型养猪场集中的地区及大中城市的卫生处理厂。

(3) 深埋法 深埋法是传统的处理死猪的方法,是利用土壤的自净作用使死猪尸体无害化。在小型养猪场或个体养猪户中,死猪数量少,对不是因为烈性传染病而死的猪可以采用深埋法进行处理。其优点是不需要专门的设备投资,简单易行;缺点是因其无害化过程缓慢,某些病原微生物能长期生存,从而污染土壤和地下水,并会造成二次污染,所以不是最彻底的无害化处理方法。因此,采用深埋法处理死猪时,一定要选择远离水源和居民区的地方并且要在猪场的下风向,离猪场有一定的距离,具体做法是:在远离猪场的地方挖2m以上的深坑,在坑底撒上一层生石灰,然后再放入死猪,在最上层死猪的上面再撒一层生石灰或洒上消毒药剂,最后用土埋实。

(4) 发酵法 将尸体抛入尸坑内,利用生物热的方法进行发酵,从而起到消毒灭菌的作用。尸坑一般为井式,深达9~10m,直径2~3m,坑口有一个木盖,坑口高出地面30cm左右。将尸体投入坑内,堆到距坑口1.5m处,盖封木盖,经3~5个月发酵处理后,尸体即可完全腐败分解。

在处理尸体时,不论采用哪种方法,都必须将病猪的排泄物、各种废弃物等一并进行处理,以免造成环境污染。

6. 臭气的处理

臭气是猪场环境控制的另外一个重要问题。猪场的臭气来自猪的排泄、粪尿及污水中有机物的分解等，对人和猪都带来很大的危害。目前广泛使用除臭剂处理臭气。有的除臭剂不仅能有效除臭，还能提高增重、预防疾病和改善猪肉品质。除臭灵可降低猪场空气中氨气含量的33.4%。另外，沸石、膨润土、蛭石等吸附剂也有吸附除臭、降低有害气体浓度的作用，硫酸亚铁能抑制粪便的发酵分解，过磷酸钙可消除粪便中的氨气等。

项目七自测

一、单选题

1. 紫外线消毒不适宜用于_____。
   A. 猪场大门口　　B. 生产区门口　　C. 猪舍门口　　D. 猪舍内
2. 猪场大门口消毒池消毒通常采用浓度为_____的烧碱。
   A. 1%~2%　　B. 2%~3%　　C. 3%~4%　　D. 4%~5%
3. 微藻在完成猪场污水处理后不适合作_____。
   A. 燃料　　B. 动物饲料　　C. 肥料　　D. 食品
4. 用于紧急消毒的方法是_____。
   A. 淋浴消毒　　B. 紫外线消毒　　C. 日晒消毒　　D. 火焰消毒
5. 猪场大门口最普遍的消毒方法是_____。
   A. 消毒池　　B. 淋浴　　C. 石灰乳消毒　　D. 熏蒸
6. 目前认为不会传播非洲猪瘟的媒介是_____。
   A. 软蜱　　B. 空气　　C. 老鼠　　D. 饲料
7. 不适合用作猪场处理废水的微藻是_____。
   A. 含油量高的　　　　　　　B. 耐高强度光照的
   C. 耐高浓度CO_2的　　　　D. 不耐高温的
8. 利于生物安全的措施是_____。
   A. 猪场灭四害　　　　　　　B. 饲养优良品种猪
   C. 猪场养狗　　　　　　　　D. 参观人员直接进猪舍
9. 目前最经济有效的传染病控制方法之一是_____。
   A. 生物安全体系　　　　　　B. 国外引进优品种
   C. 接种各种疫苗　　　　　　D. 使用高效的管理软件

二、判断题

1. 病死猪处理不善会散发恶臭，但不会污染水源和土壤。
   A. 正确　　B. 错误
2. 猪场有一种消毒措施足够，不必同时采用两种或两种以上的消毒措施。
   A. 正确　　B. 错误
3. 猪场消毒只是针对外来人员，猪场内部人员出入没必要每天消毒。
   A. 正确　　B. 错误
4. 日光照射猪围栏、运动场、饲料槽、猪体都能起到消毒作用。
   A. 正确　　B. 错误
5. 火焰法消毒耐高温墙体时应用火焰的外焰接触墙壁。
   A. 正确　　B. 错误
6. 给猪提供充足全面的营养有利于预防应激的发生。

A. 正确　　　　　　　B. 错误
7. 猪饥饿或过饱、饮水不足等都属于应激原。
A. 正确　　　　　　　B. 错误

三、简答题

1. 什么是猪的应激？
2. 预防猪应激的措施主要有哪些？
3. 化学消毒法有哪些？
4. 影响化学消毒效果的因素有哪些？
5. 简述猪场消毒技术要点。
6. 什么是免疫接种？具体的免疫程序有哪些？什么情况可视为免疫失败？
7. 疫苗在使用时应注意哪些问题？
8. 分析猪群免疫失败的原因及应对措施。
9. 猪场常见的寄生虫病及常用驱虫药物有哪些？
10. 猪场几种最常见寄生虫病的净化模式是什么？

实践活动

一、猪场环境消毒

【活动目标】　进行环境消毒是猪场卫生防疫工作的重要部分，对预防疾病的发生和蔓延具有重要意义。本次实训的目的是学会正确、彻底地对猪场环境进行消毒。

【材料、仪器、设备】　消毒剂，如3%～5%煤酚皂（2%～5%烧碱、0.5%过氧乙酸、10%～20%漂白粉或10%～20%生石灰）、新洁尔灭（或百毒杀）、甲醛、高锰酸钾等。火焰喷灯、瓷盆、喷雾器（小型）等。

【活动场所】　各大中型猪场。

【方法步骤】

1. 人员消毒

进入场所的所有人员，经门口紫外线消毒，换上工作服和工作鞋、经消毒池消毒后方可进入畜舍。

2. 猪舍消毒

先打扫、清洗干净地面和墙壁后，用10%～20%生石灰或3%～5%烧碱喷雾或冲洗消毒后，再熏蒸消毒24h以上。熏蒸消毒畜舍用甲醛42mL/m^{3}和高锰酸钾21g/m^3，按畜舍容积称好消毒剂后，先将高锰酸钾置于瓷盆内（加适量水，以延缓反应速度，以便消毒人员安全撤出），再加入甲醛，人员尽快撤离，关闭门窗消毒最少24h后，打开门窗，让空气充分对流，待无刺激气味后方可进入。

3. 设备用具的消毒

对畜牧场使用的所有设备与用具，如饲槽、水槽（饮水机）等用具，清洗干净后用0.1%新洁尔灭或0.5%过氧乙酸溶液喷洒或浸泡消毒。

4. 环境消毒

畜牧场大门及畜舍人员处的消毒池，放2%烧碱，消毒池液每天换一次（放0.2%新洁尔灭,每3天换一次);生产区的道路每周用3%烧碱喷洒消毒一次,在有疫情发生时,每天消毒一次。

5. 猪体消毒

猪体常携带病原菌,也是污染源,会污染环境,必须经常对其进行消毒处理,可选用百毒杀(碘伏、次氯酸钠)喷雾消毒。

【作业】 要求按照实际操作写出实训步骤。

二、猪场免疫接种、驱虫操作

【活动目标】 通过该项实训,学会对养殖场的疫病进行调查了解,并能根据疫病发生情况制定合理的免疫程序及驱虫程序并能现场操作。

【材料、仪器、设备】 疫苗、稀释液、驱虫药、地塞米松或盐酸肾上腺素、酒精、碘酒、来苏尔、新洁尔灭等;脱脂棉、纱布、消毒锅、镊子、剪刀、毛剪、注射器、注射针头、带盖搪瓷盘、脸盆、肥皂、毛巾、工作服、帽、胶靴、登记册或卡等。

【活动场所】 某养猪场或学校实习牧场。

【方法步骤】

① 按照要求做好养猪场疫病调查。
② 根据疫病调查及原免疫状况结合现场实际制定合理的免疫程序及驱虫程序。
③ 根据免疫程序或驱虫程序选择一种或几种疫苗或驱虫药。
④ 根据选择的疫苗或驱虫药的要求确定相应的操作方法。
⑤ 器械消毒:放在消毒锅内煮沸30min,然后用无菌纱布包裹在煮锅内。
⑥ 疫苗的稀释:严格按生产厂家要求选择稀释液,掌握好稀释倍数和稀释方法。
⑦ 对猪只将要接种的部位进行剪毛、消毒等处理。
⑧ 正确进行接种操作并做好登记。
⑨ 认真观察接种后的猪群,发现过敏个体及时用地塞米松或盐酸肾上腺素进行解救。

【作业】

① 现场疫病调查的方法和内容有哪些?
② 免疫接种前要做好哪些准备?
③ 免疫接种时注意哪些事项?

项目八　猪场经营管理

 知识目标

1. 认识猪场数据管理的重要性。
2. 认识猪场数字化管理的概念和意义。
3. 了解猪场各管理岗位的职责。
4. 了解猪场成本项目和费用种类。

 技能目标

1. 能设计并填写各类生产记录表格。
2. 能操作某种猪场生产管理软件对猪场数据进行有效管理。
3. 学会通过各类报表与技术指标的对比发现问题,从而有效进行饲料成本的管理与控制。

 预备知识

一、猪场的数字化管理

数字化管理就是指利用计算机、通信、网络等技术,将管理对象和行为量化,实现研发、计划、组织、生产、销售等职能的管理活动和方法。随着养猪业的不断发展,养猪企业传统的质量管理方法存在的质量信息采集和管理不规范、质量问题追溯困难、生产效率低下、信息不全面等问题,制约了企业的发展,现代的养猪企业更需要精确的数据,经验是一方面,数据才是真正能说明事实的。随着研发、生产、采购和销售过程中信息化程度的逐渐提高,企业内部门之间需要更多的信息来辅助沟通,而实现优质沟通和优质生产的基础之一便是有效地利用数字化管理系统。

数字化管理能使复杂的工作简单化,数字是人类最容易学习、接受和掌握的知识之一,而且数字非常直观。另外,数字的客观性是经验难以代替的,数字能客观、公正地反映事实的本质和规律。数字化管理能通过计算机技术,加快数据的计算、统计、分析和处理问题的速度。数字化管理还能使企业与国际接轨。

在过去的几十年中,我国的养猪业得到了长足发展,良种培育、配合饲料技术、机械化设备都促进了我国养猪业的发展和提升。但是,我国养猪业还是与养猪发达国家存在一些差距,同样是良种、好药和优质饲料,为什么依旧达不到发达国家的水平呢?根本原因还是我们中的很多企业还是靠人的直觉和经验来养猪的,这在很大程度上制约了企业的发展和进步。因此,发达国家的数字化养猪技术是我们应该学习的一种管理方法。通过数字化技术对猪群实施 24h 不间断的监控,做到准确测定和精细化管理。

目前，数字化养猪的系统有很多，数字化养猪一般需要系统管理软件、精确饲喂系统、发情鉴定系统、智能化分离系统等，几个系统相互配合形成主场的生产系统。应用这些系统能降低猪场生产成本，不浪费饲料，避免人工饲喂造成过肥或过瘦；能鉴别母猪发情，避免人工查情的漏判或失误；及时鉴别并分离病猪；降低母猪返情率、死淘率；减少人工，减轻劳动强度。

目前我国的养猪业要全面进行数字化管理还存在一定的困难，但是要认识到数字化养猪的优势，并努力去实现。

二、常用猪场管理软件

随着社会的不断进步、科学技术的飞速发展以及中国养猪业规模化、集约化的不断推进，原来数据的纯手工记录和人工统计已显得落后和低效，不能满足猪场的日常管理需要，许多猪场为了更好地提高现有的管理水平和工作效率，创造更好的经济效益和社会效益，都通过计算机应用专门软件对猪场进行全方位管理。使用者通过在专用软件上准确录入生产、销售发生的数据，然后对录入数据进行自动统计分析，帮助用户及时发现问题、分析问题、解决问题，也便于管理者对猪场进行宏观控制，从而提高生产效率、管理水平和经营业绩，并可获取对今后生产、销售工作的指导。下面介绍的是目前中国各地猪场使用的管理软件。

1. PigCHN

PigCHN 软件是在吸收国际流行软件 PigWIN、PigCHAMP 的先进设计思路，紧密结合国内猪场实际情况的基础上研制出来的。该软件主要功能有种猪档案管理、商品猪群管理、性能分析与成本核算、问题诊断与工作安排、配种计划、生产预算和强大的统计报表功能，具有思路清晰、功能强大、操作简便等特点。

2. PigMAP

PigMAP 猪场管理软件适用于规模化、集约化的种猪场或商品猪场。该软件提供了丰富的猪场常用工具软件，它包括生产管理系统、育种管理系统、财务管理系统、仓库管理系统、疾病诊断辅助系统和饲料配方系统六个子系统。生产管理系统提供了灵活的、多样的数据统计功能，用户可按日、周、月、年或任意时间段统计出猪场的分娩率、返情率、窝产活仔数、胎龄结构、死亡率、每天每头耗料量、料肉比、上市日龄等生产关键数据，能准确预计下周应配、应产、应断奶母猪和低效率母猪，并能随时统计出各栏舍的猪只存栏数及猪群转栏情况。育种管理系统能帮助用户选出亲缘系数最低的公猪或母猪进行配对，防止纯种品系间近亲繁殖。另外系统也可以通过选择指数综合加权值进行计算，选出最优秀的后备种猪进行配种。财务管理系统能提供应收款、应付款、现金收支情况、银行往来账记录等。仓库管理系统能为用户提供物品进仓、出仓及存货记录。疾病诊断辅助系统根据用户选出病猪的生长环境和患病表现症状，如天气、病猪五官的变化、粪便和尿液的特征、皮肤的变化、呼吸、神经症状等，计算出各种疾病在该头猪身上的发病概率（分值越高，表示猪只患上该病的可能性越高），然后从大到小一一列出，用户就能容易地判断猪患的是何种疾病，并根据系统所列出的处理方法作出处理。饲料配方系统能根据不同阶段的猪只营养需要和饲料的价格配制出性价比较高的饲料，使猪场在保证猪只生长良好的同时降低饲料成本。各个子系统风格简洁易用、功能丰富，通过互联网传递可为用户方便快捷地提供维护和升级服务。

3. 猪场超级管家

该软件基于规模化、规范化的现代化养殖模式，通过详细的种猪档案、生产记录、发病记录、免疫记录等信息的录入，可有效管理种猪档案，可自动生成生产提示、生产分析、销售分析、疾病分析等，也可自动生成各类生产、销售、分析报表，并具有兽医管理、总经理（场长）查询、仓库管理等功能。该软件的普及版适用于存栏 300 头母猪以下、管理要求不太高的猪场；标准版适用于存栏 500 头母猪左右、管理要求比较规范的猪场；豪华版适用于有多个养猪分场或多个生产线、需要联网工作的大型养猪企业。

4. 农博士猪场管理系统

该软件采用先进的软件编程技术实现，系统贴近养猪生产实际，设计人性化，具有运行稳定、功能强大，可提供灵活的打印输出等功能（系统内挂接 Excel 表格）。该系统的主要模块有生产管理、销售管理、种猪管理、饲料管理、药品管理、系统管理、基础数据、期初数据等，能同时满足猪场"全进全出"管理模式与粗放饲养的业务需要。系统实行猪群饲料、兽药、存栏、调动、变动、分群一体化统一管理，利于猪场更好地控制库存、降低成本。该软件还有功能强大的种猪管理模块，可以对种猪实行全程跟踪，系统可根据种猪配种情况自动生成种猪系谱。系统还可以自动生成各种报表。

5. GPS 猪场生产管理信息系统

该系统通过采集生产过程中种猪配种、配种受胎情况检查、种猪分娩、断奶数据；生长猪转群、销售、购买、死淘和生产饲料使用数据；种猪、肉猪的免疫情况；种猪育种测定数据等实际猪场在生产和育种过程中发生的数据信息，进行各种分析。如生产统计分析，根据生产数据统计并分析猪场生产情况，提供任意时间段统计分析和生产指导信息；生产成本分析，按实际生产的消耗、销售、存栏、产出情况，系统提供猪只分群核算的基本成本分析数据，并帮助用户实施如何降低成本获得最大效益；育种数据的分析，根据实际育种测定数据和生产数据，系统提供了方差组分剖分（计算测定性状的遗传力、重复力、遗传相关等）、多性状 BLUP 育种值的计算和复合育种值（选择指数）等经典的和现代的育种数据分析方法。该系统提供了 30 余种统计分析模型和从种猪性能排队到选留种猪近交情况分析等多达 24 种育种数据分析表，用户可直接使用于具体的育种工作中，此外，系统还提供了数据与 Excel 和 HTML 文件格式的接口功能，方便用户公布自己的数据。

6. PigWIN(c)

PigWIN(c) 是养猪生产者、畜牧兽医、猪群健康和管理专家顾问的一个新颖的、用户界面友好和功能强大的管理工具，主要有以下特点。

① 被设计成模块形式，允许用户根据自己的需要把各模块组成一个体系；操作简单，整个程序具有数据输入、报表等操作的综合菜单系统。其报表菜单有诊断手段的功能。

② 数据输入更加简单化，并且能够自动把数据转化为图形形式表示，此功能使数据的转化非常容易，同时也有助于确定问题在哪里。

③ 可以进行问题诊断，提供参考建议，比如如何提高养猪生产效率和养猪生产水平，从而通过更好的管理来提高经济效益。

PigWIN(c) 中文版的主要功能有：种猪管理（包括生产性能分析、母猪淘汰管理、猪群评价、掌上助理等）、生长猪管理（包括生产管理、生产性能分析、猪群评价、掌上助理等）、猪群报告（包括全群性能评价模块、母猪淘汰管理、母猪淘汰策略模块）、遗传分析

（基因评估模块）、猪群比较、质量控制、呼吸道疾病监控和屠宰监测。农业部饲料工业中心作为中国区域总代理，开发推广 PigWIN（c）猪场管理软件。

7. PigCHAMP

该软件是北美著名的猪场管理软件。PigCHAMP 最初于 20 世纪 80 年代早期由明尼苏达州立大学兽医学院开发，早在 20 世纪 90 年代中期中国浙江金华种猪场（浙江加华种猪有限公司）、河北玉田种猪场和四川内江种猪场等猪场曾使用过该软件。

8. Herdsman

该软件是一个用于猪场数据收集、报表制作及数据管理的软件。其主要功能有：报表、工作列表及图表制作、导入 PigCHAMP™ 及 PigWIN™ 数据、BLUP 场内育种值计算、场间生产数据对比（数据不进行共享）、猪只所处位置查询、动物系谱管理、多代内的血统及近交计算、4 个繁殖性状（产活仔数、出生窝重、断奶活仔数和 21 日龄窝重）及 4 个生长性状（达到 105kg 的日龄、背膘厚度、眼肌面积、日增重）的 EBV（育种值指数）计算及分析，并将 EBV 整合成 4 个指数（母猪繁殖指数、母系指数、轮回指数、终端指数）等。

工作目标

1. 通过猪场专用管理软件的运用，积累猪场原始、有效的生产数据，并进行精细化计算，根据计算结果的差异或者数据的变化趋势发现问题，度量问题的严重程度，并挖掘问题的根源，从而寻找解决问题的具体措施。

2. 通过确定并落实规模猪场各类员工的岗位职责和各岗位的技术操作规程，提高工作效率和猪场各部门、各员工间的协同作用。

3. 通过定期成本核算，及时发现成本漏洞所在，降低生产成本，从而实现更高的效益。

工作内容

工作内容一　管理猪场数据

一、确定数据种类

养猪生产的技术数据是猪场管理的基石，记录并保存下来的数据能提示人们猪场发生了什么，为什么发生，并且能告诉人们在发生疫情、生长迟缓、母猪繁殖力低下、猪群种质下降、生产成本增加等问题的情况下，做什么能阻止其发生。记录还能从过去的实施中提示人们将来要发生什么，如母猪的繁殖能力（产仔数、育成数、年产窝数、年育成仔猪数等）、公猪的繁殖力、肉猪的肥育能力（生长速度、耗料增重比）等数据能告诉人们养猪的经济效益是从哪里得来的，还有哪些不足需要改进，从而总结经验，通过取长补短，使养猪的技术和经济效益不断向更高的目标迈进。

猪场的数据一般通过盘存、登记的方法获得，其所用表格如下所述。一般猪场要保存以下三种不同的记录数据。

(1) 生产记录　提供生产参数的信息，如场内个体的出生、死亡、配种、饲料和水的利用及猪的活动情况。这些记录数据形成猪场内部管理的基础，在猪场管理职能中是最重要的元素。

(2) 经济记录 为场内现金的收支提供账目，形成了管理的商业功能。

(3) 各种日志 对猪场内部发生的所有事情的记录。它最终形成一种历史，让大家知道已经发生了什么，已经作出了怎样的决定。必须保证每天填写日志并确认它是完整的、及时的。

二、设计猪场使用的各类记录报表

报表分生产报表和统计报表。生产报表为猪场提供生产数量的数据，而统计报表则提供生产性能数据。目前猪场的报表没有统一的形式，通常猪场会根据自身的实际情况设计报表。猪场设计、制订报表一定要做到简洁、有效，既方便记录又利于统计。

1. 记录母猪繁殖性能的卡

(1) 母猪-仔猪摘要卡（表 8-1-1） 主要反映母猪配种、分娩时间和产仔性能。

表 8-1-1 母猪-仔猪摘要卡

母猪耳号_____ 父亲耳号_____ 母亲耳号_____

胎次	配种日期	预产期	分娩日期	产活仔数	死胎仔数	活产窝重	3天活仔数	28天活仔数	28天仔猪窝重	断奶日期

(2) 母猪-仔猪卡 1（表 8-1-2） 主要反映仔猪数量及成活情况。

表 8-1-2 母猪-仔猪卡 1

母猪耳号_____
父亲耳号_____ 父亲品种_____
母亲耳号_____ 母亲品种_____
分娩日期_____ 产活/死仔数_____/_____ 产活窝重_____
3 天活仔数_____ 寄入仔猪数_____ 寄入日期_____
寄出仔猪数_____ 寄出日期_____
28 天仔猪个体重_____ 28 天仔猪窝重_____ 断奶日期_____
断奶后第一次配种日期_____ 断奶后第二次配种日期_____

仔猪耳号	性别	仔猪乳头数	健康记录

注：仔猪断奶前必须编号。

(3) 母猪-仔猪卡 2（表 8-1-3） 主要反映母猪带仔情况。

2. 生产记录卡

(1) 月份生产记录卡（表 8-1-4） 主要反映猪场每月配种、分娩、断奶和出售的情况。

表 8-1-3　母猪-仔猪卡 2

母猪耳号_____　　　预产期_____
父亲耳号_____　　　父亲品种_____
母亲耳号_____　　　母亲品种_____
分娩日期_____　　　产活仔数_____　　　死胎数_____　　　木乃伊数_____
窝产活重_____　　　寄入仔猪数_____　　　寄出仔猪数_____
断奶日期_____　　　断奶仔猪数_____

仔猪耳号	性别	乳头数	出生重	寄入日期	寄出日期

表 8-1-4　月份生产记录卡

月份	平均母猪数	配种母猪数	返情母猪数	分娩母猪数	断奶母猪数	总产活仔数	总死胎数	总断奶仔猪数	平均窝产仔猪数	窝均断奶仔猪数	出售或转群头数
1月											
2月											
3月											
4月											
5月											
6月											
7月											
8月											
9月											
10月											
11月											
12月											
年度累计											

(2) 年度生产记录卡（表 8-1-5）　主要反映年内母猪存栏数以及母猪配种、怀孕、生产情况。

表 8-1-5　年度生产记录卡

年份	2015 年	2016 年	2017 年	2018 年	2019 年	2020 年
平均母猪数						
总配种母猪头数						
返情母猪总数						
总分娩胎数						
总断奶母猪数						
总产活仔猪数						
总死胎数						

续表

年份	2015 年	2016 年	2017 年	2018 年	2019 年	2020 年
总断奶仔猪数						
平均窝产仔猪数						
平均窝断奶仔猪数						
出售或转群总数						

(3) 猪舍周记录卡（表 8-1-6） 主要反映每周猪场母猪分娩以及仔猪生长、死亡及转群和出售等情况。

表 8-1-6 猪舍周记录卡

周次_____

时间	母猪				仔猪			死亡情况		出售或转群数
	第一次配种	第二次配种	分娩	断奶	产活	死产	断奶	出生/哺乳	公/母	
上周转群总数										
周一										
周二										
周三										
周四										
周五										
周六										
周日										
总计										

3. 繁殖记录卡

(1) 配种记录卡（表 8-1-7） 主要反映每只母猪配种及与配公猪的情况。

表 8-1-7 猪舍配种记录卡

母猪耳号	与配公猪耳号			断奶日期	第一次配种日期	第二次配种日期	第三次配种日期	预产期	配种后30天妊娠检查	备注
	1	2	3							

(2) 后备母猪记录卡（表 8-1-8） 主要反映后备母猪发情、配种及淘汰情况。

表 8-1-8 后备母猪记录卡

日期	转入后备母猪头数	首次与公猪接触日期	第一次发情日期	第二次发情日期	配种日期	与配公猪		后备母猪淘汰		备注
						1	2	淘汰日期	淘汰原因	

4. 生长育成猪舍记录卡（表 8-1-9）

表 8-1-9　生长育成猪舍记录卡

年份_____　　月份_____

日期	盘存日期	买入头数	平均体重	死亡头数	转出头数	转出总重	出售价格/(元/100kg)	净收入	备注

主要反映生长育成阶段猪的生长、转群及出售情况。

5. 种猪管理卡

(1) 母猪管理卡（表 8-1-10）　主要反映母猪每胎的配种、分娩情况以及母猪的疾病情况。

表 8-1-10　母猪管理卡

母猪耳号_____　品种_____　父亲耳号_____　母亲耳号_____
出生日期_____　首次发情日期_____　首次配种日期_____

母猪生产记录

断奶日期	第一次配种		第二次配种		分娩情况		
	日期	公猪	日期	公猪	母猪体况	日期	与上次分娩间隔时间

母猪生产记录

胎次	仔猪出生情况			仔猪出生重		断奶日龄	断奶头数	仔猪断奶窝重
	活仔	死胎	木乃伊胎	窝重	活仔重			

母猪健康记录

日期	诊断	治疗

淘汰日期：_____　　淘汰原因：_____

(2) 公猪配种记录卡（表 8-1-11） 主要反映与配母猪的产仔情况。

表 8-1-11 公猪配种记录卡

公猪品种_____ 购买猪场_____ 购买日期_____ 父亲耳号_____
母亲耳号_____ 出生日期_____ 购买时体重_____ 首次配种日期_____

日期	与配母猪	分娩情况		日期	与配母猪	分娩情况	
		产活数	死产			产活数	死产
配种总数：		分娩总数：				受孕率：	
总产活仔数：		死胎总数：				平均窝产活仔数：	

统计日期_____

6. 猪场盘存卡

(1) 日盘存卡（表 8-1-12） 主要反映猪场每日生产公、母猪头数以及母猪分娩、断奶的情况。

表 8-1-12 日盘存卡

日期_____

公猪头数	母猪头数	分娩哺乳情况		断奶情况		评价
		哺乳窝数	哺乳仔猪数	断奶窝数	保育仔猪数	

(2) 猪舍周记录卡（表 8-1-13） 主要反映每周母猪生产情况、仔猪生长情况以及猪只死亡情况。

表 8-1-13 猪舍周记录卡

日期_____ 周别_____

日期	母猪情况				仔猪情况			死亡情况		出售头数/转出头数
	第一次配种头数	重复配种头数	分娩窝数	断奶窝数	产活仔数	死胎数	断奶数	哺乳仔猪/断奶仔猪	母猪/公猪	
上周转入头数										
周一										
周二										
周三										
周四										
周五										
周六										
周日										
一周总计										
目标设计										

(3) 月度生产统计卡（表 8-1-14） 主要反映每月猪场存栏母猪数，母猪配种、怀孕、分娩、断奶情况，产仔情况、仔猪死亡情况以及转群、出售情况。

表 8-1-14　月度生产统计卡　　　　　　　　　　年度_____

月份	平均存栏母猪数	母猪配种头数	母猪返情头数	母猪分娩头数	母猪断奶头数	总产活仔猪数	总死产仔猪数	总断奶仔猪数	平均窝产仔猪数	平均窝断奶仔猪数	出售/转出头数
1月											
2月											
3月											
4月											
5月											
6月											
7月											
8月											
9月											
10月											
11月											
12月											
年度总计											

(4) 年度盘存卡（表 8-1-15） 主要反映每年存栏母猪、配种母猪、返情母猪、分娩母猪、断奶母猪、产活仔猪、死产仔猪、断奶仔猪、出售/转出等的头数。

表 8-1-15　年度盘存卡

年份	2009 年	2010 年	2011 年	2012 年	2013 年	2014 年
平均存栏母猪数						
母猪配种头数						
母猪返情头数						
母猪分娩头数						
母猪断奶头数						
总产活仔猪数						
总死产仔猪数						
总断奶仔猪数						
平均窝产仔猪数						
平均窝断奶仔猪数						
出售/转出头数						

三、使用专用软件统计数据

以 GPS 猪场生产管理信息系统的应用为例。

GPS 系统的启动与其他 WINDOWS 系统的软件一样，可在【开始】→【程序】→【猪场管理】中双击【GPS 猪场管理系统】图标，系统即可启动。首次启动的系统将显示【GPS 介绍】表单（图 8-1-1），可以点击继续按钮继续执行程序。这时系统给出【登录】表单，要进入系统必须录入你的登录名和登录口令（图 8-1-2），再点击确定按钮，系统将进入 GPS 系统主控屏幕，系统提供"数据登记""生产统计""育种分析""系统管理"等主要功能，可以通过点击相应的项目进行所需要完成的工作。

图 8-1-1　GPS 猪场管理系统表单

图 8-1-2　系统登录表单

1. 数据的登记方法

点击数据登记按钮，可以看到数据登记按钮的手指指向右侧，同时出现猪场生产流程图（图 8-1-3），点击相应的项目可以进入数据录入表单。这些数据可分为两类，个体逐一登记：用于有个体号猪的数据；群体按头数登记：没有个体号的猪或有个体号但不希望按个体逐一登记的生长发育期数据，也可以进行猪只档案修改。

进入数据录入表单后，每个对话框界面的右上角显示如图 8-1-4 的标记，这些标记从左

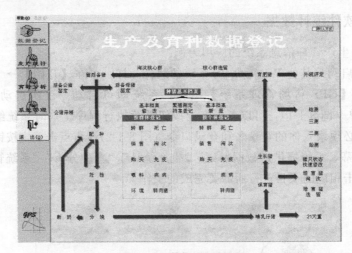

图 8-1-3 数据登记界面

图 8-1-4 数据处理功能按钮图

到右分别表示"添加新数据""删除数据""返回"和"选择数据范围"等功能。

(1) 群体头数登记 以猪只死亡数量登记为例（图 8-1-3），它分为四个区域：选择时间和场提示区、数据查询区、选定记录录入与修改区、数据列表区。

① 选择时间和场提示区（图 8-1-5） 图中显示的含义是中华种猪一分场在 1999 年第 42 生产周至 1999 年 43 生产周（或 1998 年 10 月 15 日至 1999 年 10 月 20 日）发生的数据（后备猪及种用期的种猪死亡可按个体号登记）。

图 8-1-5 猪只死亡群体登记界面

② 数据查询区 负责完成要登记个体号的查询，已经登记数据的删除，错误检查和登记数据的提取。

③ 选定记录录入与修改区 在这里用户可以对当前记录进行新增、修改、删除、添加

等操作。

加新记录按钮——点此按钮可向当前表增加一条新记录。

删除选定记录按钮——点此按钮可删除在"选定记录修改和录入区"的记录。

记录数显示——统计当前数据表中含有多少头猪。

数据登记/查询范围设置按钮，点此处可选择要查询或输入数据的范围，它弹出一个选择表单，在此可以选择数据发生地点和发生时间范围，时间范围可以是生产周或日期。

保存数据并退出表单按钮，点击此按钮系统将首先检查登记的数据是否有错误，如果没有就向系统数据库登记变更的数据，否则系统将提示修改错误或不进行数据登记。

④ 数据列表区　这里用于显示当前选择和时间范围的所有记录，可以用鼠标点任何一条记录系统就会在"选定记录录入与修改区"显示相应的数据供用户修改、删除。

经过上述录入操作，如新登记的12头杜长大哺乳公仔猪的死亡情况结果如表8-1-16所示。

表 8-1-16　猪只死亡登记式样表

地点：种猪线

测定日期	品种品系	猪只类型	头数	死亡原因
1999年10月18日	杜长大肉猪	哺乳公仔猪	12	母猪压死

a. 猪只转群登记　主要用于登记从哺乳仔猪到肥育猪只的猪只改变猪舍和猪只类型。界面显示可输入发生时间、品种、品系、发生地点（转栏前地点）、猪只类别（转栏前猪类别）、头数、转群体重、转群后猪只类别、去向猪舍以及执行人。

b. 猪只销售登记　主要用于从哺乳仔猪到育肥猪的猪只销售，界面显示可输入发生时间、品种、品系、发生地点、猪只类别、头数（可分公、母）、销售体重、价格、销售类型、淘汰销售的原因、客户名称、执行人（后备猪及种用期的种猪销售可按个体号登记）。

c. 猪只购买登记　主要用于从哺乳仔猪到育肥猪的购买。界面显示可输入发生时间、品种、品系、发生地点、猪只类别、头数（可分公、母）、购买体重、价格、购买类型、客户名称、执行人（后备猪及种用期的种猪购买可按个体号登记）。

d. 猪只淘汰登记　主要用于哺乳仔猪到育肥猪的猪只淘汰。界面显示可输入发生时间、品种、品系、发生地点、猪只类别、头数（可分公、母）、淘汰类型、执行人（后备猪及种用期的种猪淘汰可按个体号登记）。

e. 猪只免疫登记　主要用于从哺乳仔猪到育肥猪的免疫。界面显示可输入发生时间、品种、品系、发生地点、猪只类别、头数（可分公、母）、疫苗名称、疫苗批号、每头计量（头份）、执行人（后备猪及种用期的种猪免疫可按个体号登记）。

f. 猪只疾病登记　主要用于从哺乳仔猪到育肥猪的免疫。界面显示可输入发生时间、品种、品系、发生地点、猪只类别、头数（可分公、母）、疾病名称、执行人（后备猪及种用期的种猪疾病可按个体号登记）。

g. 饲料消耗登记　界面显示可输入发生时间、发生地点、品种、品系、猪只类别、饲料类别、饲料用量（kg）、执行人。

(2) 个体逐一登记　以生长测定数据登记为例（图8-1-6），它分为五个区域：选定时间和场提示区、数据查询区、选定个体录入与修改、数据列表区和个体基本信息区。

a. 外貌评定数据登记：测定数据为测定日期、体重（kg）、体长或斜长（cm）、胸围

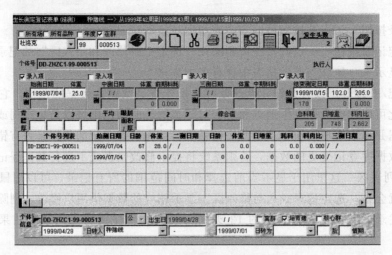

图 8-1-6 猪只测定个体登记界面

(cm)、管围（cm）、体高（cm）、胸深（cm）、胸宽（cm）、臀宽（cm）；评定数据为品质评定（耳朵、皮肤、毛色）、乳头（左右乳头数、形状、排列）；生殖器（形状、大小）、肢蹄（形状、强度、蹄形）、外貌（体形、健康）；外貌评定中自动计算的项目为测定日龄和外貌指数。

b. 后备猪选留登记：选留后备猪是猪只由肥猪经过选留进入种猪生产群的必经过程，一旦选留该猪，当前状态就自动转为后备种猪，必须逐头登记。它分后备猪放置的场、舍、栏，选留时的体重或估测重，选留时间，选留后备猪的人等四个区域。

c. 后备种猪鉴定登记：后备种猪在使用前最好先鉴定再进行使用，原则上只有鉴定合格的后备猪才能进入种用期进行配种，鉴定不合格的种猪作为商品猪淘汰销售。以后备公猪为例，界面中可显示鉴定时间、地点、体况、肢蹄、生殖器官、性欲、精液品质（体积、颜色、气味、密度、活力、畸形率）、鉴定结果和鉴定员。

d. 母猪配种登记：界面显示可输入配种地点、配种时间（一般一头母猪每次发情需配种两次以上，间隔一天，在登记过程中，系统自动以一天间隔添加该次配种的二配和三配日期）、与配公猪、配种方式、后裔品种、后裔品系、配种胎次、配种情况、发情情况、配种员。

e. 妊娠检查登记：界面显示可输入检查地点、检查时间、检查结果和妊娠检查员，并自动显示配种胎次、配种时间、与配公猪等信息。

f. 母猪分娩登记：界面显示可输入分娩时间、分娩地点、分娩状况（顺产、人工辅助、难产）、仔猪情况（活公、活母、畸形、死胎、木乃伊、出生窝重），并自动显示与配公猪、配种时间、预产期、分娩的胎次、情期等信息。

g. 母猪断奶登记：界面显示可输入断奶地点、断奶日期、寄入、寄出、断奶母仔（公仔）、断奶窝重，并自动显示分娩时间、与配公猪、分娩的胎次、情期、分娩活仔等信息。

h. 个体基本档案新登（图 8-1-7）：用鼠标点击基本档案新登，即进入【种猪历史档案登记】表单，利用此表单可以进行种猪历史档案登录、购买的种猪档案登录和新出生个体基本信息登录（耳号、性别、出生日期、出生重、左右乳头数、出生场、父亲个体号、母亲个体号）。

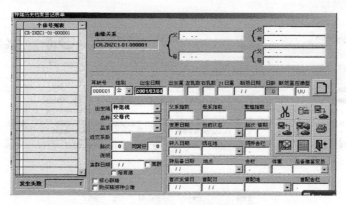

图 8-1-7 个体基本档案登记界面

(3) 猪只档案修改

① 猪只状态快速修改（图 8-1-8） 有时，种猪虽然在出生后登记了个体号，但在随后的生长发育阶段，为了减少采集和录入数据工作量，仅按头数登记了仔猪断奶、转群、死亡、淘汰、销售等，而每个个体的当前状态（保育猪、生长猪或育肥猪，离群与否）没有逐头登记，因此，需要使系统中的猪只状态与实际日龄相符，此功能即是针对这一情况而设的。

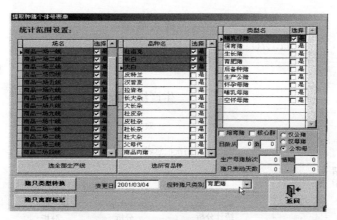

图 8-1-8 猪只状态快速修改界面

② 基本档案修改 单击基本档案修改，系统显示修改页面（图 8-1-9），在此窗口可进行个体号登记猪只的各种生产数据的查询、修改（或增添）。

2. 生产统计方法

点击统计分析按钮，可以看到统计分析按钮的手指指向右侧，同时出现生产统计分析思维方式图（图 8-1-10）。

(1) 综合统计分析 综合统计分析是对猪场生产、销售总体成绩进行分析、比较，需要每月计算过猪只盘点情况，然后才能进行综合统计分析。首先点击月末存栏计算系统，显示如图 8-1-11 所示的对话框。设置要计算存栏数的财务年度、月份，然后点击 进行统计计算。

综合统计分析界面如图 8-1-12 所示。

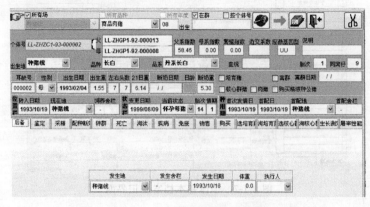

图 8-1-9 基本档案修改界面

图 8-1-10 生产统计分析思维方式图

图 8-1-11 月末存栏计算对话框

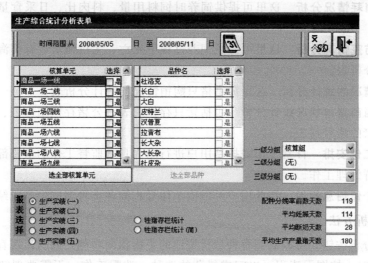

图 8-1-12 综合统计分析界面

生产实绩（一）：这张表（表 8-1-17）主要反映生产中种猪繁殖和成活率方面的成绩，统计项目有配种母猪头数、复情母猪头数、流产母猪头数、母猪分娩胎数、配种分娩率、产活仔数、胎产活仔数、断奶母猪头数、仔猪断奶转栏数、胎断奶头数、断奶转栏头数、保育猪转栏头数、保育猪转栏率、生长猪转栏头数、生长猪转栏率等。

表 8-1-17　生产实绩（一）

统计分析组	配种母猪头数/头	复情母猪头数/头	流产空胎/头	分娩胎数/头	配种分娩率/%	产活仔数/头	胎产活仔数/头	断奶母猪头数/头	断奶转栏数/头	胎断奶头数/头	断奶猪转栏率/%	保育猪转栏数/头	保育猪转栏率/%	生长猪转栏数/头	生长猪转栏率/%
商品一组	51	6	1	29	71.74	271	9.34	33	251	7.61	95.20	214	99.34	133	100
总计	51	6	1	29	71.74	271	9.34	33	251	7.61	95.20	214	99.34	133	100

生产实绩（二）：这张表主要反映的是猪只上市情况，统计项目有选留培育猪、选留后备公猪、选留后备母猪、场内转销数、种猪淘汰数、销售不合格肉猪、销售合格猪苗、上市合格中猪、上市合格大猪、上市种猪、育成合格率、综合成活率等。

生产实绩（三）：这张表主要反映的是各个年度的生产、销售情况，统计项目有期初种猪存栏数（种公猪＋种母猪）、新配种猪、种猪更新率、种猪死淘数、平均存栏种母猪数、分娩胎数、产活仔数、断奶仔猪数、猪只上市数、年产胎数、每头母猪产活仔/年、每年每头母猪断奶仔猪、每年每头母猪总产猪数。

生产实绩（四）：这张表主要反映的是生产中种猪繁殖和成活率方面的成绩，它包括本年的累计统计数据。

(2) 种猪生产成绩分析　这里可进行场间、品种间的横向对比分析；可以进行年度、季节、胎次等纵向对比；可以进行不同配种方式的比较分析；也可以检查配种员的配种情况。

(3) 生产转群情况分析　这里可提供猪只转出和转入、培育猪选留与淘汰、种猪转肉猪、核心群的选留与淘汰等统计分析表。

(4) 饲料消耗情况分析 这里可提供饲养时饲料用量、料肉比、日采食量情况的统计分析表。

(5) 兽医防疫情况分析 这里可提供饲养过程中死亡、无价淘汰、有价淘汰、疾病和免疫情况的统计分析表。

(6) 购销情况的统计分析 这里提供猪只购销情况的统计分析表。

(7) 场内当前猪群状况统计分析 包括猪只存栏总表、公猪存栏结构表、母猪存栏结构表以及各阶段猪的猪号列表。

(8) 日常工作安排 日常工作安排是用户进行场内日常监督工作的重要部分，在此可以安排所有的猪群管理工作。

(9) 种猪个体信息查询 在此用户可以依个体号查询各类种猪的生产成绩和育种成绩。

3. 育种分析方法

点击育种分析按钮，可以看到育种分析按钮的手指指向右侧，同时出现育种分析思维方式图（图8-1-13）。按图示流程可以完成复杂的选种、选配工作，不需要理解复杂的计算方法和选种原理，育种者可以将更多的精力放在准确的数据采集和现场选种选配上，多种报表输出满足种猪管理与销售的需要，育种检测可分析遗传进展和交配组合效果，充分体现种猪联合育种思想。

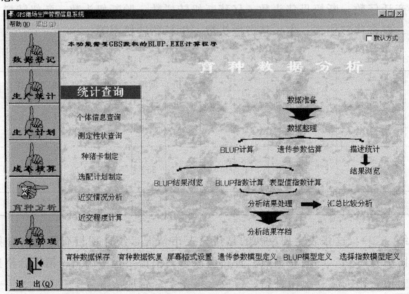

图 8-1-13 育种分析界面

特别要提出这里可以进行选配计划的制订。大家都知道，选出遗传上优秀的种猪只是完成了育种工作的一半，另一半就是选配。操作方法是在左侧公猪个体号中提取可以配种的公猪个体，在右侧母猪个体号中提取可以配种的母猪个体，在最大允许血缘相关系数框输入可以允许的最大与配公母猪间的亲缘相关系数，点击输出计算血缘关系按钮，计算选定个体间的亲缘相关，点击输出建议表一按钮，输出可以配种的公母猪号（见图8-1-14）。

4. 系统管理方法

系统管理（图8-1-15）主要是介绍GPS系统基本定义、系统安全维护、系统间通信和代码维护等。

图 8-1-14　选配咨询界面

图 8-1-15　系统管理界面

　　系统基本定义是用户在使用本系统进行数据登记前，必须根据各场情况首先定义好的一组代码参数。这些定义包括控制登录进入系统的用户定义、控制用户场舍安排情况的公司定义、控制用户饲养的猪只品种品系定义、控制用户在饲养过程中猪只变动情况的猪只类型定义和用户使用系统时的各种生产年度、生产周、财务月情况等的设置。

　　系统常用代码是用户在使用系统时可能需要修改、添加或删除系统使用的部分代码，必须根据各个场的情况定义好的一组代码参数。它们的设置方法基本与系统基本定义中的年度设置相同，可以参考使用。

　　数据安全包括系统数据备份保存、系统数据恢复、网络数据传出、网络数据读入、系统自检、数据删除、临时文件清理和系统初始化。

　　高级修改是系统提供给用户的用于特殊情况下的操作，如个体号更改、猪只盘存登记、猪只返盘存计算。

四、数据录入并统计分析

　　数据录入是指猪舍内采集的一线数据要准确无误地录入到计算机，录入时间因场而定，可以每天录入一次或每周录入一次，不管录入数据的间隔时间多长，但录入的数据必须完整、客观、正确。

数据分析是指用适当的统计方法对大量的一手或二手资料进行分析整理，以求最大化地开发数据资料的功能，发挥数据的作用。所以数据录入后应加以详细地统计、分析、研究和总结，以提取有用的信息并形成客观的结论。就猪场来说，目前较多的是用比较分析法或因素分析法对猪场报表中呈现的数据进行分析。

1. 指标对比分析法

指标对比分析法又称比较分析法，就是通过技术指标的对比，检查计划的完成情况，分析产生差异的原因，进而挖掘内部潜力。这种方法通俗易懂、简单易行、便于掌握，因而得到广泛的运用，但在应用时必须注意技术经济指标的可比性。

指标对比分析法有三种情况：一种是将实际指标与计划指标进行对比，以检查计划的完成情况，分析完成计划或没有完成计划的原因，以便采取措施加以改进。这种情况通常用百分数表示。如：分析母猪的配种分娩率，通常情况分娩率可达到80%以上，水平较好的能达到90%，低于75%就需要查找原因。又如分析哺乳母猪日均耗料量，用哺乳母猪当日耗料的数量比当日哺乳母猪的头数即可得出哺乳母猪日平均耗料量。将这个数据与标准数据进行比较，如果偏低，则说明喂料量不足，或者是哺乳母猪食欲不佳。此时应结合观察母猪的膘情、泌乳、食欲等情况判断喂料量的合理性，也可能是饲养员的不正确饲喂方式而致。第二种情况是将本期实际指标与上期实际指标对比，通过对比，可以看出指标的动态情况，反映管理水平。第三种情况是将本期数据与本行业平均水平、先进水平进行比较，通过比较，可以反映技术管理与同行的差距，进而采取措施赶超先进水平。

2. 因素分析法

因素分析法是利用分析现象总变动的各个因素影响的程度的一种统计分析方法。在养猪生产过程中，一个指标可能与几个主要因素相关，对相关系数大的集合因素进行逐个分析，查找主要问题，并重点解决。比如：与母猪年产仔数相关的主要因素包括母猪年产胎数、母猪每胎产仔数、仔猪育成率。而母猪年产胎数与母猪空怀期、哺乳期和后备母猪的投产率等几个主要因素相关，以此类推，就能找到导致问题的主要因素。又如：减少母猪非生产天数（NPD）是提高母猪繁殖效率的关键，它是存栏母猪群中母猪或后备母猪非生产天数的总和，传统上认为NPD是非妊娠和非泌乳时间之和。影响母猪非生产天数的因素包括断奶时间、发情间隔、配种率、分娩率、孕检和配种等。改变任何一项都会缩短或者延长母猪非生产天数，直接影响母猪的繁殖效率。有研究报道，最好的猪场母猪年非生产天数可以达到30~35天，较好的猪场可达到40~45天，平均水平接近70天，在实际生产中许多猪场甚至超过70天。如果按照怀孕期114天、哺乳期21天计算，非生产天数为30~35天的猪场，母猪平均年可产2.48~2.44窝；非生产天数为40~45天的猪场，母猪平均年产2.41~2.37窝；非生产天数为70天的猪场，母猪平均年产2.19窝。而上述6个因素中如果断奶时间没有问题，发情间隔也没有问题，排除了其他3项因素，只有配种率产生了偏差，那么基本可以从配种这个因素入手，深入调查分析，判断是技术原因还是操作人员的责任心问题。如果技术、设备等都没有发生问题，则有可能是由于操作人员没有掌握好技术。

工作内容二　制订猪场管理技术岗位工作规范

一、规模猪场岗位定编及岗位职责

猪场场长下设生产线主管、财务主管和后勤主管；生产线主管下设配种妊娠舍组长、分娩保育舍组长、生长育肥舍组长。

1. 岗位定编

（1）**管理人员定编**　猪场场长1人，生产线主管1人，配种妊娠舍组长1人，分娩保育舍组长1人，生长育肥舍组长1人。

（2）**饲养员定编**　配种妊娠组4人（含组长）、分娩组4人（含组长）、保育组2人、生长育肥组6人（含组长）、夜班1人。

（3）**后勤人员定编**　后勤人员按实际岗位需要设置人数，如后勤主管、会计出纳、司机、维修工、保安门卫、炊事员、勤杂工等。

2. 岗位职责

以层层管理、分工明确、场长负责制为原则；具体工作专人负责；既有分工，又有合作；重点工作协作进行，重要事情通过场领导班子研究解决。

（1）**场长的职责**

① 负责猪场的全面工作；
② 负责制订和完善本场的各项管理制度、技术操作规程；
③ 负责后勤保障工作的管理，及时协调各部门之间的工作关系；
④ 负责制订具体的实施措施，落实和完成公司各项任务；
⑤ 负责监控本场的生产情况、员工工作情况和卫生防疫，及时解决出现的问题；
⑥ 负责编排全场的经营生产计划、物资需求计划；
⑦ 负责全场的生产报表审核工作，并督促做好月结工作、周上报工作；
⑧ 做好全场员工的思想工作，及时了解员工的思想动态，出现问题及时解决，及时向上反映员工的意见和建议；
⑨ 负责全场直接成本费用的监控与管理；
⑩ 负责落实和完成公司下达的全场经济指标；
⑪ 直接管辖生产线主管，通过生产线主管管理生产线员工；
⑫ 负责全场生产线员工的技术培训工作，每周或每月主持召开生产例会。

（2）**生产线主管职责**

① 负责生产线日常工作；
② 协助场长做好其他工作；
③ 负责执行饲养管理技术操作规程、卫生防疫制度和有关生产线的管理制度，并组织实施；
④ 负责生产线报表工作，随时做好统计分析，以便及时发现问题并解决问题；
⑤ 负责猪病防治及免疫注射工作；
⑥ 负责生产线饲料、药物等直接成本费用的监控与管理；
⑦ 负责落实和完成场长下达的各项任务；

⑧ 直接管辖组长，通过组长管理员工。

(3) 配种妊娠舍组长职责

① 负责组织本组人员严格按《饲养管理技术操作规程》和每周工作日程进行生产；
② 及时反映本组中出现的生产和工作问题；
③ 负责整理和统计本组的生产日报表和周报表；
④ 负责安排本组人员休息替班；
⑤ 负责本组定期全面消毒、清洁绿化工作；
⑥ 负责本组饲料、药品、工具的使用计划与领取及盘点工作；
⑦ 服从生产线主管的领导，完成生产线主管下达的各项生产任务；
⑧ 负责本生产线配种工作，保证生产线按生产流程运行；
⑨ 负责本组种猪转群、调整工作；
⑩ 负责本组公猪、后备猪、空怀猪、妊娠猪的预防注射工作。

(4) 分娩保育舍组长职责

① 负责组织本组人员严格按《饲养管理技术操作规程》和每周工作日程进行生产；
② 及时反映本组中出现的生产和工作问题；
③ 负责整理和统计本组的生产日报表和周报表；
④ 负责安排本组人员休息替班；
⑤ 负责本组定期全面消毒、清洁绿化工作；
⑥ 负责本组饲料、药品、工具的使用计划与领取及盘点工作；
⑦ 服从生产线主管的领导，完成生产线主管下达的各项生产任务；
⑧ 负责本组空栏猪舍的冲洗消毒工作；
⑨ 负责本组母猪、仔猪转群、调整工作；
⑩ 负责哺乳母猪、仔猪预防注射工作。

(5) 生长育肥舍组长职责

① 负责组织本组人员严格按《饲养管理技术操作规程》和每周工作日程进行生产；
② 及时反映本组中出现的生产和工作问题；
③ 负责整理和统计本组的生产日报表和周报表；
④ 负责安排本组人员休息替班；
⑤ 负责本组定期全面消毒、清洁绿化工作；
⑥ 负责本组饲料、药品、工具的使用计划与领取及盘点工作；
⑦ 服从生产线主管的领导，完成生产线主管下达的各项生产任务；
⑧ 负责肉猪的出栏工作，保证出栏猪的质量；
⑨ 负责生长、育肥猪的周转、调整工作；
⑩ 负责本组空栏猪舍的冲洗、消毒工作；
⑪ 负责生长、育肥猪的预防注射工作。

(6) 辅配饲养员职责

① 协助组长做好配种、种猪转栏及调整工作；
② 协助组长做好公猪、空怀猪、后备猪预防注射工作；

③ 负责大栏内公猪、空怀猪、后备猪的饲养管理工作。

(7) 妊娠母猪饲养员职责

① 协助组长做好妊娠猪转群、调整工作；

② 协助组长做好妊娠母猪预防注射工作；

③ 负责定位栏内妊娠猪的饲养管理工作。

(8) 哺乳母猪、仔猪饲养员职责

① 协助组长做好临产母猪转入、断奶母猪及仔猪转出工作；

② 协助组长做好哺乳母猪、仔猪的预防注射工作；

③ 负责大约 40 个产栏哺乳母猪、仔猪的饲养管理工作。

(9) 保育猪饲养员职责

① 协助组长做好保育猪转群、调整工作；

② 协助组长做好保育猪预防注射工作；

③ 负责大约 400 头保育猪的饲养管理工作。

(10) 生长育肥猪饲养员职责

① 协助组长做好生长育肥猪转群、调整工作；

② 协助组长做好生长育肥猪预防注射工作；

③ 负责 500~600 头生长育肥猪的饲养管理工作。

(11) 夜班人员职责

① 负责本区猪群防寒、保温、防暑、通风工作，天气冷、风大时负责放帐幕；

② 负责本区防火、防盗等安全工作；

③ 重点负责分娩舍接产、仔猪护理工作；

④ 负责哺乳仔猪夜间补料工作；

⑤ 做好值班记录。

3. 生产例会制度

(1) 该会由场长主持。

(2) 时间安排   每周末晚上 7:00~9:00 为生产例会和技术培训时间，生产例会 1h，技术培训 1h。特殊情况灵活安排。

(3) 内容安排   总结检查上周工作，安排布置下周工作；按生产进度或实际生产情况进行有目的、有计划的技术培训。

(4) 程序安排   组长汇报工作，提出问题；生产线主管汇报、总结工作，提出问题；主持人全面总结上周工作，解答问题，统一布置下周的重要工作。生产例会结束后进行技术培训。

(5) 会前组长、生产线主管和主持人要做好充分准备，重要问题要准备好书面材料。

(6) 对于生产例会上提出的一般性、技术性问题，要当场研究解决，涉及其他问题或较为复杂的技术问题，要在会后及时上报、讨论研究，并在下周的生产例会上予以解决。

二、规模猪场饲养管理技术操作规程

1. 隔离舍（后备猪）饲养管理技术操作规程

(1) 工作目标   保证后备母猪使用前合格率在 90% 以上，后备公猪使用前合格率在

80%以上。

(2) 操作规程

① 按进猪日龄，分批次做好免疫计划、限饲优饲计划、驱虫计划并予以实施。后备母猪配种前驱体内外寄生虫一次，进行乙脑、细小病毒等疫苗的注射。

② 日喂料两次。母猪6月龄以前自由采食，7月龄适当限制，配种使用前一月或半个月优饲。限饲时喂料量控制在2kg以下，优饲时2.5kg以上或自由采食。

③ 做好后备猪发情记录，并将该记录移交配种舍人员。母猪发情记录从6月龄时开始。仔细观察初次发情期，以便在第二、第三次发情时及时配种，并做好记录。

④ 后备公猪单栏饲养，圈舍不够时可2～3头一栏。后备母猪小群饲养，5～8头一栏。

⑤ 引入后备猪头一周，饲料中适当添加一些抗应激药物如维生素C、多维素、矿物质添加剂等。同时饲料中适当添加一些抗生素如强力霉素、利高霉素、土霉素、卡那霉素。

⑥ 外引猪的有效隔离期约六周（40天），即引入后备猪至少在隔离舍饲养40天。若能周转开，最好饲养到配种前一个月，即母猪7月龄、公猪8月龄时。转入生产线前最好与本场老母猪或老公猪混养2周以上。

⑦ 后备猪每天每头喂料2.0～2.5kg，根据不同体况、配种计划增减喂料量。后备母猪在第一个发情期开始，要安排喂催情料，一般比规定料量多1/3，配种后料量减到1.8～2.2kg。

⑧ 进入配种区的后备母猪每天用公猪试情检查。以下方法可以刺激母猪发情：调圈；和不同的公猪接触；尽量放在靠近发情的母猪；进行适当的运动；限饲与优饲；应用激素。

⑨ 凡进入配种区后超过60天不发情的小母猪应淘汰。对患有气喘病、胃肠炎、肢蹄病的后备母猪，应隔离单独饲养在一栏内；此栏应位于猪舍的最后。观察治疗一个疗程仍未见有好转的，应及时淘汰。

⑩ 后备猪每天分批次赶到运动场运动1～2h。

⑪ 后备母猪在6～7月龄转入配种舍，小群饲养（每栏5～6头）。后备母猪的配种月龄须达到8月龄，体重要达到110kg以上。公猪单栏饲养，配种月龄须达到9月龄，体重要达到130kg以上。

2. 配种妊娠舍饲养管理技术操作规程

(1) 工作目标

① 按计划完成每周配种任务，保证全年均衡生产。

② 保证配种分娩率在85%以上。

③ 保证窝平均产活仔数在10头以上。

④ 保证后备母猪合格率在90%以上（转入基础群为准）。

(2) 操作规程

① 发情鉴定　发情鉴定最佳方法是当母猪喂料后半小时表现平静时进行，每天进行两次发情鉴定，上、下午各一次，检查采用人工查情与公猪试情相结合的方法。配种员所有工作时间的1/3应放在母猪发情鉴定上。

母猪的发情表现：阴门红肿，阴道内有黏液性分泌物；在圈内来回走动，频频排尿；神经质，食欲差；压背静立不动；互相爬跨，接受公猪爬跨。

也有发情不明显的，发情检查最有效方法是每日用试情公猪对待配母猪进行试情。

② 配种

a. 配种程序　先配断奶母猪和返情母猪，然后根据满负荷配种计划有选择地配后备母猪，后备母猪和返情母猪需配够三次。目前采用"1+2"配种方式，即第一次本交，第二、第三次人工授精，条件成熟时推广"全人工授精"配种方式。

b. 配种间隔

经产母猪：上午发情，下午配第一次，次日上、下午配第二、第三次；下午发情，次日早配第一次，第三日上、下午配第二、第三次，经产母猪两日内配完。断奶后发情较迟（七天以上）的母猪及复发情的母猪，要早配（发情即配）。

初产母猪：当日发情，次日起配第一次，随后每间隔 8～12h 配第二、第三次，一般来说，两日内配完；个别的三日内配完（一、二次配种情况不稳定时，其后配种间隔时间拉长）。超期发情（8.5月龄以上）的后备母猪，要早配（发情即配）。

3. 人工授精技术操作规程

人工授精技术操作规程见项目二中的工作内容十。

4. 分娩舍饲养管理技术操作规程

(1) 工作目标

① 按计划完成母猪分娩产仔任务。

② 哺乳期成活率在95％以上。

③ 仔猪3周龄断奶平均体重不少于6.0kg，4周龄断奶平均体重不少于7kg。

(2) 操作规程　产前准备如下：

① 空栏彻底清洗，检修产房设备，之后用消毒药连续消毒两次，晾干后备用。第二次消毒最好采用火焰消毒或熏蒸消毒。

② 产房温度最好控制在25℃左右，湿度65％～75％，产栏安装滴水装置，夏季头颈部滴水降温。

③ 检验清楚预产期，母猪的妊娠期平均为114天。

④ 产前、产后3天母猪减料，以后自由采食，产前3天开始投喂小苏打或芒硝，连喂1周，分娩前检查乳房是否有乳汁流出，以便做好接产准备。

⑤ 准备好5％碘酊、0.1％ $KMnO_4$ 消毒水、抗生素、催产素、保温灯等药品和工具。

⑥ 分娩前用0.1％ $KMnO_4$ 消毒水清洗母猪的外阴和乳房。

⑦ 临产母猪提前一周上产床，上产床前清洗消毒，驱体内外寄生虫一次。

分娩判断方法如下：

① 阴道红肿，频频排尿。

② 乳房有光泽、两侧乳房外胀，用手挤压有乳汁排出，初乳出现后12～24h内分娩。

接产要求如下：

① 要求有专人看管，接产时每次离开时间不得超过半小时。

② 仔猪出生后，应立即将其口鼻黏液清除、擦净，用抹布将猪体抹干，发现假死猪及时抢救，产后检查胎衣是否全部排出，如胎衣不下或胎衣不全可肌内注射催产素。

③ 断脐用5％碘酊消毒。

④ 把初生仔猪放入保温箱，保持箱内温度在30℃以上。

⑤ 帮助仔猪吃上初乳，固定乳头，初生重小的放在前面、大的放在后面。仔猪吃初乳

前，每个乳头的最初几滴奶要挤掉。

⑥ 有羊水排出、强烈努责后 1h 仍无仔猪排出或产仔间隔超过 1h，即视为难产，需要人工助产。

5. 保育舍饲养管理技术操作规程

(1) 工作目标

① 保育期成活率在 97% 以上。

② 60 日龄转出体重在 20kg 以上。

(2) 操作规程

① 转入猪前，空栏要彻底冲洗消毒，空栏时间不少于 3 天。

② 转入、转出猪群每周一批次，猪栏的猪群批次清楚明了。

③ 刚转入小猪的猪栏里，要用木屑或棉花将饮水器乳头撑开，使其有小量流水，诱导仔猪饮水和吃料。经常检查饮水器。

④ 头两天注意限料，以防消化不良引起下痢。以后自由采食，勤添少添，每天添料 3~4 次。

⑤ 及时调整猪群，强弱、大小分群，保持合理的密度，病猪、僵猪及时隔离饲养。注意链球菌病的防治。

⑥ 保持圈舍卫生，加强猪群调教，训练猪群吃料、睡觉、排便"三定位"。尽可能不用水冲洗有猪的猪栏（炎热季节除外）。注意舍内湿度。

⑦ 头一周，饲料中适当添加一些抗应激药物如维生素 C、多维素、矿物质添加剂等。同时饲料中适当添加一些抗生素如强力霉素、利高霉素、土霉素、卡那霉素等。一周后驱体内外寄生虫一次。

⑧ 清理卫生时注意观察猪群排粪情况；喂料时观察食欲情况；休息时检查呼吸情况，发现病猪，对症治疗。严重病猪隔离饲养，统一用药。

⑨ 按季节温度的变化，做好通风换气、防暑降温及防寒保温工作。注意舍内有害气体浓度。

⑩ 分群、合群时，为了减少相互咬架而产生应激，应遵守"留弱不留强""拆多不拆少""夜并昼不并"的原则，可对并圈的猪喷洒药液（如来苏尔），清除气味差异，并后饲养人员要多加观察（此条也适合于其他猪群）。

⑪ 每周消毒两次，每周更换一次消毒药。

6. 生长育肥舍饲养管理技术操作规程

(1) 工作目标

① 育成阶段成活率≥99%。

② 饲料转化率（15~90kg 阶段）≤2.7:1。

③ 日增重（15~90kg 阶段）≥650kg。

④ 生长育肥阶段（15~95kg）饲养日龄≤119 天。

(2) 操作规程

① 转入猪前，空栏要彻底冲洗消毒，空栏时间不少于 3 天。

② 转入、转出猪群每周一批次，猪栏的猪群批次清楚明了。

③ 及时调整猪群，强弱、大小、公母分群，保持合理的密度，病猪及时隔离饲养。

④ 小猪49～77日龄喂小猪料，78～119日龄喂中猪料，120～168日龄喂大猪料，自由采食，喂料时参考喂料标准，以每餐不剩料或少剩料为原则。

⑤ 保持圈舍卫生，加强猪群调教，训练猪群吃料、睡觉、排便"三定位"。

⑥ 干粪便要用车拉到化粪池，然后再用水冲洗栏舍，冬季每隔一天冲洗一次，夏季每天冲洗一次。

⑦ 清理卫生时注意观察猪群排粪情况；喂料时观察食欲情况；休息时检查呼吸情况，发现病猪，对症治疗。严重病猪隔离饲养，统一用药。

⑧ 按季节温度的变化，调整好通风降温设备，经常检查饮水器，做好防暑降温等工作。

⑨ 分群、合群时，为了减少相互咬架而产生应激，应遵守"留弱不留强""拆多不拆少""夜并昼不并"的原则，可对并圈的猪喷洒药液（如来苏尔），清除气味差异，并后饲养人员要多加观察（此条也适合于其他猪群）。

⑩ 每周消毒一次，每周更换一次消毒药。

⑪ 出栏猪要事先鉴定合格后才能出场，残次猪经特殊处理后出售。

工作内容三　分析及控制猪场的生产成本

从企业的角度看，经营猪场的最终目的是赢利。所以在猪场的经营管理过程中，不但要通过先进技术、先进装备和先进的管理使猪只的生产性能得到充分发挥，而且要高度重视成本管理，尽可能控制和降低成本，从而实现更多的利润。

一、成本核算

养猪生产中的各项消耗，有的直接与产品生产有关，这种开支叫直接生产成本，如饲养人员的工资和福利费、饲料、猪舍的折旧费等；另外还有一些间接费用，即管理费用（如场长等管理人员的工资和各项管理费等）、销售费用（销售人员费用、广告宣传等）、财务费用（利息等）。

1. 成本项目与费用

① 劳务费　指直接从事养猪生产的饲养人员的工资和福利费。

② 饲料费　指饲养各类猪群直接消耗的各种精饲料、粗饲料、动物性饲料、矿物质饲料、多种维生素、微量元素和药物添加剂等的费用。

③ 燃料和电费。

④ 医药费　猪群直接消耗的药品和疫苗费用。

⑤ 固定资产折旧费。

⑥ 固定资产维修费。

⑦ 低值易耗品费　指当年报销的低值工具和劳保用品的价值。

⑧ 其他直接费　不能直接列入以上各项的直接费用，如接待费等。

⑨ 管理费　非直接生产费，即共同生产费，如管理人员的工资及其他管理费。

⑩ 财务费用　主要指贷款产生的利息费用。

2. 成本的计算

根据成本项目核算出各类猪群的成本，并计算出各猪群头数、活重、增重、主副产品产量等数据，便可以计算出各猪群的饲养成本和产品成本。在养猪生产中，一般要计算猪群的饲养日成本、增重成本、活重成本和主产品成本等，其计算公式如下：

猪群饲养日成本＝猪群饲养费用/猪群饲养头日数

断奶仔猪活重单位成本＝断奶仔猪群饲养费用/断乳仔猪总活重

商品猪单位增重成本＝（肉猪群饲养费用－副产品价值）/肉猪群总增重

主产品单位成本＝（各群猪的饲养费－副产品价值）/各群猪主产品总产量

养猪生产中断奶仔猪和肉猪为主产品，副产品一般为粪肥、自产饲料等。

3. 盈亏核算

总利润（或亏损）＝销售收入－生产成本－销售费用－税金±营业外收支净额

二、成本控制

要想提高经济效益，增加利润，一方面是要提高母猪单产和育肥猪增长速度等技术指标，另一方面是要严格管理，通过报表数据对照技术参数及时发现问题，降低各项费用，防止跑冒滴漏，尽可能降低成本。

1. 猪场主要技术参数

报表数据要及时与相关技术指标进行对比，便于发现问题，及早采取相应措施。

（1）猪群计算方法

妊娠母猪数＝周配母猪数×15周

临产母猪数＝周分娩母猪数×单元产栏数

哺乳母猪数＝周分娩母猪数×3周

空怀断奶母猪数＝周断奶母猪数＋超期未配及妊检空怀母猪数（周断奶母猪数的1/2）

后备母猪数＝（成年母猪数×30％÷12个月）×4个月

成年公猪数＝周配母猪数×2÷2.5（公猪周使用次数）＋1－2（注：母猪每个发情期按2次本交配种计算）

仔猪数＝周分娩胎数×4周×10头/胎

保育猪＝周断奶数×4周

中大猪＝周保育成活数×16周

年上市肉猪数＝周分娩胎数×52周×9.1头/胎（仔猪7周龄上市）

（2）年出栏万头猪场标准存栏猪群结构

妊娠母猪数＝360头

临产母猪数＝20头

哺乳母猪数＝60头

空怀断奶母猪数＝30头

后备母猪数＝48头

成年公猪数＝20头

后备公猪数＝6头

仔猪数＝800头

保育猪＝760头

中大猪＝2949头

合计：5053头（其中基础母猪为470头）

年上市肉猪数＝9464头

(3) 生产技术指标

配种分娩率：85％

胎均活产仔数：10头

出生重：1.2～1.4kg

胎均断奶活仔数：9.5头

21日龄个体重：6.0kg

8周龄个体重：18.0kg

24周龄个体重：93.0kg

哺乳期成活率：95.0％

保育期成活率：97.0％

育成期成活率：99.0％

全期成活率：91.0％

(4) 生产计划一览表

基础母猪数：473头

满负荷配种母猪数：周24头，年1248头

满负荷分娩胎数：周20头，年1040头

满负荷活产仔数：周200头，年10400头

满负荷断奶仔猪数：周190头，年9880头

满负荷保育成活数：周184头，年9568头

满负荷上市肉猪数：周182头，年9464头

注：万头场以周为节律，一年按52周计算；按设计产房每单元20栏计划。

2. 完善重要岗位管理制度

为有效控制成本，要加强财务管理和物资管理，完善财会人员和仓库管理人员的岗位制度，严防跑冒滴漏。

要建立进销存账，由专人负责，物资凭单进出仓，要货单相符，不准弄虚作假。生产必需品如药物、饲料、生产工具等要每月制订计划上报，各生产区（组）根据实际需要领取，不得浪费。

(1) 会计、出纳、统计人员岗位制度

① 严格执行公司制订的各项财务制度，遵守财务人员守则，把好现金收支手续关，凡未经领导签名批准的一切开支，不予支付。

② 严格执行公司制订的现金管理制度，随时了解库存现金的限额，确保现金的绝对安全。

③ 做到日清月结，及时记账并输入计算机，协助会计工作。

④ 每月于固定日发放工资。

⑤ 负责出栏猪、淘汰猪等的销售工作，保管员和后勤主管要积极配合。

⑥ 配合后勤主管、生产管理人员做好物资采购工作。

⑦ 负责统计工作，有关数据、报表及时输入计算机，协助生产管理人员查询相关数据，优先安排生产技术人员的查询工作。

⑧ 负责计算机维护与安全，监督和控制计算机使用，有权限制、禁止与数据管理无关

人员进入计算机系统，有责任保障各种生产与财务数据的安全性和保密性。

⑨ 协助场长、后勤主管做好外来客人的接待工作。

⑩ 会计、出纳、统计人员直属场办公室。

(2) 仓库管理员岗位责任制度

① 物资进库时要计量、办理验收手续。

② 物资出库时要办理出库手续。

③ 所有物资要分门别类地堆放，做到整齐有序、安全、稳固。

④ 每月盘点一次，如账物不符，要马上查明原因，分清职责，若因失职造成损失要追究责任。

⑤ 协助出纳员及其他管理人员工作。

⑥ 协助生产线管理人员做好药物保管、发放工作。

⑦ 协助猪场销售工作。

⑧ 保管员归后勤主管领导，负责饲料、药物、疫苗的保存和发放，听从生产线管理人员技术指导。

3. 规模猪场的饲料成本控制

对规模猪场来说，饲料成本一般占总生产成本的 65%～75%，饲料成本比例过低，说明其他成本过高，支出结构不合理；饲料成本比例过高，存在饲料采购价格偏高、饲料在加工时损耗大和饲养过程中有浪费的可能性。饲料成本一般由采购成本、运输成本、仓储成本、加工成本和机会成本构成。饲料采购成本是指饲料的购买价格，它是影响养猪成本的重要因素；运输成本包括原料从供应商仓库到猪场仓库的运费、运输途中的损耗和搬运力资费等；仓储成本包括饲料仓库的折旧费、维修费和原料贮存损耗等；加工成本包括加工机械折旧费、维修费、水电费、加工组人员工资及福利费等；机会成本是由于饲料大量贮存，造成资金占用成本或因资金占用而造成其他投资机会的损失。猪场要加强成本管理，对饲料的采购、加工及出库各环节的管理、内部控制和核算非常重要。

采购、验收和保管是三个不相容职务，不能相互兼任，对业务量不大的猪场，保管可由加工人员兼任。

(1) 原料采购环节的管理和控制

① 编制采购计划 采购员根据库存情况及时编制采购计划，开具采购通知单，注明要采购原料的品名、价格、数量、产地、供应商名称等，采购通知单一式三联，采购计划经猪场负责人批准后，交仓库保管一联、财务部门一联、采购员留存一联。

② 掌握市场信息，适时采购和合理库存 目前饲料市场价格信息通畅，可以通过网络、报纸，及时了解饲料价格，随时掌握市场动态。小型猪场可以选择价廉质优、服务周到的两三家供应商送货到场，避免运输途中的损耗；饲料需求量大、资金充足的大型猪场，可以到产地组织货源，降低采购成本。对受生长季节影响较大的玉米和价格易波动的豆粕、鱼粉等原料的采购要慎重，玉米在成熟季节采购价格低但水分高，不宜贮存，但在淡季采购时价格偏高，因此要选择适当时机保证合理库存；豆粕、鱼粉等原料在价格高涨时要保持适当库存，价格回落时不要盲目扩大库存，在掌握市场动态的同时，要结合需求量和仓储量合理采购和贮存。

(2) 原料入库环节的管理和控制 原料经过验收员验收合格后入库，保管员根据实际入库数量，核对采购通知单仓库联的有关项目后填开入库单，注明入库原料的品名、价格、数量、供应商名称等,由保管员和验收人员在入库单上签字。入库单至少三联,按连续编号序时填开,一联仓库留存,一联报送财务部门,一联交客户。仓库要设立材料台账,及时登记原料及成品料的收、发、存记录。入库的原料要按类别堆放,每类原料的堆放要整齐,便于月末盘点。

(3) **原料加工环节的管理和控制** 饲料加工人员要按照生产计划和规定的配合饲料型号进行加工,每类配合饲料都有规定的原料投入比例,加工时严格按配方比例投料,搬运及加工过程中散落的原料要及时清理并投入加工机械中。为加强猪场成本核算,生产的成品料要严格计量,一般每包成品料的重量定为50kg,误差不能超过1%。一种料型的饲料生产完工后,才能进行下一种料型的生产,不能混合生产,生产完工的成品料要按类别堆放。

(4) **成品料出库环节的管理和控制** 猪场要对饲养员的饲料领用进行定额管理,仓库对饲养组发出饲料要由保管员先开出库单,注明饲养组名称、料型、重量,并由仓库保管员和饲养组长签字,出库单至少三联,按连续编号序时填开,一联仓库留存,一联报送财务部门,一联交饲养组。

(5) **原料及成品料盘存和有关报表编制**

① 饲料盘存及报表编制 月末,由猪场负责人会同财务人员及仓库保管人员对库存饲料进行实地盘存,由保管员编制饲料盘存报表,注明月末各类原料及成品料库存的品名和数量,各方签字后交财务部门一份,仓库留存一份。

② 原料入库汇总表的编制 月末,仓库保管人员根据本月入库原料的品名、数量、单价、金额、客户及入库时间,编制原料入库汇总表,连同原料入库单的财务联交财务部门入账。

③ 饲料出库汇总表的编制 月末,仓库保管员要根据本月饲料发出情况编制饲料出库汇总表,按饲养组登记本月发出各类成品料的汇总数量,并附出库单的财务联交财务部门入账。

④ 饲料生产报表的编制 月末,仓库保管人员还应编制饲料生产报表,生产报表应设有期初各类原料及成品料的库存数量、本月购入原料及加工生产成品料的数量、本月加工转出原料及成品料领用数量、月末原料及成品料盘存数量、本月加工损耗量、累计转入转出原料和成品料及损耗数量等要素,其中:原料加工转出数=上月原料盘存数+本月原料购入数-月末原料盘存数;本月加工生产成品料数=本月各类原料加工转出数之和;本月加工损耗量=上月成品料库存数+本月加工生产成品料数-本月成品料实际库存数-本月成品料领用数;加工损耗率=本月(累计)加工损耗量/本月(累计)加工生产成品料数。饲料生产报表由加工组长及保管员签字后交财务部门一份,仓库留存一份。

⑤ 饲料台账的登记 仓库保管人员在做好原料及成品料出、入库台账登记的同时,还要根据原料加工结转及盘存调整饲料台账,做到账实相符。

(6) **财务程序和指标控制**

① 单据领取的控制 采购通知单、入库单、出库单必须在财务部门领取,实行登记备案制度,用后核销再重新领用。采购通知单、入库单及出库单在使用时应按顺序号。

② 财务指标控制 猪场应按各饲养组的存栏数量和猪群的饲养阶段设定饲料使用定额,仓库按定额供料,月末由财务部门计算各饲养组的料肉比,年末根据核定的料肉比对饲养组进行奖惩;年末还要根据核定的加工损耗率对加工组进行奖惩。

③ 支付饲料款的控制 支付客户饲料款时,客户要向财务部门提供发票(或领到条)

和入库单的客户联,二者缺一不可,发票应有猪场负责人、采购员和保管员的签字。同时,财务人员还应将采购员报送的采购通知单与发票和入库单核对,核对无误后办理付款手续。

项目八自测

一、单选题

1. 规模猪场正常情况下,_____是最大的成本。
   A. 人工工资 B. 贷款利息 C. 饲料成本 D. 购买种猪成本
2. 猪场数据有一定要求,但不需要做到_____。
   A. 完整 B. 完美 C. 及时 D. 全面
3. 下列_____不属于猪场的生产数据。
   A. 生产记录 B. 经济记录 C. 各种日志 D. 职工姓名
4. 猪场_____的数据才是有生命力的数据。
   A. 计算机报表 B. 手工填写 C. 真实 D. 来自猪舍
5. 数据采集后要进行一系列的处理,但不能_____。
   A. 修改 B. 归类 C. 分析 D. 总结

二、多选题

1. 猪场真实的数据能告诉我们的是_____。
   A. 猪场发生了什么 B. 猪场将要发生什么
   C. 为什么会发生 D. 猪场盈亏原因
2. 猪场的经营管理应该包括_____。
   A. 利用先进的养猪技术 B. 使用先进的养猪设备
   C. 严谨的成本管理 D. 选用优质的猪种

三、简答题

1. 谈谈猪场数据管理的重要性。
2. 给一个规模为 300 头存栏母猪的种猪场设计一套生产报表。
3. 怎样开好生产例会?
4. 试述分娩舍饲养管理技术操作规程。
5. 如何管理和控制饲料成本?

实践活动

猪场管理软件操作与演示

【活动目标】 通过上机演练,要求学生了解某个猪场管理软件的基本功能,掌握数据录入、档案修改、生成统计报表、育种分析咨询等主要功能的操作要领。

【材料、仪器、设备】 计算机、猪场管理软件。

【活动场所】 多媒体计算机房。

【方法步骤】 根据实际情况选择一猪场管理软件进行演示和练习(这里以 GPS 猪场生产管理信息系统的演示版为例)。

(1) 输入登录名和密码登录到系统中。

(2) 在系统管理中,点击用户定义按钮,设置猪场的代码定义情况;点击品种定义按钮，设置饲养品种；点击猪只类别按钮，设置猪只类别与转栏情况；点击年度设置按钮，设置生产年度定义。

（3）在数据登记中点击基本档案新登按钮，输入若干头后备公母猪、种用公母猪的基本档案信息；输入若干头场内饲养母猪的配种、分娩和断奶情况；输入若干转群、死亡、销售、淘汰、饲料消耗、免疫等的猪只信息，建立模拟小型猪场。

（4）在统计分析中点击综合分析按钮，生成按月自动计算的猪只存栏数。

（5）进行生产实绩分析，生成生产实绩表（一）、生产实绩表（二）、生产实绩表（三）、生产实绩表（四）；进行种猪生产成绩分析，生成统计分析表；进行饲料消耗情况分析，生成统计分析表；进行兽医防疫情况分析，生成统计分析表；进行购销情况的统计分析，生成统计分析表；进行日常工作安排，选择若干猪群管理工作，生成工作安排表。

（6）育种分析中点击选配计划制订按钮，在左侧公猪个体号中提取可以配种的公猪个体，在右侧母猪个体号中提取可以配种的母猪个体，在最大允许血缘相关系数框输入可以允许的最大与配公母猪间的亲缘相关系数，点击计算血缘关系按钮，计算出选定个体间的亲缘相关，点击建议表按钮，输出可以配种的公母猪号，生成种猪选配计划。

【作业】

（1）生成并打印模拟猪场的生产实绩表（一）、生产实绩表（二）、生产实绩表（三）、生产实绩表（四）。

（2）生成并打印饲料消耗情况分析表、兽医防疫情况分析表、购销情况的统计分析表、日常工作安排表。

（3）生成并打印种猪选配计划表。

参 考 文 献

[1] 李和国. 猪的生产与经营. 北京：中国农业大学出版社，2008.
[2] 曾申明，刘彦. 猪繁殖实用技术. 北京：中国农业出版社，2005.
[3] 李立山，张周. 养猪与猪病防治. 北京：中国农业出版社，2006.
[4] 吴学军. 猪生产技术. 北京：北京师范大学出版社，2011.
[5] 朱宽佑，潘琦. 猪生产. 北京：中国农业出版社，2011.
[6] 金英海，金一. 猪的营养与管理. 北京：中国农业出版社，2013.
[7] 赵希彦，郑翠芝. 畜禽环境卫生. 第2版. 北京：化学工业出版社，2019.
[8] 俞美子，赵希彦. 畜牧场规划与设计. 第2版. 北京：化学工业出版社，2016.
[9] 魏刚才，等. 养殖场消毒技术. 北京：化学工业出版社，2007.
[10] 潘琦. 科学养猪大全. 合肥：安徽科学技术出版社，2008.
[11] 王林云. 养猪词典. 北京：中国农业出版社，2004.
[12] 富相奎. 提高猪场免疫效果的几点措施. 黑龙江农业科学，2006，(2)：57-58.
[13] 李晓燕. 猪及其产品可追溯系统研究. 呼和浩特：内蒙古农业大学，2007.
[14] 覃春富，李佳玲，张佩华，龚郁，范永辉. 发酵液体饲料在养猪生产中的应用. 中国饲料，2012，(3)：28-30.
[15] 何谦，郭进超，李岩，吴同山，胡文锋. 发酵液体饲料在断奶仔猪的应用进展. 养猪，2007，(5)：5-7.
[16] 罗安治. 瘦肉型猪饲养技术. 成都：四川科学出版社，2009.
[17] GB/T 2417—2008《金华猪》.
[18] 邢军. 养猪与猪病防治. 北京：中国农业大学出版社，2012.
[19] 高岩. 猪舍光照指标与照明系统的建议. 猪业科学，2015，(12)：42-43.
[20] Shields R G, Mahan D C, Graham P L. Changes in swine body composition from birth to 145 kg. Journal of animal science, 1983, 57：43-54.
[21] 鄂禄祥，吕丹娜. 猪生产. 北京：化学工业出版社，2016.
[22] 刘德旺. 养猪技术问答. 北京：化学工业出版社，2018.